LEA KORSGAARD

# DAS JAHR DER SCHMETTERLINGE

LEA KORSGAARD

# DAS JAHR DER SCHMETTERLINGE

*Aus dem Dänischen von*
*Kerstin Schöps*

Ullstein

Die dänische Originalausgabe erschien 2025
unter dem Titel *Inden året er omme*
bei Zetland, Kopenhagen.

ISBN: 978-3-86493-380-6


Bei Fragen zur Produktsicherheit wenden Sie sich bitte an
produktsicherheit@ullstein.de.
Gesetzt aus der Scala und Armavir 01
Satz: Savage Types Media GbR, Berlin
Druck und Bindearbeiten: GGP Media GmbH, Pößneck

# ERSTER TEIL

# JANUAR

Es war Neujahr. Die Wolken hingen sehr tief, fast bis zum Boden. Es hatte geschneit. Bobby, unser Hund, hatte auf dem weißen Rasen Spuren hinterlassen, sie führten vorbei an den kleinen Fußballtoren und den dunklen Bäumen, bis hinunter zu den Gartenmöbeln, die wir nicht reingeholt hatten. Am Ende des Grundstückes lag der See, grau und starr. Es wurde langsam dunkel.

Ich holte mir Papier aus der kleinen Vorratskammer in unserem Sommerhaus. Auf dem Regal im Wohnzimmer fand ich alles andere, ein paar Filzstifte, einen Kugelschreiber, Tape und ein Lineal. Mein Kopf dröhnte nach wie vor, der Schmerz pochte hinter den Augen und der Stirn. Ich war seit Weihnachten krank, hatte meine drei Jungs angesteckt und Rasmus. Am Heiligabend hatte ich meine Eltern angesteckt, meine Schwester, ihren Mann und deren Kinder, den ältesten meiner kleinen Brüder, seine Frau und deren Kinder. Am ersten Weihnachtsfeiertag waren meine Eltern zu meinem jüngsten Bruder, seiner Frau und deren drei Kinder nach Odder gefahren, um ihnen fröhliche Weihnachten zu wünschen. Sie hatten alle fünf angesteckt. Wir hatten die Feiertage vor dem Fernseher verbracht und geschlafen, hatten uns mit schmerzenden Gliedern in Zeitlupe durch die Zimmer geschleppt.

Aber das ist alles im letzten Jahr gewesen. Jetzt hatte ein neues Jahr angefangen, und es fühlte sich an, als würde etwas in der Dämmerung auf mich warten. Etwas Neues. Ich legte die Sachen auf den Tisch in der Essecke, setzte mich und nahm die Kappe vom Kugelschreiber. Mithilfe des Lineals zeichnete ich in einem Abstand von einem halben Zentimeter horizontale Linien auf das Papier im Querformat, sodass ein blaues Muster entstand. Dann drehte ich das Lineal hochkant und rechnete mit den Fingern. Pro Linie sollten es acht Felder werden.

Das neue Jahr war noch nicht zwanzig Stunden alt, aber in dem kleinen Zeitfenster zwischen dem, was war, und dem, was uns erwartete – zwischen den freien Tagen auf der einen Seite und dem Alltag auf der anderen Seite, mit Schulbroten, Arbeit, Einkauf, Problemen, Verabredungen, Mails, SMS, Anrufen, Meetings –, erschien es auf einmal möglich, etwas zu machen, was ich noch nie zuvor ausprobiert hatte.

Ich wollte im Laufe eines Jahres alle Schmetterlinge sehen. Oder, um genauer zu sein: Ich wollte alle dänischen, tagaktiven Schmetterlinge innerhalb einer einzigen Saison sehen, die sich vom Frühjahr bis zum Herbst erstreckt.

Ich hatte lange darüber nachgedacht. Seit mindestens vier Jahren. Vielleicht waren es sogar fünf. Es fühlte sich an, als wäre ich an der Entstehung der Idee gar nicht beteiligt gewesen. Am Anfang war sie noch vage, wie eine graue Figur im Nebel, die sich im Hintergrund bewegt, verdeckt von den dringlicheren Gedanken. Aber nach und nach wurde sie immer deutlicher, sichtbarer und beharrlicher. Es entstand ein regelrechter Sog.

Als mir der Gedanke zum ersten Mal kam, wusste ich genau genommen gar nichts über Schmetterlinge.

Um wie viele Arten handelte es sich überhaupt?

Zehn?

Tausende?

Ich hatte keine Ahnung.

Ich versuchte, mich zu erinnern, wie viele verschiedene Schmetterlinge ich im Laufe meines Lebens gesehen hatte. Ich kannte die Namen einiger Schmetterlingsarten. Den Zitronenfalter zum Beispiel, groß und gelb, hatte ich mit Sicherheit schon einmal gesehen. Und auch den Kohlweißling und den Kleinen Fuchs, der backsteinfarben war und kleine schwarze und weiße Flecken und eine blaue Borte hatte, die seine Flügel säumte. Auch das Tagpfauenauge, mit seinem eher exotischen Aussehen, kannte ich. Wenn es sich im Garten niederließ, mit seinen strahlenden, lila und dunkelroten Farben, musste man unweigerlich an eine pazifische Insel denken. Ich meinte mich auch an einen blauen Schmetterling erinnern zu können, wusste aber nicht mehr, wie der hieß. Einmal hatte sich ein großer, samtiger Schmetterling ins Wohnzimmer verirrt und war mit einem knisternden Geräusch gegen das Fenster geflogen. Ich hatte die Tür geöffnet und ihn fliegen gelassen. Er war wunderschön, seine Farbe erinnerte an einen kräftigen Rotwein, und als ich im Internet nach ihm suchte, fand ich heraus, dass er Trauermantel heißt.

Vielleicht ist das die Geburtsstunde meiner Idee gewesen. Denn kurze Zeit später machte ich mich auf die Suche nach jemandem, der mich bei dem Projekt beraten könnte. Bei meiner Googlesuche stieß ich auf Michael Stoltze, der bereits mehrere Bücher über Schmetterlinge geschrieben hatte. Er sah aus wie ein Meister seines Faches und war sofort am Apparat, als ich ihn anrief.

Ich erzählte ihm von meinem Vorhaben und fragte, wie viele dänische Schmetterlingsarten es gibt. Fünfundsechzig, lautete seine Antwort, allerdings hing die genaue Zahl davon ab, welche Arten man als dänisch bezeichnete und wie man zählte. Ich fragte nicht nach, was er damit meinte.

»Lässt sich das denn überhaupt in die Tat umsetzen?«, fragte ich.

Er lachte. Und ich kam mir so dämlich vor.

Das sei durchaus möglich, antwortete er. Ganz sicher sogar. Aber einfach würde es nicht sein.

»Wie kann man die denn überhaupt *sehen*?«, fragte ich. »Fliegen die nicht weg, wenn man sich ihnen nähert?«

»Sie müssen sich anschleichen«, sagte er. »So leise wie eine Katze. Mehr gleiten als schleichen.«

Dann erklärte er mir, dass Schmetterlinge Facettenaugen haben, die aus vielen kleineren, sechseckigen Einzelaugen bestehen, die alle ein eigenes Bild der Umgebung wahrnehmen. Das ermöglicht es den Insekten, schnelle Bewegungen zu registrieren, aber wenn man sich ihnen langsam nähert, können das die Augen des Schmetterlings nicht erfassen. Deshalb ist es möglich, sagte Michael Stoltze, einen Schmetterling in die Hand zu nehmen.

Er schlug vor, mir eine Liste aller Arten zu besorgen. Als Ausgangspunkt. Er erzählte mir auch, dass er auf Bornholm lebt, wo es viele Schmetterlinge gibt und ich ihn sehr gerne jederzeit besuchen dürfte, wenn ich es mit meiner Idee ernst meinte. Das würde ich sehr gerne tun, antwortete ich ihm. Und hatte das Gefühl von Fortschritt und Antrieb.

In einem Antiquariat bestellte ich das dickste Buch, das Michael Stoltze geschrieben hat. Es ist ein Nachschlagewerk aus den Neunzigern, in dem er alle dänischen Schmetterlingsarten beschreibt, ihr Aussehen, Vorkommen und so weiter. Kurz danach erzählte ich meinen Kollegen und meiner Familie, dass ich vorhabe, alle dänischen Schmetterlingsarten innerhalb eines Jahres zu sehen. Ich grinste dabei, weil es albern war, weil ich keine Ahnung von nichts hatte und es verrückt war, damit meine Zeit zu verschwenden. Ich grinste auch aus Verlegenheit. Vielleicht wollte ich damit verbergen, dass es bisher keinen tiefergehenden Gedanken dahinter gab.

Einige Zeit später lag das Buch von Stoltze vor meiner Tür, in braunes Packpapier gewickelt. Ich riss es auf und fing sofort an zu lesen.

In dem Buch stand, dass es in Dänemark so wenige Schmetterlinge gab, dass man sie innerhalb weniger Wochen kennenlernen könne. Während ich weiterblätterte, kam mir das wie eine absurde Untertreibung vor. Es stellte sich nämlich heraus, dass »Schmetterlinge« eine Sammelbezeichnung für eine bestimmte Gruppe von Insekten ist – eine Ordnung. Innerhalb dieser Ordnung gibt es sogenannte Familien, Unterfamilien, Gattungen und Arten. Das war vollkommen unübersichtlich.

Ich blätterte weiter. Es war voller Abbildungen von allen möglichen geflügelten Kreaturen. Grau melierte, gelb gesprenkelte, ockerfarbene, die verschiedensten Nuancen von Orange. Ich stellte fest, dass meine Äußerung, ich hätte einen Kohlweißling gesehen, sinnlos war. Denn es gibt drei verschiedene Arten von Kohlweißlingen, den Kleinen, den Großen und einen, der Rapsweißling heißt. Und der »blaue« Schmetterling, den ich meinte, gesehen zu haben, war keine eigene

Art. Es stellte sich heraus, dass es eine schier unüberschaubare Anzahl an blauen Schmetterlingen gab. Seite um Seite füllten sie, ihre Farben reichten von tiefdunklem Violett bis hin zu einem sehr hellen Blau, wie weißes Papier im grellen Sonnenlicht.

Ich starrte Abbildungen von zwei verschiedenen Arten an, dem Großen Sonnenröschen-Bläuling und dem Kleinen Sonnenröschen-Bläuling. Sie sind beide rußbraun und haben orangefarbene Halbmonde an den Flügelrändern. Ich beugte mich über die Seite, meine Haare fielen aufs Papier. Aber ganz gleich, wie sehr ich mich auch anstrengte, ich konnte keinen Unterschied sehen. Ich hatte elementares und triviales Wissen angehäuft, wie zum Beispiel, dass der amerikanische Präsident George W. Bush fast an einer Brezel erstickt wäre und 1849 die dänische Verfassung eingeführt wurde. Ich verfügte durchaus über Spezialwissen in bestimmten Bereichen, aber die hatten nichts mit der Natur zu tun, so wie beispielsweise die Entomologie, Biologie, Zoologie und Geologie. Diese Fächer bewegten sich in einer ganz anderen Sphäre als mein Bereich. Ich wusste, dass ich Schmetterlinge und die Natur mochte, von der sie ein Teil waren. Ich war in der Lage, Stauden zu züchten, und ging gerne mit Bobby im Wald spazieren. Meine schönsten Kindheitserinnerungen hatten unter freiem Himmel stattgefunden, draußen im Garten, auf dem Rad über einen Feldweg fahrend oder an einem See in Schweden in den Sommerferien. Gleichzeitig aber wusste ich so gut wie nichts über die Artenvielfalt, die uns umgibt. Ich beherrschte die Sprache dafür nicht, weder für die Welt der Schmetterlinge noch für alles andere dort draußen. Wörter sind die Elemente der Sprache, und ich kannte diese Elemente nicht.

Großer Sonnenröschen-Bläuling?

Kleiner Sonnenröschen-Bläuling?

Ich konnte den Unterschied nicht sehen, weil ich ihn nicht hören konnte. Alles floss zu einem einzigen Kauderwelsch zusammen. Die amerikanische Autorin Joan Didion hat gesagt, sie sei »noch immer der Idee verpflichtet, dass die Fähigkeit selbstständigen Denkens vom Beherrschen der Sprache abhängt.« Wenn das stimmte, dann bedeutete das im Umkehrschluss, dass ich nicht in der Lage war, selbstständig über die Natur nachzudenken. Wenn ich alle dänischen Schmetterlinge innerhalb eines Jahres sehen wollte, musste ich innerhalb eines Sommers eine neue Sprache lernen. Damit war keine Sprache gemeint, die viel mit den Sprachen gemeinsam hatte, die ich bereits sprechen konnte, wie zum Beispiel Schwedisch oder Deutsch. Sondern eine Sprache, deren Zeichen und Aussprache grundlegend andere waren als die meiner Muttersprache. So wie Mandarin oder Sanskrit.

War ich eine Amateurin?

So würden mich die meisten wahrscheinlich bezeichnen, aber das wäre irreführend. Zumindest, wenn man das Wort in seiner ursprünglichen Bedeutung verwendet – nicht als ein Tollpatsch, Stümper oder Dilettant, sondern als jemand, der ausschließlich von der Liebe angetrieben wird. Das Wort Amateur stammt von dem lateinischen Wort *amare* ab und das bedeutet »lieben«. Ein Amateur ist also eine liebende Person, die sich ohne Rücksicht auf etwaigen Profit oder den persönlichen Gewinn auf das Objekt seiner Liebe stürzt. Das kann zu außergewöhnlichem Wissen und besonderen Fertigkeiten führen. Wir müssen nicht so weit in die Geschichte zurückgehen, um in der Zeit zu landen, in der die meisten Bücher über Schmetterlinge von Amateurentomologen geschrieben wurden. Von Menschen also, die wahnsinnig viel über Schmetterlinge und andere Insekten wussten, aber hauptberuflich einer anderen Tätigkeit nachgingen als ihre Leidenschaft. Einer der größten Schmetterlingsexperten Dänemarks, Skat Hoffmeyer, war neben seinen Hobbys als Amateurwissenschaftler und Schmetterlingssammler eigentlich Bischof in Århus. Sein Freund Sigfred Knudsen hat vierzig Jahre lang als Lehrer an einer Schule in Århus unterrichtet. Sie hatten »eine große Anzahl von Mitarbeitern«, wie sie es in einer Ausgabe von 1938 formulierten. Und mit »Mitarbeitern« ist ein ganzes Heer von fleißigen Hobbyenthusiasten gemeint. Zu ihnen gehörten unter anderem sehr viele Lehrer, ein paar Ingenieure und Ärzte, ein Apotheker, ein Schumacher, ein Bahnhofsvorsteher, ein Fabrikant, ein Uhrmacher, ein Kaufmann und ein paar Schüler.

2017 sorgte ein wissenschaftlicher Bericht für Schlagzeilen, in dem von einem regelrechten Kollaps der Insektenwelt in Deutschland die Rede war. Und damit offenbar auch in der restlichen Welt. Amateure hatten systematisch, sorgfältig und über einen Zeitraum von nicht weniger als siebenundzwanzig Jahren Insekten gesammelt und das Wissen zusammengetragen, das zur Datengrundlage des Berichts wurde. Die Amateure kamen aus Krefeld und hatten Jahr für Jahr Insekten in ganz Deutschland mithilfe von zeltartigen Fallen gefangen und gewogen. Dadurch konnten sie nachweisen, dass die Biomasse der Insekten in den knapp drei Jahrzehnten der Untersuchung um mehr als fünfundsiebzig Prozent geschrumpft war. Zu den ehrenamtlichen Entomologen, die für die Daten zuständig waren, gehörten ein Chemiker, ein Elektroingenieur, ein Lehrer und ein Physiker. Einer der Hauptautoren des Berichts, den die New York Times als einen

Mann mit John-Lennon-Brille beschrieb, der selbst gedrehte Zigaretten rauchte, weigerte sich, über seinen beruflichen Hintergrund zu sprechen. Sein Beruf sei nicht von Bedeutung, sondern lediglich dieser Bericht. »Normalerweise«, sagte er, »erzählen wir die Lebensgeschichte doch erst, wenn jemand gestorben ist.« Der Bericht wurde unter dem Namen »Krefelder Studie« bekannt und löste bei allen Wissenschaftlern weltweit eine Jagd nach weiteren Notizbüchern und Excel-Listen von Amateuren aus, um auf ähnliche Weise die Entwicklung des globalen Insektenbestandes dokumentieren zu können. Es war ihnen klar geworden, dass Amateure mit ihrem Fachwissen zu entscheidenden Erkenntnissen für die gesamte Menschheit führen können. »Amateurin« war deshalb kein Titel, mit dem ich mich schmücken konnte.

Aber was war ich dann, wenn ich keine Amateurin war? Eine Novizin vielleicht? Eine Anfängerin? Eine, die beschlossen hatte, eine Anfängerin zu werden?

Eines Tages schlug ich Michael Stoltzes Buch ganz hinten auf, dort befand sich ein Register über alle dänischen Tagfalter. Ich übersprang die bereits ausgestorbenen Arten und zählte insgesamt einundsiebzig. Das waren mehr als die, die Stoltze am Telefon erwähnt hatte. Er hatte damals auch gesagt, dass die Anzahl schwankte, was damit zu tun hatte, welche Arten man als dänisch betrachtete.

Ich googelte, um exaktere Angaben zu finden. Es gab mehrere Ergebnisse. An einer Stelle war von neunundsechzig die Rede, an anderer Stelle stand vierundsechzig und neunundsiebzig. Auf einmal kam mir das Projekt undurchführbar vor. Es gelang mir nicht einmal, eine präzise Anzahl zu finden. Trübsinn und Mutlosigkeit breiteten sich in mir aus. Undurchdringbar wie Nebel.

Die Idee verflüchtigte sich wieder, wurde unter den Verpflichtungen des Alltags vergraben, den Dingen, die erledigt werden mussten. Es verging ein Monat, dann zwei, schließlich ein halbes Jahr. Ich hatte keine Zeit, mich auf die Jagd nach Schmetterlingen zu begeben, ich hatte einen Job, andere Menschen hingen von mir ab, ich war mit den Kindern beschäftigt.

Im darauffolgenden Frühjahr, ein Jahr, nachdem ich mit Stoltze telefoniert hatte, war ich eingeladen worden, als Moderatorin auf der großen Veranstaltung rund um Natur, dem *Naturmødet,* in Hirtshals teilzunehmen. In einer Pause stolperte ich in einen *Talk* von zwei Naturführern, einer Frau und einem Mann, die es sich zum Sport gemacht hatten, so viele dänische Tierarten wie möglich zu sehen. Sie hatten mittlerweile achttausend Arten gesehen. Die Zahl war schwindelerregend hoch. Plötzlich meldete sich meine alte Idee wieder zu Wort. Vielleicht könnten sie mir dabei helfen weiterzukommen?

Die beiden Naturführer trugen dunkelgrüne Kleidung aus robustem, widerstandsfähigem Material, der Mann hatte einen Hut mit einer breiten Krempe auf dem Kopf. Sie sahen aus wie zwei Schauspieler auf einer Bühne, Dungeon Masters im Reich der Tiere. Als endlich das Publikum Fragen stellen konnte, ergriff ich die Gelegenheit und ließ mir das Mikrofon geben. Ich erzählte von meinem Vorhaben und fragte, ob sie einen Rat für mich hätten.

Die Frau neigte ihren Kopf auf eine Seite.

»In einer *einzigen* Saison?«, fragte der Mann.

»Ja«, antwortete ich und fühlte mich entlarvt.

»Hmm.«

»Natürlich ist das möglich«, sagte die Frau dann. »Aber

dafür braucht man viel Zeit. Die Schmetterlinge fliegen ja zu unterschiedlichen Zeiten und an unterschiedlichen Orten.«

Sie schlug vor, dass ich eine Liste anfertigen sollte oder vielmehr eine Art Matrix oder Systematik, in der ich eintrage, welcher Schmetterling wann und wo im Land fliegt. Ich müsste mir einen genauen Plan machen, in welcher Reihenfolge ich sie sehen wollte, und mir einen Überblick darüber verschaffen, für welche Arten ich an andere Stellen im Land fahren muss.

»Der Schwarzfleckige Golddickkopffalter zum Beispiel fliegt nur innerhalb einer Zeitspanne von drei, vielleicht vier Wochen«, sagte sie. »Wenn man es in dieser Zeit nicht schafft, ist er weg.«

Der Mann lehnte sich vor. »Sie müssen auf jeden Fall systematisch vorgehen.«

Sie sahen mich eindringlich an.

Ich nickte. Ich musste also Ordnung ins Chaos bringen, wenn meine Idee jemals eine Chance haben sollte.

Es verging ein Jahr. Ich kaufte mir ein schönes Plakat mit allen Schmetterlingen, die es jemals in Dänemark gegeben hatte, und hängte es ins Wohnzimmer.

Es verging ein weiteres Jahr.

Es wurde Winter. Und Weihnachten. Wir wurden krank und schlurften durchs Haus mit schweren Köpfen und schmerzenden Gliedmaßen. Wir feierten Silvester in unserem Sommerhaus bei Gurre Sø in Nordseeland, nur wir fünf. Meine Sauce béarnaise flockte. Bjørn, unser Jüngster, las fiebernd Donald Duck unter der Bettdecke. Am Neujahrsmorgen ging ich mit Bobby am Meer spazieren. Alles war feucht und vom Regen aufgeweicht. Die Wolken hingen tief über dem mattgrauen Meer, der Horizont war vom Nebel verschluckt worden. Das Seegras lag in großen, dunklen Haufen am Strand, seine steife Hülle knackte, als ich drauftrat. Vor mir lag ein neues Jahr.

Ich hatte nach wie vor große Lust, alle Schmetterlinge zu sehen. Ich wusste nach wie vor nicht, warum. Vielleicht waren Frage und Antwort eins geworden. Ich wollte alle Schmetterlinge sehen, um herauszufinden, warum ich alle Schmetterlinge sehen wollte.

Einige Stunden später saß ich am Tisch in der Essecke, die Lampe eingeschaltet, und zeichnete mit dem Kugelschreiber blaue Linien auf das Papier.

Ich schlug das Register von Michael Stoltzes Buch auf. Darin war angegeben, welche Art zu welcher Zeit im Jahr flog und wie lange. Mit dem Zeigefinger fuhr ich über das Register und suchte die Arten heraus, die als erste im Jahr flogen. Die trug ich mit dem Kugelschreiber in die Tabelle ein. Das Tagpfauenauge, der Kleine Fuchs und der Zitronenfalter flogen von März bis Oktober. Die Kohlweißlinge flogen ab April, und das taten auch der Kleine Perlmuttfalter, der Faulbaum-Bläuling sowie das Waldbrettspiel. Den Kleinen Würfel-Dickkopffalter konnte man im Mai (und offenbar nur im Mai) fliegen sehen, der Wachtelweizen-Scheckenfalter und der Vogelwicken-Bläuling flogen ab Juni. Nachdem ich anhand des Registers herausgefunden hatte, wann und wie lange die Art jeweils flog, schlug ich ihren Namen im *Naturbasen* nach, Dänemarks nationalem Artenportal, einem Onlineregister und Nachschlagewerk, in dem wahrscheinlich alle Tier- und Pflanzenarten des Landes verzeichnet sind. Dort erfuhr ich, wo im Land die verschiedenen Arten zu finden waren.

Rasmus kam in Jogginghose und mit einer Cola Zero in der Hand vorbei. »Du bist nicht ganz dicht«, sagte er und lächelte.

Ich wies jeder Region eine eigene Farbe zu. Die Flugzeiten der Schmetterlinge, die ich hoffte in Nordjütland anzutreffen, wurden mit Blau eingetragen. Die Arten in Nordseeland bekamen die Farbe Bordeaux zugewiesen. Sjællands Odde, wo eine bestimmte Art flog, war Gelb. Mittjütland Rosa, Seeland bekam die Farbe der roten Briefkästen dort. Bornholm wurde Glitzerlila, Møn, Lolland und Falster Glitzerorange. Die Arten, die es überall im Land zu sehen gab, markierte ich mit Hellgrün. Am oberen rechten Rand notierte ich mir in Stichpunkten, worauf ich achten muss, wie zum Beispiel die Lieblingsblume oder den besonderen Lebensraum des Schmetterlings. Mit einem Punkt versah ich die Arten, die selten sind.

»Admiral: Mag Brennnesseln und Fallobst.«

»Großes Wiesenvögelchen: Innerhalb von achtzig Jahren drei Viertel seiner Standorte verschwunden.«

»Spiegelfleck-Dickkopffalter: SCHWIERIG!«

Nachdem die erste Seite voll war, klebte ich mit Tape einen neuen, leeren Bogen Papier darunter. Am Ende war die Liste vier Bögen lang. Ich ging sie durch und zählte. Neunzehn Arten waren überall im Land vertreten. Zwölf würde ich angeblich in der Nähe von meinem Zuhause, in Nordseeland finden können. Acht Arten würde ich auf Seeland sehen, bis auf die eine Art bei Odden. Drei glitzerten in Lila auf Bornholm, neun auf Møn, Lolland und Falster. Sechzehn würde ich nördlich vom Limfjord auf Jütland finden. Zweiundzwanzig Arten hatten einen Punkt bekommen, sie waren selten. Insgesamt waren es einundsiebzig Arten.

Ich ging zu Rasmus, der im Wohnzimmer auf dem Sofa saß, und zeigte ihm die Liste. Sie reichte bis zum Boden.

»Sieh mal«, sagte ich.

»Hübsch«, sagte er und sah hoch.

Die Wissenschaft geht davon aus, dass es auf unserem Planeten etwa acht Millionen verschiedene Tierarten gibt. Davon sind einhundertachtzigtausend Schmetterlinge, von denen achtzehntausend Tagfalter sind. Ich musste weniger als einhundert von ihnen finden. Und ich hatte jetzt ein System. Danach konnte ich mich richten.

Ich betrachtete meine Liste. Wie viel Zeit würde ich dafür brauchen? Ich holte mir zwei Kopfschmerztabletten, schob sie mir in den Mund, beugte mich unter den Wasserhahn und trank.

# FEBRUAR

Wenn ich von Schmetterlingen spreche, meine ich Insekten, die tagsüber aktiv sind, zwei Paar schuppige Flügel und einen Saugrüssel haben und zu der Ordnung gehören, die den lateinischen Namen *Lepidoptera* trägt. Diese Ordnung umfasst alle Insekten mit schuppigen Flügeln und einem Saugrüssel. Die überwiegende Mehrheit der Lepidoptera-Insekten fliegt nachts. Im Dänischen gibt es kein Wort, das sowohl die schuppigen Rüsseltiere, die tagsüber fliegen, als auch diejenigen abdeckt, die nachts aktiv sind. Die meisten von uns bezeichnen die ersten als Schmetterlinge, die zweiten als Nachtfalter oder Motten. Auch im Englischen unterscheidet man zwischen *butterflies* und *moths*, aber sie gehören zu derselben Ordnung, sie sind Insekten. Menschen, die sich mit der Thematik auskennen, unterscheiden zwischen Tagfaltern und Nachtfaltern. Kenner bezeichnen sie alle als Lepidoptera, den Namen, den der berühmte schwedische Botaniker Carl von Linné dieser Ordnung 1746 gab. Lepidoptera bedeutet ganz einfach *Schuppen-Flügler.*

Davon wusste ich nichts, als aus Januar Februar wurde. Aber mir war bewusst, dass noch etwas Zeit verstreichen würde, ehe ich meinen ersten Schmetterling sehen würde. Die flogen im März, abhängig vom Wetter. Je wärmer der Frühling war, desto früher flogen sie.

Ich hatte vor, die Zeit zu nutzen, um mich zu belesen, und kaufte mir einen Stapel Bücher über Schmetterlinge. Ich hatte schon einiges gelesen, als ich begriff, dass die Schmetterlinge schon längst dort draußen waren. Nicht mit Flügeln, sondern als Eier oder Puppen. Es war Sommer. Wir standen im Wohnzimmer und sahen den Rehen dabei zu, wie sie meine Stauden fraßen. Da stellte mir Rasmus eine gute Frage: Wo sind die Rehe eigentlich im Winter? Die Frage war deshalb so gut, weil wir sie in der Jahreszeit nie zu Gesicht bekamen. Sie verschwanden im Herbst, wenn alles verblasste und abstarb. Aber sie mussten sich ja irgendwo aufhalten. Und dasselbe galt auch für die Schmetterlinge. Sie mussten irgendwo überwintern, sie existierten. Aber wo?

Und wie?

Aus den Büchern erfuhr ich, dass fünf der Schmetterlingsarten, die es in Dänemark gibt, als ausgewachsene Falter überwintern. Der Zitronenfalter, der Kleine Fuchs, das Tagpfauenauge, der C-Falter und der Trauermantel. Sie verbringen ihren Winterschlaf versteckt in Baumspalten, unter Sträuchern und Blättern oder in kalten Kellern und Dachböden und kommen erst im Frühjahr wieder hervor, um Eier zu legen. Andere Schmetterlingsarten ziehen wie die Zugvögel vor Einbruch der Kälte gen Süden. Im Spätsommer machen sie sich in Schwärmen auf den Weg und erreichen nach ein paar Tagen Spanien oder noch weiter die Sahara. Dort legen sie ihre Eier ab und sterben. Aus den Eiern schlüpfen spanische oder afrikanische Schmetterlinge, die wiederum Eier legen. Im Frühjahr, wenn aus den neuen Eiern zuerst Raupen, dann Puppen und schließlich ausgewachsene Schmetterlinge geworden sind, öffnen sie ihre vier Flügel und fliegen nach Dänemark. Ein Land, in dem sie noch nie zuvor gewesen sind, das aber ihre Großeltern oder Urgroßeltern im Jahr zuvor verlassen haben.

Ich hob den Blick von der aufgeschlagenen Buchseite. Es war unglaublich. Was erzeugte einen solchen Sog? Was sagte dem Schmetterling, dass er nach Norden fliegen sollte?

Die Geschichte des berühmten orangegelben Monarchfalters aber, der ursprünglich aus Nordamerika kommt und zwischen den Kontinenten zieht, ist noch viel faszinierender. Im Sommer lebt der Monarchfalter auf den Seidenplantagen im Nordosten der USA und im Süden von Kanada. Eine Generation dieses Schmetterlings hat eine Lebensdauer von etwa einem Monat, vielleicht sogar weniger. Im Laufe eines Sommers entstehen daher vier bis fünf Generationen. Wenn dann aber der Herbst kommt und die Seidenpflanzen verwelken, schlüpft eine besondere Generation dieser Art. Diese Insekten sterben nicht nach ein paar Wochen, sondern können bis zu achtmal länger leben als ihre Eltern. Sie werden Methusalem-Generation genannt, benannt nach Methusalem aus der Bibel, von dem es heißt, dass er neunhundertneunundsechzig Jahre alt wurde. Dieser Super-Schmetterling verfügt über einen besonderen Körperbau für die Wanderung, die er nun antritt – eine Reise, die ihn bis zu viertausend Kilometer nach Südwesten führt, wo er sich auf einem Baum in den warmen Bergen Mexikos für den Winterschlaf einrichtet. Wenn der Frühling kommt, erwachen die alten Insekten und machen sich auf den Weg zurück nach Norden. Aber sie schaffen es nicht ganz bis ans Ziel. Als letzte Tat legen die Methusalem-Weibchen irgendwo unterwegs – zum Beispiel in Texas – Eier auf einer Seidenpflanze ab, aus der eine neue Generation entsteht. Diese Generation fliegt weiter nach Norden, muss aber auch irgendwo unterwegs landen,

Eier legen und sterben, damit eine weitere neue Generation übernehmen kann. So geht er weiter, der Staffellauf zwischen den Generationen, bis wieder neue Monarchfalter im Norden der USA und im Süden Kanadas herumfliegen. Dort, wo ihre Ururgroßeltern oder Urururgroßeltern im Jahr zuvor geflogen sind.

Woher weiß der Monarchfalter, in welche Richtung er fliegen muss? Sein Körper hat die Größe einer Büroklammer, sein Kopf die einer Stecknadel. Seine Mutter war schon tot, bevor er das erste Mal seine Flügel ausgebreitet hat. Und trotzdem kennt er den Weg, kennt den Kurs, den seine Eltern genommen haben, und folgt diesem Ziel. Was zieht ihn dorthin?

Diese Frage beschäftigt die Forscher seit Jahrzehnten. Mittlerweile herrscht weitestgehend Einigkeit darüber, dass die Monarchfalter mithilfe eines inneren Tagesrhythmus und des Stands der Sonne navigieren. Ein Monarchfalter, der morgens Richtung Süden aufbricht, hat die Sonne auf seiner linken Seite. Abends ist sie auf seiner rechten Seite.

Ich fand dieses Phänomen unbegreiflich. Die Tatsache, dass es zwischen einem einzelnen Lebewesen auf der Erde und dem großen, brennenden Stern am Himmel eine ganz besondere Beziehung gibt. Eine Beziehung, die das Lebewesen dazu bringt, bestimmte Dinge zu tun. Sich auf eine bestimmte Weise zu verhalten. Genau genommen ist es noch gar nicht so lange her, dass wir Menschen uns an der Sonne orientiert haben. Es ist noch nicht lange her, dass die Menschen in die Sonne gesehen haben, um herauszufinden, wie spät es ist. Auch als die Uhr erfunden worden war, stellte man sie nach der Position der Sonne am Himmel. So kam es, dass in einem kleinen Land wie Dänemark die Uhrzeit nicht in allen Teilen des Landes zur gleichen Zeit auch gleich war. Für die Dänen im Osten des Landes ging die Sonne früher auf als für diejenigen im Westen. Wenn also die Uhr in Kopenhagen zehn schlug, dauerte es vierzehn Minuten, bis es auch in Holstebro, das in der Mitte von Jütland liegt, zehn Uhr war. Erst mit dem Bau der Eisenbahn entstand die Notwendigkeit einer standardisierten Zeit, was dazu führte, dass die Weltbevölkerung ab dem Ende des 19. Jahrhunderts begann, ein weltweites Zeitzonensystem einzuführen. Ein System, das auch wir heute verwenden und das sich an der Sonnenzeit in Greenwich in London orientiert. Das bedeutet, dass man als Däne seine Uhr nach der Sonnenzeit am fünfzehnten Längengrad östlich von Greenwich stellt. Dieser Längengrad verläuft durch die Insel Bornholm, die östlichste Region Dänemarks.

Unsere Zeit und damit unser Leben sind also nicht mehr von der Sonne bestimmt, die wir sehen können, von dem Himmelskörper, der direkt über uns steht. Die Tageszeit ist zu einer Abstraktion geworden, genauso wie der Wert des Geldes nicht mehr an die physische Welt in Form von Gold gebunden ist. Die Zeit hat nichts mehr mit einem bestimmten Körper zu tun, der sich an einem bestimmten Ort befindet. Und vielleicht vergessen wir deshalb, dass die Elemente nach wie vor einen Einfluss auf uns, auf alle Lebewesen haben. Die Sonne bringt die Pflanzen dazu, sich ihr zuzuwenden. Tiere legen ihretwegen Tausende von Kilometern zurück. Ihre Körper reagieren auf Signale, die ihnen sagen, wie weit die Sonne von der Erde entfernt ist, wann es Zeit ist aufzubrechen, wann es Zeit ist zu schlafen. Zeitgleich übt der Mond seinen Einfluss auf die Ozeane der Erde aus und zieht an ihnen. Das Wasser wölbt sich in Richtung der leuchtenden Scheibe und erzeugt so die Flut. So wie die Tiere folgt auch das Wasser einer Richtung, und diese Richtung kommt von oben, von einer Kraft, die durch die Bewegung der Himmelskörper und die Rotation der Erde entsteht.

Es war dieselbe Kraft, die mich bei Vollmond nachts wach hielt. Davon war ich überzeugt. Früher glaubte man, dass Geisteskrankheiten durch den Einfluss des Mondes ausgelöst werden. Deshalb wurden die Betroffenen im Englischen *lunatics* genannt, nach dem lateinischen Wort für Mond, *luna*. Aber die Wissenschaft hat nie bewiesen, dass es die sogenannte Mondkrankheit gibt, auch nicht in ihrer milden Ausprägung als Schlaflosigkeit.

Trotzdem werde ich mondkrank und kann nicht schlafen.

So war das auch im Februar. Als der Vollmond aufging, wurde mein Staudenbeet in den Tönen Dunkelblau bis leuchtendes Grau getaucht. Ich starrte aus dem Fenster meines Schlafzimmers und fragte mich verwundert, ob wir wirklich davon ausgingen, dass wir die einzige Art auf der Erde sind, die nicht unter dem Einfluss der Elemente steht?

Ich las in jeder freien Minute, auf dem Weg nach Hause von der Arbeit, ganz matschig im Kopf von unzähligen Sitzungen. Die dänischen Schmetterlinge, die weder als ausgewachsene Falter im Winterschlaf sind noch nach Süden fliegen, überwintern irgendwo im Land in Form von Eiern, Raupen oder Puppen. Als Eier kleben sie zum Beispiel an Baumstämmen. Die Puppen können im Gras versteckt sein. Die meisten Schmetterlinge aber überwintern als Raupen in einem Versteck, zwischen Gräsern, Kräutern oder in den Wintertrieben der Blumen, von denen sie sich ernähren. Es wäre also im Prinzip möglich, schon jetzt einen Schmetterling zu sehen, wenn ich ein Ei oder eine Puppe fände.

Eines Tages machte ich mit Mads, meinem ältesten Sohn, einen Spaziergang durch den kahlen Wald und um den Gurre See herum, wo unser Sommerhaus ist. Wir liefen kilometerweit und unterhielten uns darüber, wo die Tiere waren. Wo überwinterte das Eichhörnchen? Wo die Rehe? Wenn wir *sie* nicht finden konnten, wie sollte es uns gelingen, eine Schmetterlingspuppe zu entdecken, die kleiner als ein Finger war? Ganz zu schweigen von einem mikroskopisch kleinen Schmetterlingsei.

Aus Büchern wusste ich, dass die Eier etwa so groß wie Blumensamen sind und je nach Art unterschiedliche Formen und Farben haben. Einige sind orange, hellgelb oder fast gläsern, einige haben eine glänzende Oberfläche, andere sind behaart. Viele von ihnen haben wunderschöne Muster und Formen, sie sehen zum Beispiel aus wie winzige Keramikvasen, Makronen oder kleine Tipis. Auch die Puppen haben die verschiedensten Gestalten und Farben. Einige sind tonnenförmig oder krumm, andere sind aschgrau oder glänzen wie Messing. Aber im Wald haben wir nichts davon gesehen. Hier waren nur kahle Baumkronen und darunter ein Teppich aus verwelkten Blättern. Groß und leer. An einer Stelle mussten wir unsere Schuhe ausziehen und barfuß durch ein überschwemmtes Gebiet laufen. Es war eine große Fläche zwischen den Bäumen, in Form eines Gürtels, das Wasser war gelbbraun und sumpfig. Es war eisig, uns tat der Kopf weh vor Kälte. Mads fing an zu weinen. Aus meinem Vorhaben würde nie etwas werden, wir waren erbärmliche Kreaturen, die nichts über die Natur um sie herum wussten.

Aber in mir war die Lust geweckt worden, nicht nur die geschlüpften Schmetterlinge zu sehen, sondern auch ihre Eier. Ich schummelte und bestellte mir online Eier bei *Insect*

*Lore*, einer Firma, die Schmetterlingseier verkauft, hauptsächlich für den Biologieunterricht in Schulen. Ein paar Wochen später bekam ich Post. Ein zylinderförmiger Schmetterlingskäfig aus dünnem Netz sowie ein durchsichtiger Plastikbecher mit fünf mikroskopisch kleinen Eiern des Distelfalters, der häufigsten Schmetterlingsart auf der Welt. Die Eier lagen auf einer klebrigen, bräunlichen Zuckermasse, von der sich die Raupen später ernähren sollten. Ich zeigte meinen Kindern den Becher. Wir sahen ihn uns kurz an, dann holte Bjørn ein Donald-Duck-Heft zum Vorlesen. Was sollten wir mit dem Käfig und seinem Inhalt anfangen? Ich stellte ihn ins Bücherregal im Esszimmer. Jetzt hieß es einfach abwarten.

*

Alle 180.000 bekannten Tag- und Nachtfalterarten auf der Erde werden erst durch Metamorphose sie selbst, das heißt, sie durchlaufen eine vollständige Verwandlung. Von einem winzigen Ei über eine kriechende Raupe zu einer versteinerten Puppe und schließlich zu einem fliegenden, vierflügeligen Insekt mit Rüssel.

Um zu verstehen, warum die Metamorphose Philosophen, Wissenschaftler, Theologen, Insektenexperten und Naturliebhaber seit jeher fasziniert, muss man sich nur vor Augen führen, wie radikal diese Verwandlung ist. Sie wirkt absolut, als würde ich in meinen Schuppen gehen und einen Monat später als Nashorn wieder herauskommen.

Ein menschlicher Säugling oder ein Hundewelpe ähneln bei ihrer Geburt weitgehend ihrem erwachsenen Gegenstück, nur eben sehr viel kleiner. Ein Baby-Schmetterling hingegen sieht ganz anders aus als seine erwachsene Form.

Der Körper des Schmetterlings verändert sich von Stadium zu Stadium beträchtlich – er ist erst weich und behaart, geht dann über in einen Panzer aus einer hornartigen Substanz, danach bekommt er Fühler und Flügel – aber eines stimmt bei allen überein. Das eine nämlich, was die verschiedenen Erscheinungsformen des Körpers vom Lebensanfang bis zum Tod verbindet. Der italienische Naturphilosoph Emanuele Coccia formuliert es so: »Die Metamorphose macht das Leben zu einer Form der Weitergabe an sich selbst.« Während eine schwangere Frau genau genommen zwei Leben in einem Körper trägt, ist es beim Schmetterling in gewisser Weise umgekehrt. Sein Leben verteilt sich auf mehrere, verschiedenartig aussehende Körper. Wir – also wir Laien – bezeichnen den erwachsenen Schmetterling als Schmetterling, aber auch die Raupe ist ein Schmetterling, ebenso wie die Puppe. »Schmetterling« ist das, was von Lebensphase zu Lebensphase übertragen wird, während ein alter Körper zerfällt und ein ganz neuer und anderer ihn ersetzt.

Bei vielen Schmetterlingsarten gilt: Wenn die Raupe aus dem Ei schlüpft, frisst sie als Erstes das, was von ihrem alten Zuhause noch übrig ist. Danach frisst sie Blätter und Stängel, denn das einzige Ziel der Raupe ist es zu wachsen. Mehrmals bildet die Raupe eine neue, größere Haut und bricht aus ihrer alten aus, indem sie sich aufpumpt, bis die Haut direkt hinter dem Kopf reißt. Nachdem sich die Raupe von dieser Anstrengung erholt hat, frisst sie ihr altes Ich auf. Auf diese Weise häuten sich die meisten Schmetterlinge während ihres Raupenstadiums zwischen vier- und sechsmal, bis sie ihre endgültige Größe erreicht haben.

Die nächste Phase ist das Puppenstadium. Die Raupe spinnt ein Seidenkissen, mit dem sie sich an einen Stiel oder ein Blatt klebt. Hier dreht und wendet sie sich, nistet sich dadurch ein und bläht sich auf, bis die Raupenhaut ein letztes Mal am Rücken aufreißt und sich der Schmetterling in eine Puppe verwandelt, eine starre und unbewegliche Hülle. Im Inneren der Hülle, der Puppenhaut, die leblos, fast wie ein Sarg wirkt, entsteht nun ein geflügeltes Tier. Man könnte sagen, dass die Hülle immer weniger Schmetterling wird, während das Innere immer mehr zum Schmetterling wird. Eines Tages beginnt das Wesen im Inneren der Puppe, durch mikroskopisch kleine Atemlöcher in der Puppenhaut Luft anzusaugen. Dadurch steigt der Druck. Schließlich muss die Haut an den Nähten reißen, damit sie sich vorne wie eine kleine Klappe öffnen kann. Ganz vorsichtig befreit das weiche Insekt seinen Kopf, löst seine Fühler und seine Beine. Mit den Beinen drückt es gegen die Klappe, die sich öffnet, während der Schmetterling seine Flügel und seinen Hinterleib befreit und schließlich seine Haut – also sich selbst – verlässt und sich, vorzugsweise senkrecht, hinsetzt, um seine Flügel zu entfalten.

Wissenschaftler wissen nicht genau, wie diese erstaunliche Metamorphose entstanden ist. Die ersten Insekten auf der Erde hatten vermutlich weder Flügel noch waren sie in der Lage, ihre Körperform von einem Lebensstadium zum nächsten so grundlegend zu verändern. Aber als sich die Metamorphose erst einmal entwickelt hatte, erwies sie sich als eine äußerst effektive Methode, um als Spezies zu überleben. Es gibt insgesamt 855.000 verschiedene Insektenarten, die alle eine Metamorphose durchlaufen – neben den Schmetterlingsarten gehören Fliegen, Bienen, Ameisen, Wespen, Käfer und Motten dazu. Zum Vergleich: Es gibt nur etwa 7.000 Arten von Kakerlaken und 20.000 Arten von

Heuschrecken, von denen keine die vollständige Verwandlung einer Metamorphose durchläuft. Insgesamt machen 53 Prozent aller uns bekannten Arten auf der Erde eine Metamorphose.

Die Arten, die sich nicht verpuppen, sind also deutlich in der Unterzahl, dazu gehören zum Beispiel Menschen, Hunde und Wale. Die Tiere, die sich verwandeln können, haben einen riesigen Vorteil. Der Körper ist in jeder Lebensphase auf das optimiert, was gerade in diesem Moment wichtig ist. Die Raupe muss fressen und Kot ausscheiden, um wachsen zu können, und ihre Form ist perfekt auf diesen Zweck abgestimmt. »Die Raupe ist eine Fressmaschine«, schreibt der Biologe Dave Goulson in *Stumme Erde,* »und besteht im Grunde nur aus Mund und Anus, die durch einen Darm verbunden sind.« In der Verpuppungsphase müssen sich die späteren Körperteile entwickeln, und das Tier tut genau das – und nur das – unter seiner schützenden Puppenhaut. In der letzten Phase seines Lebens benötigt das Tier weniger Nahrung als im Raupenstadium, muss aber dafür das Überleben der Art sichern. In dieser Phase sind die Farben strahlend und anziehend. Sein Körper ist beweglich. Es ist mit einem Saugrüssel ausgestattet, der wie eine kleine Spirale eingerollt ist, wenn er nicht gebraucht wird, einem ausgefeilten Sinnesapparat, langen Fühlern und großen Augen, die aus Tausenden von Linsen bestehen, die es auf der Suche nach einem passenden Partner für die Paarung einsetzt. In diesem Stadium ist es eine »geflügelte Sexmaschine«, wie es der Entomologe Carroll M. Williams formulierte.

Aristoteles, der griechische Philosoph, war einer der Ersten, der sich eingehender mit der Metamorphose befasste. Er war es, der neben vielen anderen Dingen die Biologie als

Disziplin etablierte, und er war der weltweit erste Insektenexperte. Als Schüler Platons bereiste er das antike Griechenland und begann, mithilfe von Beobachtungen, seines Skalpells und seiner Schreibutensilien, die Natur zu kartografieren und zu verstehen. Das hatte vor ihm noch niemand getan.

Insgesamt beschrieb Aristoteles mehr als fünfhundert Tierarten. Detailliert. Er beschrieb ihr Aussehen, ihr Blut, ihr Fell, ihre Knochenstruktur, was sie fraßen und wie sie lebten. Er beschrieb Ziegen, Löwen, Schweine, Kamele, Mäuse, Spechte, Adler, Vipern und Krokodile, er beschrieb Schildkröten, Aale, Tintenfische, Krebstiere, alle möglichen Insekten und Fische, Unmengen an Fischarten, alles in dem unermüdlichen Streben, das *Warum* zu begreifen. Warum hat der Vogel Flügel? Warum hat die Schlange keine Füße? Warum sind Organismen in der Lage, sich fortzupflanzen? Er war auch der Erste, der die Metamorphose der Insekten beschrieb. Was könnte der Grund dafür sein, wollte er wissen, dass die Insekten auf diese Weise entstanden sind? Ein Mensch, ein Schaf oder ein Krokodil kamen bereits fertig auf die Welt. Ein Schmetterling war etwas fundamental anderes, bevor er ein Schmetterling wurde. Warum?

In seiner Antwort auf diese Frage unterlief Aristoteles allerdings ein großer Fehler. Er war der Ansicht, das Geheimnis der Metamorphose sei wie folgt zu erklären: Es gab Tiere, die perfekt auf die Welt kamen. Das waren Tiere, die das Ergebnis einer Paarung waren – zum Beispiel Affen, Schafe und Menschen. Während der Paarung floss Sperma aus den Hoden des Männchens in den Körper des Weibchens. Das Sperma trug das, was Aristoteles *pneuma* nannte, was »Geist« oder »Atem« bedeutet. Das Pneuma, so glaubte er, war gewissermaßen der Lebensfunke oder vielleicht eher der Lebensgeist oder ein Lebensprinzip. Aber nicht alle Tiere paarten sich und bekamen Nachwuchs, stellte Aristoteles fest. Insekten wie Bienen, Fliegen, Wespen, Motten und Schmetterlinge entstanden ganz spontan, ohne dass es zu einer Paarung gekommen war. Die Eier dieser Insekten tauchten wie aus dem Nichts auf, vor allem in Dreck und Kot. Einige von ihnen entstanden »in faulendem Schlamm und Mist, noch andere im Holz«, schrieb er, »wieder andere in den Haaren der Tiere, einige in ihrem Fleisch und einige in ihren Exkrementen«. Da die Eier aus dem Nichts entstanden, fehlte ihnen das lebensspendende Pneuma des Samens. Die Eier des Schmetterlings, so Aristoteles, seien gewissermaßen zu früh auf die Welt gekommen, und das Tier müsse eine vollständige Verwandlung vom Ei zur Raupe, von der Raupe zur Puppe durchlaufen, die dann als neues, vollständigeres Ei betrachtet werden könne. Auf diesem Weg konnte der Lebensgeist entstehen und das Tier fertig werden. Die Metamorphose geschah also, um aus etwas Totem Leben zu erschaffen, um dem Leblosen Leben einzuhauchen.

Heute wissen wir, dass diese Theorie verkehrter nicht hätte sein können. Leben kann nicht spontan, aus dem Nichts entstehen. Dennoch dominierte Aristoteles' Theorie die Naturwissenschaften jahrtausendelang. Mich faszinierte sie, vor allem, weil sie auf die Auffassung der alten Griechen von Geist als einer physischen Realität hinwies. Wenn wir heute an »Geist« denken, denken wir an etwas, das zur Welt der Ideen oder zu einer formlosen Psyche gehört, aber für Aristoteles war der Geist vergleichbar mit Wind und Regen. Und er lag verborgen im Samen der männlichen Tiere. Der Lebensgeist war für ihn eine Kraft, ein Lebensprinzip, das so stark war, dass es Leben spontan entstehen lassen, Tote zum Leben erwecken und Erstarrtes wiederbeleben konnte. Ohne Geist, so glaubte er, gab es kein Leben. Er *war* das Lebendige.

*

Die Schmetterlingseier in meinem Esszimmer schlüpften, ohne dass ich es bemerkte. Eines Tages, als ich in den Plastikbecher von Insect Lore sah, entdeckte ich es. Es krabbelten kleine Raupen darin herum. Sie hatten schmale Spuren durch die Zuckermasse am Boden des Bechers gezogen und mikroskopisch kleine Kotkügelchen hinterlassen.

Etwa eine Woche später stellte ich fest, dass die Raupen enorm gewachsen waren. Ihre Körper hatten grünliche Streifen bekommen und waren mit Haaren bedeckt, es sah aus, als würden sie verschimmeln oder mit einem spinnennetzartigen Fell bedeckt sein. Sie glichen mythischen Wesen aus einer verborgenen und geheimen Welt, sie gehörten zu Trollen, Höhlen, Mooren und Wäldern und wirkten daher in ihrer neuen Umgebung – in meinem Bücherregal in einem Plastikbecher, der einen eher an eine Arztpraxis denken ließ – geradezu monströs.

Ich sah mich um. Alles um mich herum kam aus der Natur. Die Stühle, die Bücher, der Lampenschirm, die Kerzen und die Vase waren aus Materialien hergestellt, die es in der Natur gab. Die Gegenstände stammten von Bäumen, Metallen, Lehm, Tieren und Wasser. Das elektrische Licht der Glühbirne unter dem Lampenschirm hatte ebenfalls eine Verbindung zur Natur, zum Wind oder zur Sonne oder zu den Bäumen oder zum Öl und Gas, das aus den Tiefen der Erde gewonnen wurde. Weil aber diese Dinge und Gegenstände zu unserer Welt, zur Welt der Menschen gehörten, waren wir der Ansicht, dass sie nicht zur Welt der Natur gehörten. Wir brachten sie nicht mit ihrem Ursprung in Verbindung. Bjørn hatte mich einmal gefragt, wo das Plastik herkommt, und ich hatte ihm geantwortet, dass es aus der Natur stammt. Es wird aus Erdöl hergestellt, und dieses Öl entstand aus unzähligen kleinen Tieren und Pflanzen, die Millionen von Jahren tief in der Erde und unter großem Druck gelegen hatten. Er hatte mich ungläubig angesehen. Ich konnte ihn gut verstehen, das war auch nicht zu begreifen. Seine Brotdose, die Spülmaschine, der Handball, die Häuser, der Asphalt waren durch irgendetwas entstanden. Aber es war einfacher, sich vorzustellen, dass dieser Ort nicht die Natur war. Die Dinge, die uns umgeben, waren von einer anderen Dimension als die Berge und Bäume und Meere und die haarigen Raupen, die sich in dem Becher in meiner Hand befanden.

Ich betrachtete die Raupen. Eine bewegte sich. Ich wollte so gerne das Gefühl haben, dass es sich um etwas Bedeutsames handelte. Wurde das nicht von mir erwartet, dass ich es als wundervoll und aufregend empfand? Aber so war es nicht. Ich fragte mich, was die anderen Kunden von Insect Lore taten, wie sie die Entwicklung der Raupen verfolgten?

Gaben sie ihnen Futter?

Sie hatten doch schon den Zuckerboden im Becher, also was war meine Funktion?

Ich stellte das Glas zurück ins Bücherregal und war dann mit anderen Dingen beschäftigt: dem Abwasch, Besprechungen, Organisation und meiner Arbeit. Aske und Bjørn hatten ein Handballspiel. Rasmus hatte Wochenenddienst in der Højskole, in der er unterrichtete. Als ich Tage später – vielleicht waren es auch Wochen – den Becher aus dem Regal nahm, stellte ich fest, dass die Raupen genau das getan hatten, was in der Anleitung stand. Sie hatten ein kleines Seidenkissen an der Unterseite des Deckels gesponnen, an dem sie nun hingen, sie sahen aus wie Angelhaken. Sie waren immer noch behaart und am schmalsten an der Stelle, mit der sie am Deckel festsaßen. Am anderen Ende war der Kopf, wie ein schwarzer, nahezu unscheinbarer Klecks.

Kurz darauf waren aus den Raupen Puppen geworden. Ich bekam nicht mit, wie sie sich häuteten, es war, als würden sie nur reglos am Deckel hängen, ihre Farbe war verblasstes Braun, wie verwelkte Blätter. Ich verhielt mich, wie es in der Anleitung stand, kindlich und unbeholfen, und holte das zylinderförmige Netz, das Teil der Lieferung von *Insect Lore* gewesen war. Ich öffnete das Netz, zog vorsichtig den Deckel des Plastikbechers mit den Puppen ab und hängte ihn an eine Seite des Netzes.

Ich kam mir albern dabei vor. Und jetzt? Ich stellte eine Schale mit Wasser in den Käfig. Die Schmetterlinge würden doch bestimmt durstig sein, wenn sie schlüpften?

Die Puppen sahen tot aus. Waren sie das womöglich auch? Sie konnten nicht tot sein, sie hingen ja noch am Deckel fest.

In der Anleitung stand, dass die Puppen keinem direkten Sonnenlicht ausgesetzt werden dürfen, deshalb brachte ich sie in Rasmus' Büro, wo wir Zeug aufbewahrten, für das wir keinen anderen Platz hatten – einen Koffer, einen Stapel Bücher, die hässliche Vase.

Beim Staubsaugen kam ich Tage später in das Büro und sah, dass die fünf Puppen vom Deckel gefallen waren. In der Anleitung stand nichts darüber, dass sie das tun würden. Ich öffnete den Schmetterlingskäfig und stupste mit einem gekrümmten Finger gegen eine von ihnen. Sie war trocken wie ein alter Korken. Das war definitiv nicht vorgesehen. Sie sollten immer noch am Deckel festkleben. Ich zog meine Hand zurück und den Reißverschluss des Netzes wieder zu.

Waren sie jetzt tot?

Ich stellte den Käfig auf den Tisch. Was war das für ein erbärmliches Unterfangen, auf das ich mich eingelassen hatte? Das Produkt von *Insect Lore* war so konzipiert, dass sogar Kinder die Verantwortung für den Prozess übernehmen konnten, und trotzdem hatte ich versagt. Ich beherrschte ganz offensichtlich das Elementarste nicht. Auf einmal kam mir mein Vorhaben geradezu lächerlich vor, alle dänischen Schmetterlingsarten in einem einzigen Jahr sehen zu wollen, während ich nicht einmal in der Lage war, mich um fünf Puppen in einem Schmetterlingsnetz zu kümmern. Ich ließ den Käfig im Büro stehen, rollte das Kabel des Staubsaugers auf, schaltete das Gerät aus und zog die Tür hinter mir zu.

*

Als ich eines Morgens aufstand, war die Landschaft starr vor Frost. Ich zog meinen Skioverall an und den Reißverschluss bis zum Kinn und steckte die Hände in die Taschen. Der Hund war als Erster draußen. Mit hochgezogenen Schultern folgte ich ihm die Treppe hinunter, den Kiesweg entlang, am Auto vorbei und bog in den Wald. Augenblicklich war ich von Dunkelheit umhüllt. Ich konnte nichts mehr sehen, Umrisse voneinander unterscheiden, alles Materielle und Physische, die Stämme, die Äste, die Steine waren verschwunden, die Dunkelheit blendete mich geradezu. Ich hörte meine Schritte im Kies und das konstante, fast unmerkliche Rauschen der

Autobahn irgendwo im Hintergrund. Bobby verschwand in der Dunkelheit und kam mit einem anderen, dunklen Hund und dem örtlichen Pfarrer im Schlepptau wieder zurück. Ich sah sie erst, als sie praktisch vor mir standen.

»Hilfe!«, sagte ich. »Mann, ist das dunkel!«

»Ja«, sagte der Pfarrer und kam näher.

»Ach, du bist es!«, sagte er.

»Ja, ich bin es.«

Ein paar Tage später sah ich ihn erneut, dieses Mal in Form einer Taschenlampe, die in Halbkreisen über den Weg tanzte, der von Strohballen gesäumt war. Mehr war nicht zu sehen, außer der Dunkelheit und dem kleinen, hüpfenden Licht. Bobby tauchte in die Dunkelheit ab, und in meinem Inneren löste sich eine Steinlawine. Mich packte das Gefühl von Verlorenheit, das erst verging, als ich wieder nach Hause kam und von den morgendlichen Routinen vereinnahmt wurde. Bjørn lag zusammengerollt unter seiner Bettdecke, als ich ihn weckte. Im Flur warf das Licht scharfe Kontraste auf den Boden und an die Schränke, als ich nach unten ging, um Aske und Mads zu wecken. Dann rief ich Rasmus und deckte den Frühstückstisch. Ich nahm den Schinken, den Salat und die Mayonnaise aus dem Kühlschrank und stellte sie neben das Brot auf den Tisch. Dann nahm ich die Brotdosen der Jungs vom Vortag aus ihren Ranzen im Flur.

Ende Februar marschierte Russland in die Ukraine ein. Ich konnte nicht einschlafen und betäubte mich mit Nachrichten. Der Fernseher lief, während ich auf dem Sofa lag und meine Schleifen drehte. Von den sozialen Medien zu Liveblogs der Tageszeitungen, zurück zu den sozialen Medien und dann wieder von vorne. Die vergangenen fünf Jahre waren eine Aneinanderreihung von surrealen, historischen Ereignissen gewesen. An einem lauen Sommerabend hatten die Briten dafür gestimmt, ihr Land aus der Europäischen Union zu nehmen, Donald Trump war in den USA an die Macht gekommen, Tugenden wie Wahrhaftigkeit und Anständigkeit galten plötzlich als altmodisch, wurden als selbstgefällig belächelt, und von einem Markt in China hatte sich eine globale Pandemie ausgebreitet, die vielleicht das surrealste Ereignis von allen war. Das war ein Schock für uns, für alle, die in einer vermeintlich vorhersehbaren Welt aufgewachsen sind.

Und dann das.

Panzer in langen Konvois auf dem Weg nach Europa. Ich weinte, als ich die Aufnahmen eines kleinen Jungen sah, der in einem Bus saß und sagte, sein Vater sei zurückgeblieben, um zu kämpfen. Er sah mit großen, ängstlichen Augen in die Kamera. Bjørn sagte, dass er alle in seiner Familie und die Ukraine besonders lieb hat, ein Land, in dem er noch nie gewesen war. Es tat mir weh mitanzusehen, wie sich die Sorge auf meine Kinder übertrug.

»Mama«, fragte Mads eines Abends. »Kommt der Krieg auch zu uns?«

Ich verneinte.

»Das hast du auch über Corona gesagt«, entgegnete er.

Eines Nachmittags räumte ich auf. Verstreut vor dem Sofa und dem Sessel entdeckte ich kleine Haufen von benutzten Socken. Ich warf sie in die Wäsche, die Tassen vom Wohnzimmertisch stellte ich in die Spüle. Ich drehte eine Runde durchs Wohnzimmer und räumte Bücher, Papiere und ungelesene Zeitschriften zu einem Stapel, um ihn in Rasmus' Büro auf einen der anderen Stapel zu legen. Auf dem Tisch neben dem Bücherregal stand der Schmetterlingskäfig.

Ich registrierte aus dem Augenwinkel eine Bewegung. War das möglich?

Es war still im Haus. Und dort im Käfig flog ein Schmetterling. Ganz langsam und vorsichtig hob ich den Netzkäfig am Stoffgriff hoch. Waren die Puppen nicht schon vor Wochen gestorben? Am Körper war das Insekt hellorange, an den Flügelspitzen wechselte die Farbe, dort war der Flügel schwarz mit weißen, leuchtenden Flecken. Etwas durchströmte mich. Wie lange flog er schon? Auf dem Boden lagen die anderen vier nach wie vor regungslosen Puppen. Ich hielt den Käfig mit ausgestrecktem Arm und ging durch das Wohnzimmer hinaus auf die Terrasse. Zum Staudenbeet. Das war braun und zerrupft. Ich suchte mir einen Stock, ging zurück auf die Terrasse, öffnete den Deckel des Käfigs und half dem Schmetterling mithilfe des Stockes heraus. Er setzte sich auf eine zarte Aster, bevor er weiterflog und verschwand.

Wie ließ es sich erklären, dass er schlüpfen konnte und die anderen gestorben waren?

Ich musterte seine Artgenossen auf dem Boden des Käfigs. Denn sie waren tot – oder etwa nicht?

Die Bäume im Wald, der unmittelbar neben dem Garten begann, waren kahl. Etwa zwanzig Meter vom Waldrand entfernt stand eine alte, knorrige Eiche. Ein dunkler, feuchter Streifen lief von der Krone hinunter zu den Wurzeln. Ich erwartete, etwas Großes oder Bedeutsames zu spüren, aber es kam nichts. Ich betrachtete die Puppen. Dann warf ich sie mit einer schnellen Bewegung auf den Boden eines der Beete, wo sie zwischen den Zweigen und dem vielen Braun verschwanden. Ich stand eine Weile still da, bevor ich mich umdrehte und zurück in die Küche ging. Technisch gesehen hatte ich meine erste, in Dänemark ansässige Schmetterlingsart gesehen.

Zählte das? Nein, das zählte nicht. Über diesen Schmetterling sollte niemals wieder ein Wort verloren werden. Ich wollte ihn für immer aus meiner Erinnerung streichen.

*

Wenn ich ein einfaches Modell zeichnen müsste, wie Aristoteles die Metamorphose eines Schmetterlings beschrieben hat, würde es wie eine Treppe aussehen. Das Ei wäre auf der untersten Stufe, die Raupe auf der nächsten, dann die Puppe und schließlich der vierflügelige Schmetterling auf der letzten, obersten Stufe. Jedes Stadium führte zum nächsten, und jedes Stadium war laut Aristoteles wertvoller, raffinierter als das vorherige. Die gesamte Metamorphose hatte nur das eine Ziel, den Schmetterling von seiner unvollkommenen zu seiner vollkommenen Form zu führen – zu seinem *telos*, wie er es nannte.

Das griechische Wort *telos* bedeutet »vollkommen«. Was Aristoteles genau damit meinte, ist nicht ganz klar. Es liegt auf der Hand, dass er damit zumindest »vollständig« oder »fertig« meinte. Nachdem der Schmetterling beispielsweise sein letztes Stadium durchlaufen hat, wird er keine neue Form mehr annehmen oder sich in einen Stern oder einen Krebs verwandeln, das Insekt ist fertig, vollendet. Aber wahrscheinlich verband Aristoteles mit dem vollkommenen Stadium auch einen besonderen Wert, so verstehe ich ihn jedenfalls. Das vollkommene Stadium war zugleich auch das schönste.

Aber nicht Aristoteles hat den Begriff »Metamorphose« für die Entwicklungsstadien von Insekten geprägt, sondern der britische Arzt und Naturforscher Thomas Moffet, der ihn erstmals im 16. Jahrhundert verwendete. Er entlehnte ihn angeblich aus einem berühmten epischen Gedicht des römischen Dichters Ovid mit dem Titel *Verwandlungen* – oder *Metamorphosen*. In dem fünfzehn Bücher umfassenden Gedicht erzählt Ovid von den Göttern, die Ordnung ins Chaos bringen. Wir folgen der Verwandlung von Menschen und Göttern im Laufe der Menschheitsgeschichte, von der Entstehung der Welt bis zu Ovids eigener Epoche, der römischen Republik, in der Kaiser Augustus herrschte. Das Gedicht kann als Bericht von den bedeutenden Verwandlungen im Laufe der Zeit gelesen werden. Sie haben die Geschichte in die natürliche, vorbestimmte Richtung vorangetrieben – vom anfänglichen Chaos bis zum Frieden und zur Stabilität. Es schien nur naheliegend und passend, dem biologischen Verwandlungsprozess denselben Namen zu geben.

Als Moffet den Begriff der Metamorphose einführte, waren seit Aristoteles' Beobachtungen fast zweitausend Jahre vergangen. Das ist eine unglaublich lange Zeit. Es entspricht der Zeitspanne, die vergangen ist, seit ein junger Zimmermannssohn durch Galiläa und Judäa im östlichen Mittelmeerraum wanderte und sich Sohn Gottes nannte. In diesen zweitausend Jahren wurde Aristoteles' fehlerhafte Vorstellung davon, wie die Wespe zur Wespe und der Schmetterling zum Schmetterling wird, nicht infrage gestellt. Im 15. Jahrhundert und in der ersten Hälfte des 16. Jahrhunderts waren die Menschen in Europa allgemein der Auffassung, dass Maden in verdorbenem Fleisch entstanden. Sie glaubten, dass Läuse von selbst im Haar auftauchten und die Schmetterlingsraupen spontan auf dem Kohlfeld entstanden. Es handelte sich dabei nicht nur um Ammenmärchen und Laientheorien, auch die führenden Wissenschaftler des Kontinents vertraten diese Ansicht. William Harvey, ein bekannter englischer Arzt und Wissenschaftler, schloss sich im 17. Jahrhundert Aristoteles' fast zweitausend Jahre alter Theorie an, dass Insekteneier zu früh auf die Welt gekommen sind und sich einer Metamorphose unterziehen müssen, um zu vollständigen Insekten zu werden. In der Mitte des Jahrhunderts erschien ein Buch von Harvey, auf dessen Buchdeckel Zeus, der König der Götter, zu sehen war, wie er ein Ei öffnete, aus dem die verschiedensten Kreaturen krabbelten – darunter auch ein Schmetterling. In dem Buch plädierte er dafür, eine Raupe als eine Art frei lebenden Fötus zu betrachten.

Es war zu früh auf die Welt gekommen und musste sich daher ein neues Ei suchen, also die Puppe, in der das Insekt neu geboren wurde, dieses Mal vollkommen und vollendet. Die Raupe, schrieb Harvey, ist ein anderes Wesen als der Schmetterling. Sie starb in dem Augenblick, in dem der Schmetterling aus ihr hervorging.

Heute wissen wir, dass dies nicht der Fall ist, dass sich der Schmetterling während seiner Verpuppungsphase langsam und allmählich entwickelt. Aber für den englischen Arzt sah der Wechsel zwischen den Stadien der Metamorphose tatsächlich wie eine spontane Verwandlung aus. Es war wie ein Wunder, dass eine neue Form – ein neuer, besserer und schönerer Zustand – von einem Moment zum anderen entstand. Harvey beobachtete, wie sich eine Puppe in einen Schmetterling verwandelte, und stellte fest, dass das Tote lebendig wurde. Man darf nicht vergessen, dass er in einer radikal anderen Welt als wir heute lebte. In seiner Welt gab es keinen Widerspruch zwischen dem Magischen und dem Konkreten. Die größten Wissenschaftler des Mittelalters und der Renaissance erforschten die Natur, um ihren Geheimnissen und damit der Weisheit und Wahrheit näherzukommen, deren Ursprung sie in ihrem christlichen Gott verorteten. Einige der Wissenschaftler beschäftigten sich mit Alchemie und Prophezeiungen und dem, was sie als Magie der Natur betrachteten, nicht als Hokuspokus, Zauberei oder Beschwörung von Dämonen, sondern als Teil wissenschaftlicher Studien. Sie wollten das Heilige und Erhabene erforschen, und deshalb studierten sie die Natur. Die Suche nach Antworten auf die großen Fragen der Theologie und der Naturwissenschaft geschah aus demselben Bestreben. Deshalb mussten die Antworten auf die großen Wahrheiten über Gottes Willen und seine Geheimnisse auch im Gegenständlichen zu finden sein, in der verpuppten Raupe, in den Metallen der Erde. Für diese Wissenschaftler gehörten Magie und Fakten nicht in zwei verschiedene Welten, denn es war ein Fakt, dass das Magische möglich war.

# MÄRZ

Der Kleine Fuchs, der ziegelrote Schmetterling mit den blauen Flecken, hat für meine Mutter immer eine besondere Bedeutung gehabt. Seltsamerweise habe ich daran nicht gedacht, als ich mich dazu entschloss, alle heimischen Schmetterlingsarten zu finden. Es hatte meine Entscheidung in keiner Weise beeinflusst. Genau genommen kannte ich die Geschichte dazu auch nicht. Sie war eine stille Tatsache gewesen, eine Konstante im Leben meiner Mutter, wie ihre ehemalige Begeisterung fürs Ballett und ihre Freundinnen aus Unizeiten, an deren Namen ich mich nicht erinnern konnte. Erst Monate, nachdem ich die Liste aller Arten zusammengestellt hatte, kam mir dieser Gedanke plötzlich: Gab es da nicht eine besondere Verbindung meiner Mutter zu Schmetterlingen?

Ich war im Sommerhaus, als ich sie anrief.

»Kannst du mir bitte die Geschichte von deinem Schmetterling erzählen?«, bat ich sie.

Das tat sie gerne. Alles begann im Frühjahr 1975. Zu diesem Zeitpunkt waren zwei bedeutende Dinge passiert. Sie hatte meinen Vater kennengelernt und sich in ihn verliebt, und ihre Mutter war gestorben. Meine Großmutter hatte Zöliakie, eine Glutenunverträglichkeit, und damals war es nahezu unmöglich, sich glutenfrei zu ernähren. Die Krankheit hatte sie so geschwächt, dass sie nicht mehr weiterleben konnte.

Meine Mutter hatte vier jüngere Geschwister, war Anfang zwanzig und gerade von zu Hause ausgezogen. Ihre Mutter war keine fünfzig Jahre alt geworden. Ihr Vater, mein Großvater, war ein kluger und charismatischer Pfarrer und erfolgreicher Schriftsteller, aber kein großer Pädagoge. Ich stelle mir vor, dass es im Pfarrhaus von einem Tag auf den anderen sehr viel kälter wurde. Die Glut war verschwunden, die Wärme und Lebendigkeit, die sich wie eine zusätzliche Decke über alles gelegt hatte, waren nicht mehr da.

Eines Tages lag meine Mutter weinend auf ihrem Bett.

»Ich konnte diese unendliche Traurigkeit kaum ertragen«, sagte sie.

Sie weinte und weinte. Mein Vater, der frisch in sie verliebt war, versuchte, sie zu trösten, aber sie war im Begriff, an der Trauer zu zerbrechen. Sie versank in einer Dunkelheit, die unendlich schien.

Da flog durch das geöffnete Fenster ein Schmetterling. Er hatte ziegelrote Flügel mit schwarzen und cremefarbenen Flecken, an den Kanten befanden sich blaue Flecken. Er drehte über dem Kopf meiner Mutter eine Runde und verschwand wieder auf demselben Weg, den er gekommen war. Für meine Mutter war es sofort klar, dass ihre Mutter ihr auf diesem Weg eine Botschaft geschickt hatte.

Im Rückblick war dieses Ereignis ein Wendepunkt in ihrem Leben. Die Sehnsucht nach ihrer Mutter blieb, aber ihre Trauer hatte sich verändert, denn der Schmetterling war für sie das Zeichen, dass ihre Mutter immer bei ihr war. Die Trauer wurde eingekapselt, so hat sie das beschrieben, und war dadurch nicht mehr unendlich.

»Unglaublich, dass er ausgerechnet in diesem Moment ins Zimmer geflogen kam«, sagte sie. »Das hat mir diese schwere Trauer genommen. Natürlich war ich unglücklich, aber mich hat getröstet, dass sie mir auf diese Weise einen Gruß geschickt hatte.«

Seit diesem Tag taucht der Kleine Fuchs bei wichtigen Momenten in ihrem Leben auf. Zum Beispiel bei Konfirmationen oder Taufen. Bei diesen Anlässen wurde ich das erste Mal aufmerksam auf diese Geschichte.

»Sieh doch«, sagte sie manchmal und zeigte aufs Fenster im Wohnzimmer, wenn die ganze Familie versammelt war. »Da ist er.«

Einmal verbrachten wir einige Tage in unserem Sommerhaus in Schweden. Mein Vater, meine Geschwister und die ganze Familie, mein Großvater, alle Tanten und Onkel. Aus irgendeinem Grund war meine Mutter nicht mitgekommen, was alles schlagartig ungewohnt und anders machte. Sie war die Ordnung im Chaos, und das war vielleicht auch der Grund dafür, dass der Abend so ausartete und noch wilder wurde, als es sonst bei unseren Familienfesten der Fall war. Meine Tante und mein Großvater waren mit Flachmännern und Dosenbier ausgerüstet zu einer Wanderung aufgebrochen, und als sie zurückkamen, waren sie betrunken, grölten herum und machten Quatsch. Ihre Party wurde ausgeweitet. Die neue Frau meines Großvaters trank sich buchstäblich unter den Tisch. Sie saß am Tischende, starrte mich und meinen Cousin an, hob ihren Pony hoch und brüllte: »Ich bin eine Hexe, ich bin eine Hexe.« Da kippte der Stuhl, auf dem sie saß, um, und sie wälzte sich auf dem Boden. Jemand legte Musik auf, der Tisch wurde zur Seite geschoben, und die Erwachsenen, auch mein Vater, tanzten ausgelassen und angestachelt von ihrer eigenen Spontaneität durch den Raum. Das Zimmer bebte förmlich. Ich habe meine Familie schon oft so erlebt, allerdings war immer meine Mutter dabei gewesen, als ruhige und autoritäre Instanz. Ich erinnere mich, dass uns an diesem Abend zum ersten Mal niemand ins Bett brachte und wir das selbst machen mussten. Normalerweise wurden wir immer ins Bett gebracht, auch bei Festen, der klare Ablauf und unsere Erwartung signalisierten dem Körper, dass die Welt vertraut und berechenbar war. Ich schrieb meiner Mutter gleich am nächsten Tag eine Postkarte mit einer Liste aller Getränke, die getrunken worden waren, und gab auch die Anzahl der Flaschen an.

Meine Mutter war außer sich vor Wut, ich glaube, sie schämte sich. Sie war nicht eine von denen, die ihre Kinder allein ins Bett gehen ließ. Nachdem wir zurückgekommen waren, schrieb sie einen Brief an alle Familienmitglieder, die beteiligt gewesen waren, und verkündete, dass sie diesen Alkoholkonsum bei Familienfesten nicht länger tolerieren würde. Sie hätte kein Interesse, die Beteiligten wiederzusehen, wenn sie nicht in der Lage waren, das zu kontrollieren. Nachdem sie den Brief verfasst hatte, ging sie in den ersten Stock, um die Matratzen von der Terrasse zu holen, wo wir manchmal im Sommer unter der großen Esche schliefen. Als sie eine der Matratzen hochhob, lag ein toter Kleiner Fuchs darunter.

»Das war so traurig«, erzählte sie mir nun am Telefon. »Für mich war das ein Zeichen von meiner Mutter, dass ich es ein bisschen übertrieben hatte.«

Nachdem mein Großvater gestorben war, fragte sie sich, warum der Schmetterling nicht bei seiner Beerdigung in der

Kirche auftauchte. Es zeigte sich, dass er sich einen anderen Ort ausgesucht hatte, unser Zuhause. Die ganze Familie traf sich nach der Kirche und dem Leichenschmaus bei uns zu Hause, und als meine Mutter die Tür zum Wohnzimmer öffnete, stürmten meine Cousinen und Cousins durch den Raum und jagten einen Schmetterling.

Viele Jahre später, nachdem meine Geschwister und ich selbst Kinder bekommen hatten, hatten wir uns zu Weihnachten in der übervollen Kirche verabredet. Wir setzten uns alle vor der Kanzel auf den Boden, nur mein ältester Bruder Lau und seine Frau Anna und ihr Sohn Buster nicht, weil sie sich verspätet hatten. Da entdeckte meine Mutter einen Schmetterling, der über den Köpfen ihrer Enkelkinder flatterte. Kurz darauf drehte sie sich um, wollte nachsehen, ob Lau und Anna gekommen waren. Sie saßen in der hintersten Reihe, und über Busters Kopf flatterte der Schmetterling. Er hatte die Menschen begrüßt, die meine Mutter am meisten liebte. Und das, obwohl es Dezember war.

Ich hörte einen Podcast von einer Mutter aus Aalborg und musste sofort an meine Mutter und ihren Schmetterling denken. Diese Frau hatte ihre Tochter Cecilie durch ein schreckliches Verbrechen verloren. Die Tochter, eine Gymnasiastin, war auf einer Karnevalsfeier in ihrer Schule gewesen. Ihr Ex-Freund tötete sie danach mit mehreren Messerstichen, fuhr nach Hause, schrieb »Fuck you and everybody« in den Schnee und erhängte sich.

Als ihre Tochter noch lebte, wurde sie von allen Cille Schmetterling genannt. Nach ihrem Tod begann die Mutter, überall Schmetterlinge zu sehen. Im Podcast erzählte sie von ihrer Tochter, von der Trauer und wie sie inmitten all des

Schrecklichen Trost und Hoffnung fand, weil sie in Schmetterlingen kleine Zeichen ihrer Tochter sah. Zum Beispiel flogen sie über ihr Grab, unzählige von ihnen. Eines Tages aber hatte sie ihre Kraft verloren, sie war am Meer und wollte sich umbringen. Sie konnte sich nicht vorstellen, dass ihr Leben jemals wieder lebenswert sein könnte. Plötzlich kam ein riesiger Zitronenfalter angeflogen.

»Er umschwirrte meinen Kopf wie eine Wespe«, erzählte sie im Podcast. »Ich versuchte, ihn zu verscheuchen, aber er hörte nicht auf. Da wurde mir klar, dass es Cille war, die mir etwas sagen wollte. ›Mama, du schaffst das schon. Ich bin bei dir.‹ Ich setzte mich in den Sand und weinte und weinte. Der Schmetterling saß die ganze Zeit auf meinem Kopf.«

Es stellte sich heraus, dass meine Mutter und diese Frau aus Aalborg nicht die einzigen Menschen sind, für die Schmetterlinge Lebenszeichen oder Liebesbotschaften der Toten sind. Als ich mich entschloss, die Welt der Schmetterlinge zu erkunden, war das fast das Erste, was mir begegnete. Der Schmetterling ist wahrscheinlich das Tier, das von den meisten Menschen, über Zeiten und Kulturen hinweg, als Zeugnis für das ewige Leben und für die Hoffnung auf die Auferstehung der Seelen betrachtet wird.

Ich fragte meine Mutter, ob sie von der kraftvollen Symbolik des Schmetterlings wusste. »Du bist nicht die Einzige, die Schmetterlinge als Nachrichten von den Toten sieht«, sagte ich. »Das haben im Laufe der Menschheitsgeschichte Unzählige getan.«

»Ist das wahr?«

»Davon hast du noch nie gehört?«

»Nein, gar nicht.«

Ich erzählte ihr, dass man den Schmetterlingen überall begegnet, wenn man erst einmal mit der Suche beginnt. In der Kunst, der Philosophie, der Mythologie, den Ritualen.

*

Aristoteles gab vielen Tieren einen Namen – dem Hai, der Muschel und so weiter. Der Schmetterling bekam den Namen *Psyche,* was auf Griechisch »Seele« aber auch »Atem« oder »Atmung« bedeutet. Ähnlich wie das Wort *Pneuma,* die Kraft, die Aristoteles zufolge im Samen des männlichen Tieres und in der Metamorphose zu finden ist. Als er also dem Schmetterling den Namen *Psyche* gab, wollte er damit so etwas wie Lebensatem, genauer gesagt Lebenskraft ausdrücken. Ausgerechnet dieses Insekt, von dem Aristoteles annahm, dass es aus etwas Totem entstand.

In der Mythologie, die zu Aristoteles' Zeit die Gesellschaft prägte, hieß auch die Göttin der Seele *Psyche.* Auf Mosaiken wurde sie mit Schmetterlingsflügeln dargestellt. Hinter dem Mythos, der sich um sie rankt, verbirgt sich die größte Liebesgeschichte der Menschheit voller leidenschaftlicher Jugendlichkeit und erotischer Sehnsucht. Darin wird erzählt, welche Vorstellungen von Leben und Tod die Menschen damals mit dem Schmetterling verbanden.

Psyche kam als sterbliches Wesen zur Welt, als Mensch. Ihre unvergleichliche Schönheit führte dazu, dass die Menschen sie verehrten, als wäre sie eine Göttin. Aphrodite, die Göttin der Liebe, wurde rasend vor Wut und Eifersucht und bat ihren Sohn, den schönen Eros, dafür zu sorgen, dass Psyche sich unsterblich in den unwürdigsten Mann der Welt verliebt. Eros zog los, um den Wunsch seiner Mutter zu erfüllen, aber verliebte sich selbst in die wunderschöne Frau und sie sich in ihn. Ihre Liebe war verboten, und Psyche musste vier unlösbare Aufgaben bewältigen, deren Höhepunkt die Reise in die Unterwelt war, bevor Eros sie retten konnte. Ihr Mut und ihre Klugheit überzeugten schließlich Zeus, und der König der Götter schenkte ihr das ewige Leben. Sie wurde in eine Göttin verwandelt und damit unsterblich. Auf diese Weise wurde der Mythos der sterblichen Psyche, die zur Göttin wurde, zum Sinnbild der wohl größtmöglichen Metamorphose: die Verwandlung von sterblich zu unsterblich.

Aber auch schon Tausende von Jahren, bevor der Schmetterling den Namen der Göttin der Seele bekam, hatte das Tier in der Vorstellungswelt der Menschen einen Platz. Wir wissen mit Sicherheit, dass sich die Menschen vor circa acht- bis neuntausend Jahren auch schon für andere Dinge interessiert haben, außer zu jagen, zu essen und sich fortzupflanzen. In den Torfmooren hat man Skulpturen aus jener Zeit gefunden, die darauf hindeuten, dass sich unsere Spezies bereits damals mit den großen kosmologischen Fragen beschäftigt hat.

Wie entsteht Leben?

Was geschieht nach dem Tod?

Gibt es Götter? Was ist ihr Wille?

Aus dieser Zeit stammen die ersten bekannten Darstellungen eines Schmetterlings. Sie wurden vor etwa achteinhalbtausend Jahren auf eine Felswand in der heutigen Türkei gemalt.

In Gräbern aus einer späteren Epoche, der griechischen Bronzezeit, haben Archäologen Gegenstände gefunden, die mit Schmetterlingsmotiven und goldenen Perlen in Form von Schmetterlingspuppen verziert sind. Das legt die Vermutung nahe, dass die Menschen der Bronzezeit den Schmetterling ebenfalls mit dem Glauben an eine Verwandlung und an das ewige Leben verbunden haben. Welche andere Erklärung gäbe es sonst dafür, dass ausgerechnet dieses Tier den Toten in ihre Gräber gelegt wurde?

Zu einem ähnlichen Schluss sind Ägyptologen bei der Untersuchung von Grabmalereien aus dem antiken Ägypten gekommen, auf denen sich Schmetterlinge befanden. Die Insekten sind in der Regel auf Darstellungen der Verstorbenen zu sehen, die darauf quicklebendig sind und Vögel jagen oder Fische im Nil aufspießen, während sie von Schmetterlingen umgeben sind. Sie sind ganz offensichtlich als Symbol – oder als Wunsch – gewählt, dass der Begrabene den Tod besiegen möge.

In dem Gebiet, das wir heute Mexiko nennen, gibt es Grabfunde alter Völker, auf denen Schmetterlinge zusammen mit Kriegern dargestellt sind. Damals hatte man den Glauben, dass die toten Krieger zu Schmetterlingen und Kolibris werden und nach Jahren des Aufenthalts beim Sonnengott eines Tages wieder auf die Erde zurückkehren. Bei den Azteken im vierzehnten und fünfzehnten Jahrhundert glaubte man, dass der letzte Atemzug die Form eines Schmetterlings annahm. Die Göttin der Schönheit, Erotik und Fruchtbarkeit, Xochiquetzal, wurde mit farbenprächtigen Schmetterlingen und Blumen abgebildet. Wenn ein Krieger im Kampf fiel, kam dem Mythos zufolge die Göttin und schlief mit ihm. Dabei hielt sie einen Schmetterling zwischen ihren Lippen.

Besonders weiße Schmetterlinge wurden im Laufe der Zeit mit Unsterblichkeit, Wiedergeburt und der Hoffnung auf

Verwandlung in Verbindung gebracht. In Japan war man davon überzeugt, dass alle Verstorbenen als weiße Schmetterlinge zurückkehrten. In Irland wurde im sechzehnten Jahrhundert ein Gesetz erlassen, das weiße Schmetterlinge unter Schutz stellte. Es war verboten, sie zu töten, weil man glaubte, dass sie die Seelen eines verstorbenen Kindes in sich trugen.

Im Werk von Vincent van Gogh, dem berühmten niederländischen Maler, finden sich einige weiße Schmetterlinge, die durch seine Bilder flattern und von Verwandlungsträumen erzählen. Die meisten seiner Bilder mit Schmetterlingen zeigen die Tiere in ihrem natürlichen Habitat – eines der Gemälde zeigt zwei Kohlweißlinge, die auf einem Strauß üppiger, orangeroter Mohnblumen sitzen. Nur auf einem einzigen Gemälde ist das Motiv ein anderes. Hier sehen wir zwei weiße, fast unscheinbare Schmetterlinge, die hoch über einer Gruppe von Häftlingen fliegen, die in einem schmalen, von endlos hohen Mauern umgebenen Gefängnishof im Kreis gehen. Das Gemälde ist beklemmend und wird auch nicht weniger klaustrophobisch, wenn man bedenkt, dass van Gogh es in einer Phase tiefer Depression in einem Krankenhaus gemalt hat, in dem er nicht sein wollte.

Van Gogh war ein begeisterter Insektensammler und hoffte sein Leben lang, dass die Metamorphose auch für ihn möglich wäre. In einem langen, schönen und etwas wirren Brief an einen Freund träumte er von einer totalen Verwandlung. Das Leben als Künstler sei auf diesem »undankbaren Planeten« sehr schwer, schrieb er. Aber es würde »nichts gegen die Vermutung« sprechen, »dass es auf unzähligen anderen Planeten und Sonnen ebenso Linien, Farben und Formen gibt«? Vielleicht würde ein Künstler wie er eines Tages in einer neuen, kosmischen Daseinsform malen – so wie die Raupe, aus der eines Tages ein Schmetterling wurde. Die »Existenz des Maler-Schmetterlings«, schrieb van Gogh, könnte »einen der unzähligen Sterne zum Schauplatz haben«.

Auch in der zeitgenössischen Kunst und Literatur ist der Schmetterling ein starkes Symbol geblieben. Salvador Dalí malte in der ersten Hälfte des zwanzigsten Jahrhunderts mehrere Schmetterlinge. Und seit den Achtzigern hat Damien Hirst immer wieder Kunstwerke mit toten und lebenden Schmetterlingen erschaffen.

Und auch heute, im einundzwanzigsten Jahrhundert, sind Schmetterlinge nach wie vor eng mit unseren Vorstellungen von Verwandlung und Wiedergeburt verbunden. Organisationen auf der ganzen Welt, die sich dafür einsetzen, unser Leben zu verbessern, führen Schmetterlinge in ihrem Namen und Logo. Sie bekämpfen alles von Essstörungen bis hin zur Einsamkeit. In Sri Lanka bekämpft die Butterfly Hope Foundation die Armut von Kindern, in Cleveland hilft das Project White Butterfly Menschen aus der Drogenabhängigkeit, in Deutschland tauchen Schmetterlinge in Kampagnen zur Krebsbekämpfung auf, in der Dominikanischen Republik setzt sich The Mariposa Foundation – die Schmetterlingsstiftung – für die Bildung von Mädchen ein. Als das soziale Netzwerk Bluesky als dezentrale Neuauflage des später von Musk gekauften Twitter gestartet wurde, hatte das Netzwerk einen kleinen blauen Schmetterling als Logo gewählt.

Der Schmetterling lebt auch als Symbol für die Wiedergeburt in einem sehr konkreten Zusammenhang weiter. Mir sind Schmetterlinge in Glaubensgemeinschaften und bei spirituellen Heilern begegnet. Wenn ich über Friedhöfe spazierte und mir die Grabsteine ansah, entdeckte ich immer wieder Schmetterlinge als Verzierungen. Und in einem Buch des Neurologen Eben Alexander von der Harvard Medical School tauchte der Schmetterling in einer Geschichte über eine Nahtoderfahrung auf. Alexander hatte die Geschichten seiner Patienten, die aus dem Koma aufwachten und erzählten, was sie erlebt hatten, immer als Halluzinationen gedeutet. Nachdem er aber selbst aufgrund einer schweren Hirnerkrankung sieben Tage im Koma gelegen hatte, war er davon überzeugt, er wäre der Kraft und Energie begegnet, die wir als Gott bezeichnen. Die Reise zu dieser Energie hätte er in Begleitung eines engelsgleichen Wesens gemacht, und sie seien auf dem Rücken eines riesigen, farbenprächtigen Schmetterlings geflogen. Umgeben von Millionen von weiteren Schmetterlingen, »als bewege sich ein Fluss aus Leben und Farbe durch die Luft«, schrieb er.

Ich könnte noch ewig weitermachen. Als ich erst einmal auf ihn aufmerksam wurde, tauchte der Schmetterling überall auf. In der Kunst, im Reich der Toten, in den Märchen, auf den Fresken, in der Mythologie. Wenn die gesamte Kulturgeschichte des Schmetterlings ein Text wäre, würde der von der unermesslichen und mystischen Fähigkeit des Menschen handeln, Hoffnung haben zu können.

*

Der März hatte gerade erst begonnen, als ich beschloss, zu Hause zu bleiben, um in Ruhe arbeiten zu können. Ich fühlte mich schwer und müde, als hätte ich seit Tagen nicht geschlafen, weil mich die Arbeit und der Krieg wachhielten. Ich war benommen davon, die ganze Zeit auf einen Monitor oder ein Display zu starren. Draußen schien die Sonne auf die Felder, die voller grüner Fransen waren. Es war der erste Frühlingstag, klar und kühl. Ich schnappte mir die Hundeleine, zog den bunten Pullover an, den ich mir im Winter gestrickt hatte, steckte die Füße in die warmen Stiefel und signalisierte Bobby, dass wir spazieren gehen. Er wedelte mit dem ganzen Körper vor Freude.

Es tat gut, draußen zu sein. In meinem Leben gab es keine Pausen mehr, in denen ich meine Gedanken einfach schweifen lassen konnte. Im Zug in die Stadt arbeitete ich, auf der Toilette scrollte ich durch die neuesten Nachrichten. Wenn ich morgens aus der U-Bahn stieg und an der roten Ampel stehen blieb, holte ich ganz automatisch das Handy aus der Tasche. Aber bei einem Spaziergang mit meinem Hund konnte ich den Gedanken freien Lauf lassen, ohne eine bestimmte Richtung einschlagen zu müssen. Ich beschloss, die lange Strecke zu gehen, bog von der asphaltierten Straße ab, die quer durch den Wald führte, und lief zwischen den Baumstämmen ins Unterholz. Der Wald war noch grau, aber es roch frisch, nach Neuem. Ich stellte auch fest, dass die Vögel zurück waren. Vielleicht waren sie das auch schon seit einer Weile, ohne dass ich es bemerkt hatte. Sie zwitscherten, pfiffen und gurrten, ich konnte den Gesang nicht zuordnen, hörte aber, dass sie unterschiedliche Lieder sangen.

Tjup-tjup-tjup.

Kır-kır-kiır.

Tsui-tsui.

Bobby hob sein Bein an einem großen Stein, dann schlurfte er zu einem Haufen saftiger Pferdeäpfel. Wir überquerten eine weitere asphaltierte Straße, stiegen die wenigen Stufen einer kleinen Treppe hinunter und gelangten zu einem Weg, der an einem Acker entlangführte. Die nackte Erde zog sich bis zum Gebüsch an den Eisenbahnschienen. Dahinter konnte ich den Øresund sehen. Das Wasser lag wie eine schimmernde Haut zwischen dem Grauen und dem Blassen.

Der Weg war von verdorrten Brombeersträuchern gesäumt. Wir kamen an einem Haselnussstrauch mit gelbgrünen Kätzchen vorbei. Hinter dieser Mauer aus Gestrüpp gluckerte ein Bach, sonst gab es keine Geräusche, keine Bewegung. Die Landschaft, die uns umgab, war vollkommen reglos. Doch etwas in mir bewegte sich, was vorher nur geschlummert hatte, und auf einmal konnte ich eine Bewegung sehen, über uns, über dem Weg vor uns.

Ein Flattern nach oben.

Ein Abtauchen nach unten.

Hochflattern, abtauchen.

So bewegt sich ein Schmetterling, schoss es mir durch den Kopf. Ich legte mir eine Hand auf die Brust und wusste nicht, was ich tun sollte, also folgte ich der Bewegung mit den Augen, die abrupt innehielt, auf einem Erdhügel landete und zu einem Schmetterling wurde. Er war ziegelrot, hatte cremefarbene und schwarze Flecken und an den Flügelspitzen eine Borte aus blauen Flecken. Es war ein Kleiner Fuchs.

Er blieb sitzen. Perfekt und strahlend in der Stille. Ich schlich mich heran, fummelte mein Handy aus der Jackentasche, um ein Foto zu machen. Vielleicht weil ich nicht wusste, was ich sonst tun sollte. Vielleicht weil ich einen Beweis haben wollte, dass ich ernsthaft damit angefangen hatte. Mein erster Schmetterling war gelandet.

Vorsichtig machte ich ein Foto, Sekunden später kam Bobby angestürmt und verscheuchte den Schmetterling. Aber das war nicht schlimm. In mir hatte sich schon ein Raum voller Licht geöffnet.

Ich sah mich um. Alles war still, reglos, aber ich war voller Energie. Mein Körper, der sich gerade eben im Winterschlaf der Vertrautheit befunden hatte, strahlte jetzt voller Freude.

Ich lief weiter, entdeckte eine kleine Ansammlung von violetten Krokussen, die mir aus der braunen, nackten Erde entgegenleuchteten. Es flogen noch zwei weitere Schmetterlinge dieser Art an mir vorbei, bis ich wieder zu Hause war, hatte ich fünf von ihnen gesehen. Ich schickte Rasmus das Foto meines ersten Schmetterlings. Ob das zu fassen sei?

Ich schnappte mir einen Kugelschreiber und trat an den Kühlschrank, wo meine Liste mit allen Arten von einem schweren Magneten gehalten wurde. Hinter der Zeile, in der Kleiner Fuchs stand, setzte ich ein Kreuz und schrieb »Feldweg« dahinter.

Jetzt fehlten mir nur noch alle anderen.

# APRIL

Nachdem ich meinen ersten Schmetterling gesehen hatte, hielt ich bei jedem Spaziergang mit dem Hund nach weiteren Ausschau. Ich lief dieselbe Runde über den Feldweg, ich ging andere Strecken durch den Wald und über noch leere Äcker. Ich drehte meine Runden um die riesigen Eichen, die man vom Wohnzimmer aus sehen konnte. Ich ging hinunter ans Wasser, vorbei an den weiß gekalkten Häusern des alten Fischerdorfes. Mich führte mein Weg über eine Waldlichtung und wieder hinaus, und ich schlenderte über eine Wiese. Aber meine Suche war vergeblich. Eine Woche verging. Dann zwei. Dann drei und vier, und schon hatten wir April.

An den meisten Tagen war der Boden noch mit Frost bedeckt. Ich fuhr zur Arbeit, hatte Meetings, erledigte Dinge, löste Probleme und fuhr wieder nach Hause. Ein Wochenende verbrachte ich damit, die Stauden in unserem Garten zu stutzen, obwohl das Wetter dafür nicht besonders geeignet war. Ich entfernte die trockenen Blütenstände des Brandkrauts, die pechschwarzen Köpfe der Sonnenhüte und ihre hohlen Stängel, die an den Stellen aus dem Boden ragten, an denen im Jahr zuvor der Bronzefenchel gestanden hatte. Als ich fertig war, sah ich in einen kahlen Garten voller Stümpfe. Ich kniete mich hin, um an den Wurzeln der Pflanzen Anzeichen von neuem Leben zu entdecken, schob Blätter beiseite, entdeckte aber nur die hellgrünen Triebe der Fetten Henne.

Kein Tier weit und breit.

Der erste Frühlingstag mit meinem ersten Schmetterlingsfund verblasste wie ein längst vergangener Traum. Ich begann ernsthaft, an meinem Projekt zu zweifeln. Wie sollte es mir gelingen, alle Schmetterlinge zu sehen, wenn die Tage ereignislos an mir vorbeizogen?

Der Alltag ging weiter. Eines Morgens stand ich wie immer auf, ging mit Bobby spazieren, hielt dabei wie gewöhnlich Ausschau, kam nach Hause zurück, stellte Frühstück auf den Tisch, weckte die Jungs und Rasmus, ging duschen, zog mich an. Bjørn kam schlaftrunken in die Küche geschlurft.

Ich setzte mich auf meinen Lieblingsplatz am Tisch, weil ich von dort nach draußen in den Garten sehen konnte. Aske schmierte sich ein Brötchen. Ich sah im Handy nach, wie die Stundenpläne der Jungs aussahen. Rasmus packte eine Sporttasche, bevor er sich zu uns setzte. Die Wärme des Tages sickerte langsam in unsere Körper, weichte die Kanten und die Dunkelheit der Nacht auf. Bjørn setzte sich auf meinen Schoß, und ich streichelte ihm über den Rücken.

Gleich würde der Trubel des Tages beginnen, fehlende Schuhe, die schwere Umhängetasche auf meiner Schulter. Aber die nächsten sieben Minuten konnten wir gemütlich zusammensitzen, und normalerweise wurde ich in diesen sieben Minuten von einem Strom aus Zärtlichkeit und Liebe überflutet und meiner Freude darüber, dass ich diese Kinder hatte. Ich hatte mal etwas in einem Buch von Karl Ove Knausgård gelesen und versuchte, mich daran zu erinnern. Wie war das noch? Aus dem Alltag der Kinder wird eines Tages ihre Kindheit. So in der Art.

In diesem Moment sah ich draußen einen großen gelben Schmetterling vorbeifliegen.

»Seht mal! Da!«, rief ich. »Da ist einer.«

Die anderen drehten sich um, sie sahen ihn auch, und sofort entstand eine lebhafte, fast überschwängliche Energie im Raum. Rasmus sprang auf, um nachzusehen, aber der Schmetterling war schon wieder verschwunden. Wir wussten aber, dass es ein Zitronenfalter war.

In Dänemark gibt es keine anderen Schmetterlinge in dieser Farbe. Er war vollkommen gewöhnlich und gleichzeitig atemberaubend schön. Bjørn lobte mich, weil ich ihn entdeckt hatte. Ich sah ihm an, dass er sich freute, weil ich mich freute.

Der Zitronenfalter wurde also mein zweiter Schmetterling. Mein dritter und vierter tauchten während der Osterfeiertage auf, während wir dabei waren, ein Gewächshaus zu bauen, obwohl wir vollkommen unfähig sind, überhaupt irgendetwas zu bauen. An unseren Arbeitsplätzen gelang es uns, die kompliziertesten Dinge zu lösen, aber wir benötigten einen ganzen Tag, um allein die Tür zusammenzusetzen. Wir mussten Verstärkung von allen Seiten herbeirufen, Freunde, Nachbarn. Bei der Größe der Mannschaft hätte man denken können, dass es sich um den Bau einer kleineren Brücke handelte.

Als ich ins Haus ging, um mir eine Cola zu holen, sah ich zwei Schatten, die eine Pirouette drehten, als würden sie vom Boden aufsteigen. Es waren zwei Exemplare des Tagpfauenauges, mit den burgunderroten Flügeln und den strahlend blauen und violetten Augen an den Flügelspitzen.

Sie waren anmutig, gleichzeitig fremd in diesem fahlen Licht und den vielen Brauntönen. Bei ihrem Anblick durchfuhr mich ein Schauer. Ich blieb reglos stehen, um sie zu beobachten.

Am selben Tag kehrte auch der Zitronenfalter zurück. Ich stellte fest, dass er offenbar einer festen Route um das Haus herum folgte. Er flog über die Stauden, vorbei am Trampolin, dann hinter das Haus, um auf der anderen Seite wieder zum Vorschein zu kommen. Ich hatte nie darüber nachgedacht, dass auch Schmetterlinge ihre Territorien hatten. Sie waren auch an einen bestimmten Ort gebunden.

»Mama«, sagte Bjørn. »Wo ist Bobby?« Er klang wütend, das war er immer, wenn der Hund nicht zu finden war.

»Er ist ganz in der Nähe«, sagte ich. »Mach dir keine Sorgen.«

Ich ging nach draußen, um nach ihm zu suchen. Auf dem Grünstreifen zwischen der Straße und dem Wald stand ein Mirabellenbaum, dessen Stamm von weißen, zarten Blüten umrahmt war. Darüber registrierte ich einen Schatten, der sich anders bewegte, ein anderes Flattern als das des Tagpfauenauges. Mein Herz schlug schneller. Ich schlich näher. Der Schmetterling war orange und hatte schwarze Flecken und ungewöhnlich gezackte Flügel. Ich erinnerte mich an einen Schmetterling auf meiner Liste, den seltenen Großen Fuchs, der offenbar im Frühling flog. Seine Flügel sahen doch auch so aus?

Der Schmetterling setzte sich auf die Krone des Baumes. Aus dem Bauchaos hinter dem Haus holte ich eine kleine Trittleiter, klappte sie geräuschlos auf und kletterte die Stufen hoch, um mit meinem Handy ein körniges Foto zu machen. Das Gefühl von Sieg und Eroberung rauschte durch mein

Blut. Ich rief Mads zu, der um die Ecke kam, dass ich wahrscheinlich gerade ein seltenes Exemplar gesehen hatte. Er aber wollte nur wissen, wo Bobby war. Ich bat ihn, nach ihm zu suchen, und ging direkt ins Wohnzimmer. Dort hing das Plakat mit den dänischen Schmetterlingen.

Hatte ich gerade wirklich eine der seltenen Arten gesehen? Nein, das hatte ich nicht. Der kleine weiße Halbmond auf der Unterseite der Flügel wies darauf hin, dass es ein C-Falter gewesen war. Unverwechselbar und sehr weit verbreitet. Ich war enttäuscht, hatte ich mich so darauf gefreut, ein seltenes Exemplar zu sehen. Ich hatte das Gefühl, dass es das Projekt aufwerten würde, als würde das die Schmetterlingsjagd von der reinen fiktionalen Ideenebene auf eine höhere Ebene heben können. Von einer albernen Spielerei zu einer ganz besonderen persönlichen Erfahrung und Erkenntnis.

Knapp eine Woche später flog ein weißer Schmetterling mit leuchtend orangefarbenen Flügelspitzen durch den Garten – ein wunderschöner Anblick. Es war ein Aurorafalter, mein fünfter Schmetterling und vielleicht der schönste, den ich je gesehen hatte. Ich wollte unbedingt mehr über diesen Schmetterling erfahren. Wieso hatte er diesen Namen bekommen?

In den Büchern stand, dass der Aurorafalter mit den paprikafarbenen Flügelspitzen nach der Göttin der Morgenröte aus der griechischen Mythologie benannt wurde. Aurora ist der römische Name der Göttin, Eos ihr griechischer. Ich suchte in Ovids *Metamorphosen* nach den Stellen, an denen der römische Schriftsteller Aurora erwähnte. Sie war eine Göttin ewiger Jugend, die mit ihrem »safranfarbenen Gespann« das Licht des Tages brachte, schrieb Ovid. Sie hatte »taufrische Locken im Morgengrauen«.

Kleiner Fuchs,
auf dem Feldweg
zu Hause,
7. März

Zitronenfalter,
zu Hause im Garten,
11. April

Tagpfauenauge,
zu Hause im Garten,
16. April

C-Falter,
Kräutergarten,
16. April

Aurorafalter,
Garten,
23. April

Grüner Zipfelfalter,
am Grenen,
30. April

Kleiner Kohlweißling,
Råbjerg Mose,
30. April

Waldbrettspiel,
Råbjerg Mose,
31. April

Der Mythos der Aurora ist eine ähnliche Geschichte wie die vom Mythos von Eros und der schönen Psyche. Auch hier unterzog sich ein Mensch einer Metamorphose vom Sterblichen zum Unsterblichen. Im Gegensatz aber zum glücklichen Ende von Eros und Psyche verbirgt sich hinter diesem Mythos eine morbide Wahrheit von dem starken Verlangen nach dem ewigen Leben.

Es gibt viele Versionen dieses Mythos', sie alle handeln von erotischem Verlangen. Aber ganz unabhängig von der Version strahlt diese Göttin Lebenslust aus. Mir hat immer gut gefallen, dass die griechischen Götter so komplex sind: lüstern und heroisch, gierig, fehlbar und zärtlich. Aurora hatte, so erzählt es der Mythos, ein großes Verlangen nach jungen, attraktiven Männern und hatte unzählige Liebhaber. Aber einen liebte sie besonders, das war der sterbliche Trojaner Tithonos. Sie träumte davon, ihm das ewige Leben geben zu können – so wie Eros seine geliebte Psyche in eine unsterbliche Göttin verwandeln ließ. Aurora bat Zeus um Hilfe, und er willigte ein. Aber sie hatte sich verrechnet. Denn sie hatte um ein ewiges Leben gebeten, aber nicht um ewige Jugend. Das wurde ihr zum Verhängnis. Anstatt im Rausch ewiger Jugend zu leben, alterte Tithonos, ohne aber zu sterben.

In mehreren Versionen des Mythos kann Aurora den Anblick ihres gealterten Mannes nicht mehr ertragen. Während ihm die Haare ausfielen, ließ sie sich auf erotische Abenteuer mit Sterblichen ein. Tithonos verlor auch alle seine Zähne. Das Fleisch fiel ihm von den Knochen, sein Gemächt hing schlaff nach unten. Er flehte Aurora an, die Verwandlung rückgängig zu machen. Sie war es leid, ihm zuzuhören, und sperrte ihn ein. Dort siechte er dahin, bis nur noch seine Stimme übrig war, die um die Erlösung und den Tod bat. Erst da erbarmte sich Aurora seiner und verwandelte ihn in eine Zikade.

Zuerst machte mich das stutzig, dass Tithonos in eine Zikade verwandelt wurde und nicht in einen Schmetterling – in das Tier, das die Menschen im antiken Griechenland als Beweis für das ewige Leben ansahen. Warum wurde die Sterbliche Psyche mit dem Schmetterling in Verbindung gebracht, als sie unsterblich wurde, während *er*, Tithonos, in die weitaus bescheidenere Zikade verwandelt wurde, ein grauschwarzes Insekt mit durchsichtigen Flügeln?

In der antiken chinesischen Mythologie wurden Zikaden tatsächlich mit Wiedergeburt und Unsterblichkeit verbunden, so wie der Schmetterling im antiken Griechenland. In der chinesischen Han-Dynastie legte man dem Verstorbenen vor seiner feierlichen Bestattung Amulette in Form von Zikaden auf die Zunge, in der Hoffnung, dass er eine Metamorphose durchlaufen würde und ein ewiges Leben erlangen möge. Vielleicht wurde Tithonos in eine Zikade verwandelt, weil sich die Menschen im antiken Griechenland von den Vorstellungen aus dem Osten hatten beeinflussen lassen? Ideen und Erzählungen, Bilder und Mythen kennen keine Grenzen, sie haben sich im Laufe der Zeit und quer über die Kontinente hinweg miteinander verwoben. Trotzdem ließ mich der Gedanke nicht los, dass die alten Griechen den Schmetterling nicht nur mit der Hoffnung auf ein ewiges Leben, sondern auch mit der Hoffnung auf ewige Jugend belegt haben.

Der griechische Philosoph Platon, dessen Schüler Aristoteles gewesen ist, erwähnt in seinem Buch *Phaidros* die Zikaden, und meiner Ansicht nach bestätigt er damit meine Vermutung. Als Zeus seine neun Töchter bekam – die neun

Musen –, kam der Gesang in die Welt, schreibt Platon. Einige Menschen waren so »außer sich vor Freude, dass sie sangen und sangen, ohne an Essen oder Trinken zu denken, und schließlich starben sie«. Die Musen hatten großes Mitleid mit ihnen und ließen sie als Zikaden wieder auferstehen. Als Geschenk, so Platon, »haben sie kein Bedürfnis zu essen, sondern fangen stattdessen gleich an zu singen, ohne Speis und Trank, bis es Zeit ist zu sterben«. Nach ihrem Tod fliegen sie zu den Musen und erzählen ihnen, wer von den Sterblichen die Tugenden der Musen verehrt. Den Zikaden wird das ewige Leben geschenkt. Aber es ist ein ewiges Leben als Spione der Musen. Kein Vergleich zum ewigen Leben der Psyche, der schönen Göttin. Seit Jahrtausenden ist der Schmetterling ein Symbol für den Traum nicht versiegender Vitalität, glatter Haut und Glanz. Der Schmetterling verkündete den Menschen, dass sie nach dem Tod weiterleben werden. Aber noch mehr als das. Sie würden für immer jung bleiben.

*

Mit dem Aurorafalter konnte ich mein fünftes Kreuz auf meiner Liste machen. Mein Plan war es, eine Woche später zu meiner ersten Schmetterlingsexpedition nach Nordjütland aufzubrechen. Die Arten, die dort oben zu dieser Jahreszeit fliegen sollten, hatte ich auf meiner Liste mit einem dunkelblauen Stift markiert. Ich hatte mir auch die Namen der Schmetterlinge notiert, die man im Norden des Landes sehen konnte. Den Kleinen Würfel-Dickkopffalter und den Kronwicken-Dickkopffalter sowie den Grünen Zipfelfalter. Ich hatte gelesen, dass der Grüne einen pfeilschnellen Flug hat und in weiten Teilen von Jütland verbreitet ist. Es schien, als wäre es keine schwere Aufgabe, ihn ausfindig zu machen. Ganz anders war es bei den beiden anderen. Der Kleine Würfel-Dickkopffalter ist der kleinste Vertreter der Dickkopffalter. Er ist »kontrastreich in Schwarz und Weiß gekleidet, aber er wird wegen seines schnellen Flugs und der geringen Größe leicht übersehen«, schrieb Stoltze. Der andere, der Kronwicken-Dickkopffalter, wird als der unscheinbarste Schmetterling des Landes beschrieben. Er ist schwarzbraun, grau meliert und hat keinen Glanz. Ich habe ein Foto gesehen. Er sieht in der Tat sehr bescheiden aus und hat an den Flügeln lediglich einen dezenten Rand aus weißen Punkten. Er sieht eher aus wie ein Nachtfalter oder eine Motte. Auf dem Online-Portal *Naturbasen* fand ich noch zusätzliche Informationen: *Der Kronwicken-Dickkopffalter war in Dänemark nie besonders weit verbreitet, ist aber in den letzten fünfzig Jahren unbestreitbar noch seltener geworden.*

Ich scrollte weiter nach unten zu einer Karte von Dänemark, auf der das Vorkommen dieses spezifischen Schmetterlings verzeichnet ist. Rote Punkte markierten die Orte, wo er vor 2014 gesehen wurde – davon gab es einige, vor allem in Jütland. Grüne Punkte zeigten an, wo man die Art nach 2014 gesichtet hatte. Es waren wesentlich weniger Meldungen, und die Mehrzahl von ihnen lag entlang der beiden Küsten im Norden Jütlands.

Das musste machbar sein, ich hatte ein ganzes Wochenende Zeit. Ich buchte mir ein günstiges Hotelzimmer in Skagen, dem nördlichsten Punkt des Landes, und fragte Mads, ob er mich begleiten will, ohne ihm die Option zu geben, Nein zu sagen.

»Komm schon«, sagte ich. »Das wird lustig. Nur wir beide.«

Sieben Tage später lud ich unsere Reisetaschen und Fahrräder ins Auto, und wir fuhren los. Fünf Stunden später waren wir nördlich von Aalborg angekommen. Ich hatte das starke Gefühl, dass in meinem Leben etwas Neues und Aufregendes passieren wird. Ich war überschwänglich, fast schon überdreht, ganz anders als Mads, der eine tiefe, innere Ruhe ausstrahlte. Das war mir peinlich, aber ich konnte es nicht unterdrücken. Ich musste laut lachen und machte den Soundtrack von *West Side Story* an.

»Ich liebe dieses Musical«, sagte ich.

»Okay«, sagte Mads. »Können wir danach Ed Sheeran hören?«

Ich fing an mitzusingen. Wann hatte ich mich das letzte Mal so gefühlt? Vor ein paar Jahren bin ich vierzig geworden und beherrsche die meisten Dinge, mit denen ich mich alltäglich beschäftige. Ich weiß, wie ich meine Aufgaben zu erledigen habe, auch wenn es Krisen und besondere Herausforderungen gibt. Die sind am Ende nur Varianten der Sachen, die ich bereits erlebt und durch die ich Erfahrungen gesammelt habe. Früher waren Gewohnheiten die Abfallprodukte meines Lebens. Jetzt fügt sich mein Leben in Gewohnheiten. Rasmus und ich sind seit siebzehn Jahren zusammen, wir haben unsere Kanten und Ecken abgeschliffen und kennen unsere gemeinsame Topografie in- und auswendig. Er ist nach wie vor der Mensch, mit dem ich am liebsten meine Zeit verbringe. Das Spannende daran ist, dass die Vertrautheit so groß ist, dass es keine Unsicherheiten oder Vorbehalte gibt. Und deshalb ist der Weg zum Unmittelbaren so kurz.

Ich war etwa fünfunddreißig, als ich anfing, mich für Gartenarbeit zu interessieren. Und vierzig, als ich mit Stricken anfing. Beides erforderte Übung und führte zu neuen Erkenntnissen, aber die Themen waren nichts Neues für mich. Meine Mutter ist eine talentierte Strickerin, und meine gesamte Kindheit hindurch habe ich ihr dabei zugesehen, wie sie Kartoffeln pflanzte, Rosen schnitt und Blumenbeete anlegte. Mir war das Klackern der Stricknadeln vertraut, und ich wusste, wie man Himbeeren mit Kompost düngte. Wenn ich Fragen habe, rufe ich sie auch heute noch an.

Ich habe zu viele Maschen aufgenommen, was soll ich tun? Wann genau muss ich die Dahlienknollen einpflanzen?

Ich schreibe, lese und rede viel und komme aus einer schreibenden, lesenden und redenden Familie. Ich liebe es, auf Partys zu gehen, was verständlich ist, weil ich mit Feiern und Partys großgeworden bin. Ich bin Unternehmerin, und auch in diesem Bereich bewege ich mich sicher. Ein Onkel von mir ist Filmproduzent, ein anderer hat eine Maschine erfunden, die Heuballen in Plastik einwickelt, und mein Bruder hat eine Firma gegründet, die Computerspiele entwickelt. Ich bin nach New York gegangen, und es war zunächst fremd und neu. Aber ich ging zur Universität, das hatte ich auch zu Hause getan. Das hat mir geholfen. Ich kannte die Codes.

Aber das hier war so anders als alles andere. Ich hatte keine Ahnung, was das alles zu bedeuten hatte. Ich kannte mich auf dem Gebiet nicht aus. Meine Eltern und der Rest meiner Verwandtschaft – meine Tanten und Onkel – waren Gartenfreunde, aber keine Naturmenschen. Kannte ich überhaupt eine einzige Person, die sich mit der Natur auskannte? Die sich nicht nur gerne draußen aufhielt, sondern mit der Natur so vertraut war, dass sie nicht nur ihre Geschichte kannte, sondern auch in der Lage war, sie zu lesen?

Eigentlich traf das nur auf meinen Großvater zu. Er war sein Leben lang ein Gartenfreund gewesen, wie seine Kinder auch. Anders als sie aber machte er täglich ausgiebige Spaziergänge. In meiner Erinnerung trug er immer ein Fernglas an einer Schnur um den Hals. Und er hatte eine Lockpfeife für Vögel dabei. So habe ich ihn in Erinnerung. Er war im Zweiten Weltkrieg Widerstandskämpfer, saß deshalb in Dachau im Konzentrationslager und sprach so gut wie nie über den Krieg. Als ich jung war, lag dieser Teil seiner Geschichte für mich noch viel weiter zurück als die wenigen Jahrzehnte vor meiner Geburt, die er wieder in Dänemark verbrachte. Viele Jahre nach seinem Tod bekam ich die Gelegenheit, seine Tagebücher zu lesen. Ich war neugierig, ob ich darin etwas über den Krieg oder seine Zeit im Lager erfahren würde. Aber das tat ich nicht, es stand nichts darüber in seinen Aufzeichnungen. Stattdessen las ich unzählige Naturschilderungen, die er offenbar immer nach seinen langen Spaziergängen angefertigt hatte. Er beschrieb das Scharbockskraut, das wie Butter glänzte, und die violetten Baumkronen. Und das gluckernde Schmelzwasser, das »so gelb wie Pferdezähne« war.

Einige seiner Tagebucheinträge habe ich Wort für Wort abgetippt und in einem Ordner auf meinem Desktop gespeichert. Eine Beschreibung ist mir besonders im Gedächtnis geblieben. Sie hatte etwas Geheimnisvolles und Dunkles, weit entfernt von den Naturbeschreibungen, die ich in einem Tagebuch erwartet hätte. Die Aufzeichnung stammte aus einer Nacht im Januar 1952. Mein Großvater hatte einen Spaziergang gemacht, er war dreißig Jahre alt und Pfarrer. »Es war eiskalt, die Mondsichel war verschleiert, der Himmel aber klar und mit Sternen übersät.« Der Boden war vom Frost bedeckt, die Luft war kalt und frisch. Er hatte beschlossen, zum Enghaven zu gehen, einem Ort, den ich nicht genauer bestimmen konnte, der aber immer wieder in seinen Tagebüchern auftauchte. Dort stand ein kleines rotes Haus unter hohen Bäumen, und er wollte es sich im Dunkeln ansehen, schrieb er. Als er davorstand, fiel helles, warmes Licht durch die Gardinen nach draußen. Eine Elster flog auf, das Geräusch durchschnitt die Stille. Er beschloss, durch den Wald nach Hause zu gehen, der Weg führte an einem Sumpf vorbei. Hinter den Schilfpflanzen hörte er ein ungewöhnliches Platschen.

»Ich meinte, ein *Keuchen* zu hören von jemandem, der nach Luft ringt. Es war unverkennbar ein Lebewesen, das da im Wasser lag, das im Begriff war zuzufrieren. Die Sumpflöcher waren schon mit einer dünnen Eisschicht bedeckt. Ich fragte mich, ob es ein Mensch sein könnte, aber der hätte meine Schritte gehört.«

Er lockerte einen Stein mit seinem Wanderstock und stieß ihn auf die matschige Eisschicht. Aber das Geräusch verstummte nicht. Er wollte dem Tier helfen, das weiterhin klagende Laute von sich gab, aber er wagte nicht, das dünne Eis zu betreten. Er kannte aber den Weg zu einem Steg, der in den Sumpf führte. Dafür musste er um ein großes Sumpfloch herumgehen.

»Von dort kamen die Laute. Ich sah einen dunklen Schatten auf dem Eis und blieb stehen. Der Schatten bewegte sich, schob sich durch das knackende Eis. Waren es zwei Lebewesen? Ich schlich an den Rand des Sumpfloches. Kaum war ich da, erhob sich plötzlich ein dunkles Wesen aus dem Schilf, bewegte sich in die Mitte des Sees und fauchte mich an. Ich konnte nichts sehen, nur die dunklen Umrisse des Wesens erkennen. Ich bewegte mich nicht, pfiff leise und lockend. Es fauchte ein zweites Mal. Das dünne Eis schwankte, und plötzlich schoss ein runder schwarzer Kopf mit einem lauten Krachen durch das Eis.«

Der Kopf hielt sich einen Moment lang über der Oberfläche, dann verschwand er und tauchte gleich wieder auf. Mein Großvater vermutete, dass es mindestens drei Lebewesen waren. Waren es Otter? Vögel? Er meinte, einen Flügel gesehen zu haben. Dann müssen es doch Vögel gewesen sein, vielleicht Tauchenten? »Sie waren dunkel und geheimnisvoll«, schrieb er, »still und wachsam.« Er fand nicht heraus, was es wirklich war, und kehrte schließlich nach Hause zurück.

Es gibt mehrere Aufzeichnungen von seinen nächtlichen Spaziergängen, aber ein Naturphänomen fand am häufigsten Eingang in seine Beschreibungen: die Sonne. »Wir legten uns unter die Bäume und badeten in der Sonne«, schrieb er von einem Nachmittag mit seiner Frau, meiner Großmutter. »Die Sonnenstrahlen und die Ähren verschmolzen zu einem warmen Gelb.« An einem Dezemberabend 1951 war die Landschaft in »einen Gelbton getaucht, der aussah wie beleuchteter Rauch«. An einem Tag am Meer fiel die Sonne so aufs Wasser, dass sie »die Wellen in Brand setzte«. Kurz vor seinem Tod 1997 begannen viele seiner Tagebucheinträge mit einer Beschreibung der Sonne. »Schwacher Sonnenschein hinter Schleierwolken.«

An einer Stelle schreibt er: »Was wir in der Landschaft suchen, ist die Poesie.« Mir gefiel das gut, aber ich wusste nicht wirklich, was er damit meinte. Was bedeutet Poesie? Und warum sollte sie in der Natur zu finden sein?

Es wurde dunkel, als wir durch die kleine Ortschaft fuhren, die sich rechts und links von der Landstraße erstreckte und die wir schnell wieder hinter uns gelassen hatten. Mads spielte mit seinem Zauberwürfel. Ob mein Großvater die verschiedenen Schmetterlingsarten gekannt hatte? Er hatte sich ganz bestimmt in der Vogelwelt ausgekannt, das war typisch für seine Generation. Aber auch in der Welt der Schmetterlinge?

Wir verließen einen Kreisverkehr, und schlagartig war die Landschaft um uns herum wie ausgestorben. Es war so anders als eine Fahrt durch Nordseeland mit seinen sanften Hügeln und den mächtigen Eichen. Trotz der Dunkelheit konnte man die Trostlosigkeit der flachen Landschaft spüren. Im Licht der Autoscheinwerfer ragten die windgepeitschten Bäume auf.

Mads gähnte, ich streichelte ihm über die Wange und sagte, dass wir bald da wären. Kurz darauf hatten wir die Stadt erreicht und konnten den Schlüssel am vereinbarten Ort abholen. Unser Zimmer befand sich im Nebengebäude des Hotels am Hafen. Die Bettwäsche roch nach Industrieseife.

Drei Arten. Gerne auch mehr. Aber auf jeden Fall diese drei. Die wollte ich unbedingt finden.

Am nächsten Morgen standen wir früh auf. Es war der 30. April. Unser Plan war denkbar einfach. Wir würden den Tag damit verbringen, die Schmetterlinge zu suchen. Mads aß ein Schokocroissant zum Frühstück und sah zufrieden aus, ich trank zwei Tassen Kaffee und aß ein Käsebrot, bevor wir wieder auf unser Zimmer gingen. Dort packten wir uns einen Rucksack mit Wasserflaschen, einem Red Bull, meinem Handy und Papier.

Ich schlug vor, unsere Suche in Grenen zu beginnen, dem nördlichsten Punkt auf der Landkarte. Mads war einverstanden. Wir fuhren das kurze Stück mit dem Auto. Die klare Frühlingssonne empfing uns, der Wind riss an Mads' Haaren, und er rümpfte die Nase. Ich lächelte ihn an.

Vom Parkplatz folgten wir dem Weg in die Dünen, die sich wie ein Keil aus hohen, graugrünen Wellen bis an die Stelle erstreckten, an der das Wasser des ruhigen Kattegats auf das Wasser des wilden Skagerraks traf. Es fühlte sich an, als würden wir auf dem Meeresgrund spazieren gehen, über uns der Himmel als riesiger blauer Ozean. Auf den Dünenkämmen und den Strandwällen wuchsen die strohgelben und silbrig glänzenden Büschel des Strandhafers und bewegten sich im Wind wie das Seegras in der Strömung. Wir kletterten auf einen der Kämme und wieder hinunter, folgten den Pfaden, die zwischen dem Blassbraunen und Blaugrünen hindurchführten, den Flechten, die wie graugrüne Korallen aussahen. Dazwischen immer wieder kräftige Farbtupfer. Die blauvioletten Blätter und das gelbe Auge des Stiefmütterchens. Hellgelbe Blütenköpfe mit kurkumafarbenen Knoten.

Ich war nicht zum ersten Mal hier, auch Mads ist hier schon einmal gewesen, auf einer Fahrradtour vor ein paar Jahren. Aber es war etwas anderes, durch die Dünen zu streifen und nach etwas Bestimmtem Ausschau zu halten.

»Wie sollen wir die denn finden?«, fragte er.

Ich sagte ihm, dass wir auf Bewegungen achten müssen. »Halt Ausschau nach allem, was fliegt.«

Wir stapften auf den nächsten Dünenkamm, er lief vor mir. Oben blieben wir stehen und sahen uns um. Alles war in Bewegung, das Gras, die Pflanzen und unsere Haare. Aber kaum waren wir in der Senke, herrschte zwischen zwei Kämmen absolute Windstille. Und nichts bewegte sich. Ich sah Mads an. Ich hatte erwartet, dass es hier vor Leben nur so wimmeln würde. Wir waren umgeben von Leben, in den kleinen Blütenköpfen, den hellgrünen Kätzchen der Weidenbüsche und dem wehenden Strandhafer auf den Dünenkämmen. Und trotzdem war es hier unten absolut still, es gab keine Insekten, die summten, keine Lebewesen, die zwischen den Halmen herumschwirrten.

Wir gingen weiter, vorbei an Hagebuttensträuchern, die umgeben waren von Trockenheit und Genügsamkeit.

»Hier *müssen* doch irgendwo Schmetterlinge sein?«, sagte ich.

Mads drehte sich zu mir um. »Dir geht es mit den Schmetterlingen so wie uns mit Pokémon GO«, sagte er.

Ich musste lachen. Ich sah ihm an, dass es ihm gefiel, dass ich das lustig fand. Er hatte Rasmus' Fleecejacke an, die ihm etwas zu groß war. Er hatte sich die Ärmel hochkrempeln müssen.

In den ersten Monaten seines Lebens schlief Mads immer mehrere Stunden am Stück, zwei, drei Stunden. Er schlief, auch wenn das Tor zum Hof, in dem sein Kinderwagen stand, zugeknallt wurde oder jemand mit seinem Fahrrad vorbeisauste. Ich ging davon aus, dass Babys so sind, bis ich meine beiden anderen Söhne bekam, zuerst Aske und später dann Bjørn. Aske konnte nur auf dem Bauch eines Erwachsenen schlafen, und mein Jüngster schlief maximal eine halbe Stunde am Stück. Mir wurde klar, dass Mads so viel geschlafen hatte, weil er sich in seiner eigenen Gesellschaft wohlfühlte. Die Erzieherinnen im Kindergarten erzählten mir, dass er viel allein spielte, er war nicht einsam, sondern nur mit seinen eigenen Sachen und Interessen beschäftigt. Die Sperrzone um ihn herum war so breit wie die Prärie. Als uns die Pandemie Woche für Woche ans Haus fesselte, zog er zu meinen Eltern, weil es dort ruhiger war. Dort brachte er sich bei, den Zauberwürfel in Lichtgeschwindigkeit zu lösen.

Wir stapften auf den nächsten Dünenkamm, und hinter dem sich wellenden Braun erstreckte sich das offene Meer. Am Horizont, wo die Frachter auf neue Ladung warteten, schimmerte es bläulich weiß, darüber wurde es dunkler, ganz oben tiefblau. Eine einzelne Wolke zeichnete etwas Federhaftes an den Himmel. Mads sprang die Dünen hinunter, sein Kopf verschwand. Ich lief ihm hinterher, vorbei an Knoblauchskraut und den kleinen helllila Köpfen der Strandgrasnelke. So viel Farbe inmitten der trockenen Halme. Ich ließ meinen Blick über die Gräser schweifen und schob mit der Schuhspitze eine Muschel durch den Sand.

»Da!«, rief Mads.

Ich hob den Kopf.

»Ich habe einen gesehen. Der saß gerade da!« Er zeigte auf einen blassgrünen Büschel.

Ich legte mich auf den Bauch und schob meinen Kopf vor wie eine Schildkröte. Mads stand vor mir, die Hände in die Seiten gestemmt.

»Das ist er!«, flüsterte ich. »Ich glaub's nicht!«

Es war der Grüne Zipfelfalter. Es konnte kein anderer sein, in Dänemark gibt es nur diese eine grüne Schmetterlingsart. So etwas hatte ich noch nie zuvor gesehen. Er war sehr klein, ich würde sagen weniger als zwei Zentimeter groß, von Flügelspitze zu Flügelspitze. Die Flügel waren jadegrün auf der Unterseite und schimmerten metallisch. Die Fühler waren gestreift wie bei einem Zebra, weiß und schwarz. Und seine schwarzen Augen waren von einem weißen Ring gerahmt. Gothicartig!

Plötzlich flatterte er davon.

»Fantastisch!«, rief ich.

»Ja«, antwortete Mads.

»Und du hast ihn gefunden!«

Er sah mich mit hochgezogenen Brauen aus großen, strahlenden Augen an. Ich spürte dieselbe elektrisierende Spannung wie am Tag zuvor, ich wurde übermütig und albern, versuchte mich aber zu zügeln, aus Angst, seine Begeisterung dadurch zu dämpfen.

»Jetzt fehlen uns nur noch die beiden Dickkopffalter.«

Wir fuhren zurück nach Skagen, parkten den Wagen beim Hotel, nahmen die Fahrräder und radelten in die entgegengesetzte Richtung los, unser Ziel war die Dünenplantage weiter südlich. Nach ein paar Kilometern stellten wir die Räder ab und ließen uns zu Fuß durch die Dünenlandschaft treiben. Auch hier war alles trocken, weitläufig und einsam. Wir setzten uns auf einen Dünenkamm und starrten aufs Wasser, dann wählten wir einen anderen Kamm aus und setzten uns dorthin. So ging das etwa eine Stunde lang. Der Schriftsteller Ludvig Feilberg schrieb im 19. Jahrhundert, dass diese Dünenlandschaft eine weitläufige, tote Ausstrahlung habe. »Eine seltsame Ernsthaftigkeit ist überall zu spüren.« Das kann ich bestätigen. Nichts bewegte sich.

Wie sollten wir diese Schmetterlinge *jemals* finden?

Nach einer weiteren halben Stunde trottete Mads nur noch stumm hinter mir her. Seine anfängliche Begeisterung war verschwunden. Die kleine Ekstase, die der Anblick des jadegrünen Insekts in uns ausgelöst hatte, war verpufft. Was taten wir hier eigentlich?

Wir fuhren zurück ins Hotel und aßen zu Mittag. Mads

verschwand mit einem Comic im Bad, ich setzte mich aufs Bett und öffnete meinen Laptop. Ich wollte mir ein genaueres Bild davon machen, wo ich diese Dickkopffalter finden könnte. Ich tippte »Dickkopffalter« und »Nordjütland« ein und hoffte inständig auf brauchbare Informationen.

Ich fand einen Blog, auf dem ein Henrik Knudsen seine Schmetterlingssichtungen notiert hatte. Auf seiner Seite las ich die Beschreibung von einem Ausflug nach Skagen mit seiner Frau. Er hatte viele Fotos von Schmetterlingen hochgeladen, die er auf diesem Ausflug gesehen hatte. Und auf einem davon war ein ziemlich zerfleddertes Exemplar eines Kronwicken-Dickkopffalters zu sehen. Daneben war ein Foto seiner Frau Laila zu sehen, die bäuchlings mit einem kleinen Sonnenschirm auf dem Kopf im Gras lag und eine Kamera in den Händen hielt, als wäre sie ein geladenes Gewehr. Unter dem Foto stand, dass die beiden an diesem Ort zwanzig Schmetterlingsarten auf einen Schlag gesehen hatten. Weiterhin stand dort, dass dieses Foto in Råbjerg Mose aufgenommen worden war.

Zwanzig Schmetterlingsarten! Råbjerg Mose! Der Ort klang geheimnisvoll. Wir mussten dorthin.

Ich rief Mads zu, dass wir auf der Stelle losmüssen.

»Wohin?«, hörte ich es aus dem Badezimmer.

»In ein Moorgebiet«, antwortete ich. »Da gibt es Schmetterlinge.«

Ich hörte die Toilettenspülung, dann kam er mit seinem Comic in der Hand zu mir ins Zimmer. Sein Blick verriet mir, dass er nach einer Möglichkeit suchte, nicht mitkommen zu müssen.

»Komm«, sagte ich und nahm ihn in den Arm. »Dickkopffalter!«

Wir quetschten uns wieder ins Auto, ich warf ihm mein Handy zu, damit er den Ort im Navi suchte.

»Wo fahren wir hin?«, fragte er, während ich rückwärts aus der Parklücke fuhr.

»Nach Råbjerg Mose«, antwortete ich und schaltete in den zweiten Gang.

»Da gibt es keine Straße«, sagte er. »Das ist alles nur Braun.«

Ich blickte auf das Display. »Schau mal, ob es eine Straße oberhalb von der braunen Fläche gibt.«

Wir verließen den Ort Richtung Süden, rechts und links von der Straße erstreckten sich die Dünen. Mads hatte mir eine Straße genannt, an der wir anhalten und parken konnten. Den Sindalvej. Dann nahm er seinen Zauberwürfel in die Hand. Wir fuhren etwa eine halbe Stunde lang, zum Klang der Drehgeräusche des Zauberwürfels in seinen Händen. Wir bogen auf einen Kiesweg, hielten an und stiegen aus.

Ich sah mich um. Hier sah es überhaupt nicht aus wie auf den Fotos von Laila mit der Kamera im Anschlag. Nicht grün und üppig, sondern wie getrocknete Gewürze. Von dem Weg, auf dem wir angehalten hatten, führte ein anderer endlos weiter und reichte bis an den Horizont. Er war gesäumt von kahlen Bäumen, der Boden war von Rissen durchzogen, Gras- und Heidekrautbüschel ragten hervor, dazwischen befanden sich lange, sumpfige Gräben. So etwas hatte ich noch nie gesehen, es war so anders als alles, was ich kannte, so fremdartig. Unvorstellbar, dass es solche Landschaften in Dänemark gab. Oder anders gesagt, es wirkte wie aus der Zeit gefallen, prähistorisch, zu Zeiten der Dinosaurier. Dieser Gegend waren wir Menschen vollkommen gleichgültig.

Ich holte tief Luft. »Råbjerg Mose«, sagte ich. »Na?«

Mads kniete sich hin.

»Hast du was gefunden?«

»Nein«, antwortete er.

Wir liefen los.

Der Himmel war überwältigend, unendlich. Diese Wirkung stellt sich ein, wenn nichts den Horizont durchbricht. Die Wolken zogen über die enorme Weite. Von Osten nach Westen.

Der Weg führte uns an einer einsamen Kiefer vorbei, beschrieb eine Kurve und verlief durch einen Wald aus niedrigen, dünnen Birken. Hinter dem Wäldchen folgte wieder hügeligeres Terrain. Wir sahen nur ein einziges fliegenartiges Insekt. Keine weiteren Tiere.

»Ich glaube nicht, dass wir hier was finden«, sagte Mads. »Wir können hier ewig herumlaufen.«

»Ja, aber lass uns noch eine kleine Ewigkeit weitergehen.«

Er erwiderte nichts.

Schweigend gingen wir weiter.

Der Weg war gesäumt von verwelktem, trockenem Gras. In den kleinen Senken stand braunes Wasser. Wir warfen schon Schatten auf den Boden.

»Hier gibt es keine Tiere«, sagte Mads.

»Doch, hier gibt es Eier und Larven«, sagte ich. »Wir können sie nur nicht sehen, weil wir Deppen sind.«

Wir gingen weiter. Alles war gleichzeitig trocken und trotzdem sumpfig. Die sanften Erhebungen und Hügel waren mit braunem Gras versehen, der Boden aber war feucht und sumpfig, und das wechselte sich in unregelmäßigen Abständen ab.

Meine Stimme hatte fröhlich und engagiert geklungen, als ich Mads geantwortet hatte, aber das war gespielt. Ich wollte begeistert sein und es großartig finden, mit meinem Sohn in der Natur zu sein. Aber es versetzte mir einen Stich ins Herz, und ich ahnte, dass mein Vorhaben zum Scheitern verurteilt war. Ich hatte bisher nicht mehr als sechs Schmetterlingsarten gesehen und dafür eine sechsstündige Fahrt an die nördlichste Spitze des Landes mit der Erwartung auf mich genommen, dass wir durch die Gegend spazieren und alle nordjütländischen Arten entdecken würden.

Wie hatte ich so naiv sein können?

Ich sah zu Mads, der Kies knirschte unter unseren Schuhen.

»Ich glaube, wir sollten umkehren.«

»Ja«, sagte er und drehte sich auf der Stelle um.

Aus einem dunklen Heidekrautbüschel ragte ein abgestorbener Ast. Was war das für eine skurrile Landschaft? Mitten in der vertrockneten, sumpfigen Landschaft stand eine einsame Weide mit saftig grünen Blättern, als hätte sie nichts mit ihrer Umgebung zu tun.

»Mama?«, sagte Mads.

»Ja.«

Er drehte sich zu mir um. »Was wäre dir lieber? Nicht sterben zu können oder niemals geboren worden zu sein?«

Ich sah ihn überrascht an, aber er hatte sich wieder umgedreht.

»Das ist eine schwierige Frage.«

Es entstand eine kleine Pause. Ich musste darüber nachdenken.

»Ich lebe gerne«, sagte ich dann. »Also glaube ich, würde ich lieber nicht sterben können.«

»Aber man lebt nicht glücklich, wenn man nicht sterben kann«, sagte er.

Ein Vogel flog vorbei und stieß einen Laut aus.

»Was wäre, wenn du für immer jung bleiben würdest? Und die Menschen, die du liebst, auch. Würdest du dann lieber *nicht* geboren werden, als ewig zu leben?«

Die Unterseite der Wolken war blassgrau. Der Weg machte eine sanfte Kurve, die sandigen Rinnen mit dem dunkleren Mittelstreifen erstreckten sich wie ein leuchtendes Band vor uns.

»Es hat keinen Sinn, wenn es unendlich weitergeht«, sagte Mads. »Das ist der Lauf der Natur.«

»Der Sinn des Lebens hängt also davon ab, dass es irgendwann endet?«, sagte ich. »Willst du das damit sagen?«

Ich sah ihn an, er senkte den Blick.

»Ja. Wenn man lebt, muss man auch sterben.«

»Warum?« Ich öffnete meine Jacke. Plötzlich flog eine Fliege auf und verschwand gleich wieder.

Wir waren umgeben von Materie, die absolut still und reglos war, die Pflanzen, das Wasser, das Gras und die Steine. Nur die Wolken zogen mit hoher Geschwindigkeit über den unendlich weiten Himmel.

»Man muss sterben, weil der Körper alt wird. Und weil die, die man liebt, sterben. Und manchmal gibt es einfach nichts mehr zu lernen«, sagte Mads. »Menschen können nur spüren, dass sie das Leben lieben, wenn sie sterben müssen. Verstehst du?«

»Ja.«

Ich erzählte ihm von Viktor Frankl, der das Konzentrationslager überlebt und danach ein Buch über den Sinn des Lebens geschrieben hatte. Der Sinn bestand seiner Meinung nach aus drei wesentlichen Dingen: der Liebe zu anderen und zur Schönheit, dem Lösen der Aufgaben, die einem das Leben stellte, und der Entscheidung, dem Leid mit Mut und Würde zu begegnen.

»Für ihn war das Leid ein notwendiger Teil des Lebens«, sagte ich. »Weil es sinnstiftend und lehrreich ist.«

Mads starrte auf den Weg. »Ist er nicht im Konzentrationslager gestorben?«

»Nein, er hat das Buch hinterher geschrieben.«

»Ich dachte, alle, die im Konzentrationslager waren, sind gestorben?«

»Nein, einige haben überlebt. Dein Urgroßvater zum Beispiel, der war auch im Konzentrationslager.«

»Wer?«

»Der Vater deiner Großmutter. Mein Großvater.«

»Hat er das überlebt?«

»Ja. Sonst wärst du heute nicht hier.«

Wir hatten den kleinen Birkenhain wieder erreicht und Mads kehrte seine Aufmerksamkeit wieder nach innen und ließ seinen Blick über die fremde, mystische Gegend schweifen.

Als wir am Auto ankamen, legte ich die Kamera und meinen Rucksack auf den Rücksitz, Mads setzte sich auf den Beifahrersitz und holte seinen Zauberwürfel heraus. Ich startete den Motor, wendete das Auto und fuhr auf die asphaltierte Straße zurück.

Ich warf Mads einen kurzen Blick zu. Mein Herz quoll über vor Liebe. Ich hatte ihn noch nie über den Tod oder den Sinn des Lebens sprechen hören. Seine Antwort auf seine eigene Frage hatte mich schockiert. Warum hatte ich Viktor Frankl erwähnt und ihn damit zugetextet? Hätte ich ihm den Raum nicht einfach überlassen können? Das Thema hatte mich damit konfrontiert, dass auch meine Kinder sterben könnten. Das war wahrscheinlich der Grund, warum ich so viel geredet habe. In Sekundenschnelle hatte dieser Gedanke sich in mir ausgebreitet, alle Gefühle dominiert und sie mit etwas Dunklem verhüllt.

Warum hatte er so geantwortet? Er würde lieber *nicht* leben, als ewig zu leben. Das ergab Sinn, aber es war radikal, es von seinem Kind zu hören.

Ich drückte seinen Arm. »Ich bin so froh, dass du mitgekommen bist«, sagte ich.

Er sah mich an und lächelte müde.

Auf dem Rückweg sahen wir einen weißen Schmetterling am Straßenrand, der sich als Kleiner Kohlweißling entpuppte, nachdem ich eine Vollbremsung gemacht hatte, um ihm hinterherzulaufen. Wir sahen noch zwei weitere Schmetterlinge, die ich später als Waldbrettspiele identifizieren konnte. Beides sind Schmetterlingsarten, die sehr gewöhnlich und weit verbreitet sind. Das war leider nur ein schwacher Trost. Ich hatte jetzt acht Arten gesehen, wusste aber nicht, wie ich mein hehres Ziel jemals erreichen sollte.

Wir kauften uns was zum Abendbrot im Supermarkt und aßen im Hotelzimmer, während wir Steven Spielbergs Version der *West Side Story* sahen. Ich spürte die Leidenschaft und Sehnsucht in mir pochen und erinnerte mich an die Zeit in meinem Leben, als man sich über Nacht verlieben konnte, als alles neu, mühelos und grenzenlos war und eine Party in alle Ewigkeiten dauern konnte. Denn es gab nichts anderes. Damals liebte ich das Grandiose und das Dramatische, alles, was mich mit dieser einen kolossalen Kraft durchströmte.

Am nächsten Tag traten wir die Heimreise an und fuhren die sechs Stunden zurück nach Hause. Von einem Ende des

Landes zum anderen. Als wir in Horsens ankamen, setzte ich mir die Sonnenbrille auf, damit Mads meine Tränen nicht sah.

*

Ich musste mir eingestehen, dass ich kein Talent hatte, Schmetterlinge zu finden. Außerdem hatte ich mich auch noch nicht ausreichend mit Aristoteles und dem Geheimnis der Metamorphose beschäftigt. Die Weltanschauung, die er mit seiner Beschreibung der Verwandlung der Insekten entworfen hatte, bekam später einen Namen: Teleologie, benannt nach der letzten Stufe der Metamorphose, dem Telos. Die Teleologie ist die Vorstellung davon, dass jede Entwicklung aus einem bestimmten Zweck vorangetrieben wird – mit dem Ziel, die letzte, vollkommene Ebene der Existenz zu erreichen.

Ich fing auf einmal an, überall teleologische Erzählungen zu entdecken. Am offensichtlichsten war das in der christlichen Glaubenslehre. Bei Paulus, dem ersten Ausleger und Verkünder des Christentums und der Lehre Jesu, findet sich eine der faszinierendsten und wildesten Vorstellungen der Weltgeschichte über die Metamorphose des Menschen.

Paulus, der wenige Jahre nach Jesus geboren wurde, verfolgte zunächst die Mitglieder der christlichen Sekte, die Jesus nach seinem Tod am Kreuz zurückließ. Er nahm sie fest, fesselte und peitschte sie aus, weil sie daran glaubten, dass Jesus Gottes Sohn war. Eines Tages jedoch, er ritt auf einem Esel nach Damaskus, hatte er eine geheimnisvolle Erscheinung. Auf einmal war er von einem strahlenden Licht umgeben, beschrieb er, und er hörte eine Stimme, die aus dem Himmel zu ihm sprach. »Warum verfolgst du mich?«, sagte sie. Jesus hatte mit ihm gesprochen und ihn gebeten, den christlichen Glauben zu verbreiten.

Das Ereignis erschütterte Paulus zutiefst, tagelang war er erblindet. Heute würde man es anders interpretieren und sagen, dass diese Offenbarung ein Chaos in ihm ausgelöst und er eine Art Nervenzusammenbruch gehabt hatte. Alles, woran er geglaubt hatte, löste sich innerhalb weniger Augenblicke auf. Sein Lebensziel war verschwunden, und alles, wofür er gekämpft hatte, stellte sich als Irrtum heraus. Wer war er jetzt?

Er war *ein Anderer* geworden. Er hatte sich verwandelt. Er änderte seinen Namen, wurde von Saulus zu Paulus. Den Rest seines Lebens verbrachte Paulus damit, die neu entstandene christliche Glaubensgemeinschaft aufzubauen und zu organisieren. Seine Botschaft an die Gläubigen, die in Jesus den Sohn Gottes sahen, war die radikalste, revolutionärste und visionärste der Menschheitsgeschichte. Ich hatte immer Schwierigkeiten damit, mir vorzustellen, wie faszinierend oder eben auch verrückt das zu Zeiten von Paulus geklungen haben muss. Gott hat Jesus auferstehen lassen, so Paulus, damit sein Sohn auf die Erde zurückkehrt und alle Menschen rettet, die an ihn glauben. Eines Tages würden auch sie sich verwandeln und das ewige Leben erhalten. Und er meinte das ganz konkret.

In einem seiner berühmtesten Texte schrieb Paulus, dass sich der Mensch von einem Stadium zum nächsten bewegen sollte, immer auf dem Weg zu einer vollendeteren Version. »Als ich ein Kind war, da redete ich wie ein Kind und dachte wie ein Kind und war klug wie ein Kind; als ich aber ein Mann wurde, tat ich ab, was kindlich war.«

Aber auch der Erwachsene habe sein Ziel noch nicht erreicht, betonte Paulus. Denn auch er stünde ratlos vor den

Geheimnissen des Lebens und könnte nicht das große Ganze sehen, sondern alles nur bruchstückhaft erkennen. »Jetzt sehen wir nur ein undeutliches Bild wie in einem trüben Spiegel.« Aber der Tag würde kommen, so Paulus, an dem die Menschen Gott von Angesicht zu Angesicht gegenüberstünden, sich ihnen das Geheimnis des Lebens offenbarte und sie die Zusammenhänge begriffen. Dann wäre die Verwandlung vollendet.

Als Paulus von Jesus' Auferstehung sprach, meinte er damit kein Ereignis, das in einer fernen Zukunft stattfinden würde. Jesus würde schon bald zurückkehren, *jetzt*, noch zu Lebzeiten von Paulus und den Mitgliedern der kleinen, neu entstandenen Glaubensgemeinschaft. »Was vorher war, ist vergangen«, schrieb er seinen Glaubensbrüdern, »etwas völlig Neues hat begonnen.« Er setzte seine eigene Erfahrung ein, um seine Botschaft zu vermitteln. Ein Mensch, das wusste er, kann sich von Grund auf ändern. Das hatte ihm sein eigener Zusammenbruch gezeigt. »Wir werden nicht alle entschlafen«, verkündete er, »wir werden aber alle verwandelt werden; und das plötzlich, in einem Augenblick.«

Paulus meinte es wörtlich, dass die Gläubigen eines Tages eine Verwandlung durchmachen würden. Wenn Jesus zurückkäme, würden alle Gläubigen in den friedlichen und gerechten Himmel kommen und dort das ewige Leben erhalten. Zuerst aber müssten die Toten aus ihren Gräbern auferstehen und zum Leben erweckt werden. Dann würden sich die Lebenden verwandeln. Ihr alter Körper aus Fleisch und Blut würde im Himmel durch einen anderen Körper ersetzt werden. Ein Körper, der aus Gottes Atem oder Geist oder besser gesagt aus Pneuma erschaffen wurde.

Diesem Wort war ich bei Aristoteles begegnet, der darin die entscheidende Zutat im warmen Samen der Männchen ausgemacht hatte. Das Material nämlich, das neues Leben im Tierreich erzeugte und bei den Insekten während der Metamorphose vorkam. Der *Geist*. Für Paulus war der Geist nichts, was mithilfe des Samens oder der Verwandlung der Insekten in die Welt gebracht wurde. Für ihn, wie auch für Aristoteles, war das Pneuma eine physische Realität. Das heißt, er verwendete das Wort *Geist* nicht in derselben Weise, wie wir das heute tun, also für das Immaterielle. So wie es Steine und Fischgräten, Wasser und Berge gab, gab es für Paulus auch den Geist. Der Geist war eine göttliche Kraft, die bei Jesus' Rückkehr allen Lebenden und Toten einen neuen, strahlenden und ewig jungen Körper geben würde. »Die Zeit ist kurz«, schrieb Paulus darüber, was die Christen bald erwartete. »Denn das Wesen dieser Welt vergeht.«

Jesus kehrte zu Paulus' Lebzeiten nicht auf die Erde zurück. Am Ende begriff er, dass er das nicht mehr erleben würde. Trotzdem ging er für seinen Glauben ins Gefängnis und wurde vermutlich auch wegen seines Glaubens hingerichtet. Er bewahrte sich bis zum Schluss die Hoffnung, so wie er das auch seinen Glaubensbrüdern aufgetragen hatte.

Obwohl sich Jesus in den vielen Jahrhunderten seit Paulus' Tod nicht gezeigt hat, lebte die teleologische Vorstellung der Christen vom ewigen Leben weiter. Sie steht zwar nicht mehr jeden Augenblick und *any minute* bevor, aber sie ist eine Hoffnung, dass eines Tages etwas Schönes und Gutes eintreten wird.

Bei der Betrachtung der Natur entdeckten die Menschen Anzeichen dafür, dass unsere, die menschliche Metamorphose eines Tages stattfinden wird. Sie waren überzeugt davon, damit konkrete Beweise für die vorherrschende teleologische Vorstellung gefunden zu haben. Der niederländische Amateur-Zoologe Johannes Goedaert schrieb und illustrierte Anfang 1660 das Buch *Metamorphosis naturalis,* in dem er die rätselhafte, beinahe göttliche Metamorphose der Insekten beschrieb. Die Verwandlung der Tiere sei ein Zeichen dafür, was den hoffnungsvollen Christen erwartete. Das Buch wurde ein Bestseller und sowohl ins Lateinische als auch ins Französische übersetzt. Der Einband bestand aus wunderschönen Zeichnungen von Schmetterlingslarven und geschlüpften Schmetterlingen mit geöffneten, farbenprächtig gemusterten Flügeln. Goedaert beschrieb die Schmetterlinge zunächst als »widerwärtige Maden, Würmer oder Larven«, die jedoch später Flügel bekommen, durch die Luft flattern und »bei den schönen Blumen und den süßen Dingen« Halt machen. War diese Verwandlung, so spekulierte Goedaert, nicht als Zeichen Gottes zu verstehen? »Bei unserer Auferstehung werden wir mit Jesus Christus in den Himmel steigen und erhalten neue, strahlende Körper«, schrieb er, »genau wie diese Tiere, die zuerst kriechende Würmer waren und nun durch die Luft fliegen und den Honig und die Herrlichkeiten der schönsten Blumen genießen, nachdem sie ein anderes Leben und einen anderen Körper erhalten haben.«

Ich sah mir einige Fotos seiner wunderschönen Radierungen an, mit denen Goedaerts Werk illustriert ist. Zwar waren sie schwarz auf weißem Papier, aber ich konnte dennoch einige der Arten erkennen. Einer dieser Schmetterlinge war ein Tagpfauenauge. Die großen Augenflecken hatte Goedaert zwar an der falschen Stelle platziert, aber er sieht dennoch beeindruckend naturgetreu aus. In seiner realen, farbenprächtigen Ausgabe ist er ein wundersames Geschöpf. Die vier Augen auf seinen Flügeln funkeln in leuchtendem Blau und Braunrot, aus der Ferne sehen sie aus wie Augen. Das untere Augenpaar erinnert von Weitem an blaue Totenköpfe.

Mir leuchtete ein, dass die Menschen im Laufe der Jahrtausende beim Anblick dieses Tieres an die Existenz eines Gottes geglaubt haben. Und wenn sich eine stachelige Raupe in ein so wunderschönes Wesen verwandeln konnte, warum sollte das dem Menschen nicht auch gelingen?

Was mir allerdings nicht einleuchtet, ist die Tatsache, dass die Christen ihre Hoffnung auf Jesus' Wiederkehr am Leben erhalten konnten, obwohl er bis heute nicht auf die Erde zurückgekommen ist. Auch zweitausend Jahre, nachdem Paulus das Ereignis angekündigt hatte, ist es noch nicht eingetreten. Wie lässt sich Hoffnung in so einer Welt aufrechterhalten? In einer Welt, die einen immer und immer wieder enttäuscht?

# MAI

Einige Tage nach unserem Ausflug nach Nordjütland sah ich zwei Rapsweißlinge an der Hecke hinter dem Gewächshaus. Das Weibchen ließ sich auf einem Blatt nieder, das Männchen saß auf ihr und flatterte mit den Flügeln. Sie sahen aus wie eine große, zitternde Blume. Als die Paarung beendet war, blieb das Weibchen mit gekrümmtem, angespanntem Unterleib sitzen. Die weißen Flügel waren von hauchdünnen Adern in staubigem Grün durchzogen. Auf dem Feldweg, wo ich vor zwei Monaten meinen ersten Schmetterling gesehen hatte, blühten der Löwenzahn und die Knoblauchsrauke. Alles leuchtete, der Boden war warm, und ich sah ein Exemplar des Großen Kohlweißlings. Und als ich mit den Kindern am Hafen in Espergærde war und sie ein Eis bekamen, sah ich an einer Efeuhecke etwas, das mit sehr großer Wahrscheinlichkeit ein Garten-Bläuling gewesen ist. Mitte Mai stand ich auf Fünen im Stau auf der Autobahn, und da flog ein schwarzvioletter Trauermantel an meiner Windschutzscheibe vorbei. Ich konnte auf meiner Liste am Kühlschrank endlich auch mein neuntes, zehntes, elftes und zwölftes Kreuz machen.

Obwohl ich beim Anblick eines Schmetterlings jedes Mal große Freude empfand, schwand mein Glaube an den Erfolg meines Projektes. Ich hatte die Erfahrung gemacht, dass man nicht automatisch alle nordjütländischen Schmetterlingsarten zu sehen bekommt, wenn man nach Nordjütland fährt. Ich hatte noch keine einzige der seltenen Arten gesehen. Dafür hatte ich mir ein Buch nach dem anderen über Schmetterlinge gekauft und mir die Hörbuchausgabe von Inger Christensens traumhaft schönem Requiem *Das Schmetterlingstal* angehört, die sie selbst eingelesen hat. Ihre Stimme klang nach Berg und Wald und Fluss. Aber all das hatte nicht dazu geführt, dass ich weitere Schmetterlinge zu Gesicht bekam. Auf einem Familienausflug nach Westjütland überredete ich meine Schwägerin Anna, mit mir in die Dünen bei Oksbøl zu fahren, um dort stundenlang nach Schmetterlingen zu suchen. Das Einzige, was wir fanden, war eine tote Möwe, braunblasse Nachtfalter und den Grünen Zipfelfalter, den ich schon oben in Skagen gesehen hatte.

Mir wurde klar, dass die Zeit langsam knapp wurde. Der Kronwicken-Dickkopffalter und der Kleine Würfel-Dickkopffalter würden nicht mehr lange fliegen. Und es gab noch ein ganzes Meer an Schmetterlingsarten, die ebenfalls nur für sehr kurze Zeit flogen. Der Skabiosen-Scheckenfalter. Der Wegerich-Scheckenfalter. Der Wachtelweizen-Scheckenfalter.

Ich entschied, mir professionelle Hilfe zu holen, und googelte »Schmetterlingsexperte«. Der erste Treffer war ein Link zu einem Artikel mit dem Titel »Wenn Sie einen Schmetterlingsexperten brauchen, dann rufen Sie den 23-jährigen Emil an«.

Der Artikel handelte von dem Biologiestudenten Emil Blicher Bjerregård, der seit seinem zehnten Lebensjahr begeistert Schmetterlinge beobachtete. Sein Vater hatte ihn und seinen Bruder mit in die Natur genommen, um Vögel zu sehen. Aber während die beiden ihre Ferngläser einstellten, um tatsächlich Vögel anzuschauen, hatte der zehnjährige Emil sich für die Schmetterlinge interessiert. Kurz darauf wurde er Mitglied des örtlichen Lepidoptera-Vereins, der ihn mit Büchern und Artikeln über Schmetterlinge versorgte. Er lernte die lateinischen Namen und die besonderen Merkmale der jeweiligen Arten auswendig. Er las fünfzig Ausgaben alter Naturzeitschriften, die zum Teil bis in die Vierzigerjahre datierten und voller Berichte über Schmetterlingsexpeditionen in Dänemark waren. Sein Interesse überstand auch die Zeit im Gymnasium. Seine Freizeit verbrachte er damit, mit dem Rad an die entlegensten Orte zu fahren, um dort Schmetterlinge zu beobachten. Während seine Klassenkameraden auf Partys gingen oder zum Roskilde Festival fuhren, machte er sich auf den Weg, um Schmetterlinge zu finden.

Mittlerweile studierte er Biologie und war mit dreiundzwanzig in den Vorstand der Lepidopterologischen Vereinigung gewählt und damit beauftragt worden, die riesige Schmetterlingssammlung des Zoologischen Museums zu katalogisieren, und zum Berater des Nationalparks Kongernes Nordsjælland ernannt worden. Ich musste diesen Emil sprechen.

Ein paar Tage später war ich auf dem Weg in die Dänische Südsee, was der etwas exotische Name für die Inseln Lolland, Falster und Møn ist. Ich hatte mit Emil telefoniert, und er hatte sich bereit erklärt, mir ein paar Tricks beizubringen. Er war es auch, der die Dänische Südsee vorgeschlagen hatte, weil er dort zurzeit arbeitete. Vielleicht würde ich das große Glück haben, den Schwarzfleckigen Golddickkopffalter zu sehen – der seltenste Schmetterling Dänemarks. Er würde mir auch eine Stelle zeigen, an der ich eventuell ein Exemplar der zweitseltensten Schmetterlingsart sehen könnte, den Veilchen-Perlmuttfalter. Ich fragte ihn, ob ich etwas Besonderes mitbringen sollte.

»Nichts außer deiner Kamera.«

Meine Kamera? Was meinte er damit?

Via Mail schickte er mir zwei Koordinaten für unseren Treffpunkt. An der Kreuzung 54°43'50.1" nördlicher Breite und 11°34'31.5" östlicher Länge.

Kurz bevor ich nach Lolland aufbrach, hatte ich gelesen, dass der Schwarzfleckige Golddickkopffalter in Dänemark zum ersten Mal während des Zweiten Weltkriegs 1941 gesehen wurde. Er ist ein sehr kleiner Schmetterling. Die Vorderflügeloberseite des Männchens ist dunkelgelb und hat große schwarze Mittelflecken und kleine schwarze Saumflecken. Die Weibchen haben dieselbe Flügelfarbe, aber mehrere schwarze Flecken. Auf den Hinterflügeln war das Muster umgekehrt, sie waren dunkel mit gelben Mittel- und Saumflecken. Ähnlich wie die beiden anderen Dickkopffalter, die ich bisher vergeblich gesucht hatte, sah auch diese Art nicht aus, wie sich die meisten einen Schmetterling vorstellen. Er sah eher aus wie ein goldener Nachtfalter, ich hatte gelernt, dass man sie Eulenfalter oder Spanner nennt.

Als das erste Exemplar des Schwarzfleckigen Golddickkopffalters im Roden Skov auf Lolland gesichtet wurde, verbreitete sich diese Nachricht schnell unter den Amateurlepidopterologen des ganzen Landes. Sie fand auch Eingang in die Zeitschrift *Flora og Fauna*, die jahrelang von einem der führenden Schmetterlingsexperten Dänemarks herausgegeben wurde, dem Lehrer Sigfred Knudsen. Zum Glück waren alle Ausgaben der Zeitschrift bereits digitalisiert, und so konnte ich feststellen, dass sie seit dem ausgehenden neunzehnten Jahrhundert als eine zentrale Anlaufstelle für den Austausch von Informationen über geeignete Standorte, Artenfunde und Expeditionen gedient hatte. Und sie war nicht nur von Schmetterlingsliebhabern genutzt worden, sondern von allen, die das Hobby hatten, sich mit den dänischen Blumen- und Tierarten, insbesondere Vögeln und Insekten, zu beschäftigen. Offensichtlich traf das aber nur auf Männer zu. Sigfred Knudsen und sein Wegbegleiter Bischoff Hoffmeyer aus Århus teilten dort regelmäßig ihre Beobachtungen mit und veröffentlichten Bücher über Schmetterlinge. Aber auch andere Hobbyschmetterlingsbeobachter mit weniger oder gar keinen Veröffentlichungen nutzten diese Plattform, um den Lesern davon zu berichten, was sie gesehen hatten.

So erzählte beispielsweise ein Lavrids Jensen von einem Julitag im Jahr 1908, an dem »ein unermesslich großer Schwarm« von Kohlweißlingen an seiner Schule vorbeigeflogen war. »Das war ein wunderschöner Anblick«, schrieb er, »diesem weißen ›Schnee‹ dabei zuzusehen, wie er langsam und durch die Luft wirbelnd von Ost nach West über die grünen Zuckerrübenfelder zog.« Ein Bezirksstaatsanwalt namens Gudmann hatte einer Ausgabe aus dem Jahr 1927 zufolge viel Zeit damit verbracht, verschiedene Mottenarten zu finden. Er war, wie es hieß, »unermüdlich«, wenn er auf einer seiner Exkursionen war, »und das ist er fast immer«. 1941, dem Jahr, in dem das erste Exemplar des Schwarzfleckigen Golddickkopffalters gesichtet wurde, konnte ein Mann aus der Gegend von Vester Hornum berichten, dass er eine große Anzahl von Ockerfarbenen Quendeleulen gesichtet hatte, die auf Skabioseblüten ganz in der Nähe von Kohlrabifeldern saßen. »Man benötigt kein Netz, um sie einzufangen«, fügte er hinzu, »die hüpfen einem direkt ins Glas.«

Die Lepidopterologen beobachteten die Schmetterlinge aber nicht nur, sie sammelten sie auch, und dafür mussten sie die Tiere töten, um sie später mit Nadeln auf großen Tafeln zu befestigen. Mir fiel eine Sache auf. Sie nannten es »einen Schmetterling fangen«. Skat Hoffmeyer schrieb beispielsweise in einer Ausgabe von 1934, dass Sigfred Knudsen auf einer Reise nach Læsø »dreißig verschiedene Schmetterlingsarten gefangen« habe, von denen mehrere »keine gewöhnlichen« waren, eine davon sogar ein seltener Nachtfalter.

Anhand dieser zahlreichen Exkursionen von Hobbyentomologen und ihrer detaillierten Beschreibungen von Arten, Anzahl und Fundorten kamen die Experten zu dem Schluss, dass der Schwarzfleckige Golddickkopffalter seit mehr als einhundert Jahren nicht mehr in Dänemark gelebt hat. Nach dem Fund im Roden Skov wurde er auch an anderen Orten gesichtet, vor allem in den Wäldern im östlichen Lolland und an einigen Stellen auf Falster. Und 1957 wurde er auch auf Møn gesehen. Heutzutage ist er aus Dänemark wieder nahezu verschwunden. Nur noch an einem Ort wurde er gesichtet, und zwar nur wenige Meter von der Stelle entfernt, an der Emil Bircher Bjerregård in einem Buchenwald auf Lolland auf mich wartete.

Er hob seinen Arm und winkte mir zu. Ich rief laut Hallo und winkte ebenfalls. Er trug eine schwarze Shorts und ein schwarzes T-Shirt aus atmungsaktivem Stoff und sah dadurch eher wie ein Sportstudent aus als einer, der Biologie studiert. Meiner Auffassung nach trugen Biologiestudenten hauptsächlich braune und grüne Outdoorbekleidung.

»Du hast es gefunden«, sagte er.

»Ja«, erwiderte ich fröhlich und aufgeräumt, schließlich würde er mich den ganzen Tag auf den Fersen haben, da wollte ich nicht, dass er mich als Last empfand.

»Mit Koordinaten ist das am einfachsten. Ich habe für alles Koordinaten.«

Wir waren umgeben von hellgrüner und saftiger Natur. Wir ließen die asphaltierte Straße hinter uns, an der ich geparkt hatte, und gingen in den Wald. Emil hatte etwas Jungenhaftes an sich, strahlte aber auch eine gewisse Autorität aus. Ich fragte mich, ob die von ihm ausging oder ob ich ihm anders begegnete als anderen in seinem Alter, weil er über Dinge Bescheid wusste, von denen ich nicht einmal annähernd eine Ahnung hatte.

Er warf mir einen prüfenden Blick zu und kommentierte, dass ich ja gar keine Kamera mitgebracht hätte.

Ich lächelte verkrampft, als würde ich ein Geheimnis oder einen großen Fehler verbergen müssen. »Ich mache mit meinem Handy Fotos«, sagte ich.

Er stieß einen Laut aus. Die Kamera, erfuhr ich, hatte für viele das Schmetterlingsnetz ersetzt. Man sollte seine Funde dokumentieren. Und zwar ordentlich!

»Ah!«, sagte ich.

Es entstand eine Pause.

Der Waldweg, den wir entlangliefen, sah aus wie jeder beliebige Waldweg, der durch einen üppig sprießenden Frühlingswald führte. Die Baumkronen warfen kleine Schatten auf den Boden, die Buchen hatten ausgetrieben, das braune Unterholz war von neuen Trieben, Farnwedeln und Grasbüscheln bedeckt. Ich krempelte meine Ärmel hoch und spürte die Wärme der Sonnenstrahlen auf meiner Haut.

»Da sitzt ein Landkärtchen«, sagte Emil und zeigte auf ein großes Blatt im Wildwuchs am Wegesrand. Dort saß ein orangefarbener Schmetterling mit schwarzen Flecken und wärmte sich in der Sonne.

»Perfekt«, sagte ich. »Den habe ich noch nicht gesehen.« Ich holte mein Handy aus der Tasche, trat näher heran und machte ein Video.

»Das lief doch schon sehr gut«, sagte Emil aufmunternd.

Ich bedankte mich, wusste aber nicht, wie ich mich verhalten sollte. Was erwartete jemand mit Emils Erfahrung in einer solchen Situation von mir? Sollte ich das kommentieren? Wie lange blieb man normalerweise stehen und beobachtete das Insekt?

Er ging wortlos weiter. Ein Stück den Weg hinunter saß ein Mann im Graben und hielt sich konzentriert eine Kamera vors Auge.

»Hast du ihn?«, rief Emil ihm zu.

Der Mann drehte sich zu uns um und hob eine Hand zum Gruß. »Nein«, sagte er.

Das war Thomas, stellte ihn Emil vor, einer von vielen Schmetterlingsinteressierten. Der Mann stand auf und kam auf uns zu. Er trug eine graue Jogginghose und hatte kurze Haare, die ihm in alle Richtungen vom Kopf abstanden. Er strahlte etwas Verspieltes aus, als würde gleich etwas Lustiges und Aufregendes passieren. Ganz anders als die disziplinierte und zurückhaltende Energie von Emil. Ich erklärte Thomas, dass ich Emils Hilfe bräuchte.

Er lachte. »Da hast du ja den Richtigen erwischt«, sagte er. »Emil ist der neue Skat Hoffmeyer.«

Emil verschränkte die Hände wie ein Offizier hinter seinem Rücken und schritt den Graben ab und inspizierte ihn.

Er machte zunächst ein paar langsame Schritte, dann blieb er stehen und sah sich um. Dann ging er wieder ein paar Schritte weiter, blieb erneut stehen und sah sich um. Damit fuhr er fort. Er setzte seinen Körper ganz anders ein, als ich das in den Dünen oben in Skagen getan hatte. Er hatte eine bestimmte Technik und ging sehr systematisch vor. Er scannte zuerst ein kleines Areal, bevor er zum nächsten ging.

Thomas hängte sich die Kamera über die Schulter. Er habe sich schon als Kind für Schmetterlinge interessiert, erzählte er, aber im Laufe der Jahre hatte er das Hobby aus den Augen verloren. Nach seiner Scheidung habe er es wieder aufgenommen, und jetzt verbrachte er seine Freizeit hauptsächlich damit, auf der Suche nach Schmetterlingen durch die Gegend zu fahren. Den Schwarzfleckigen Golddickkopffalter aber hatte er bisher noch nicht zu Gesicht bekommen. Vor einigen Tagen wäre er exakt diesen Waldweg mit einem Bekannten abgelaufen, den auch Emil kannte. Stundenlang wären sie auf und ab gegangen. Erfolglos.

Ich sagte ihm, dass ich genau wüsste, wovon er sprach.

Da stieß Emil einen unterdrückten Schrei aus. »Da!«

Thomas zuckte zusammen und lief mit großen, stelzenartigen Schritten an die Stelle, wo Emil in der Hocke saß.

»Es ist ein Weibchen«, sagte Emil, als Thomas sich neben ihn hockte und seine Kamera in Position brachte.

Ich stand wenige Meter entfernt von den beiden und beobachtete, wie sie mit gekrümmtem Rücken an ihren Objektiven drehten. Kurz darauf erhob sich das Insekt und flog davon. Thomas sprang auf und zeigte in die Luft, als würde er dirigieren. Da war er! Er folgte ihm, jetzt hatte er sich auf ein Blatt gesetzt, jetzt flog er wieder! Und ... da! Er landete. In einer sonderbaren Kombination aus unfassbar schnellen und unglaublich langsamen Bewegungen kniete sich Thomas auf den Waldboden, hob seine Kamera und fotografierte.

Ich wusste nicht, wohin mit mir, spürte aber sehr wohl, dass ich mich zurückhalten sollte.

»Wer das Tier als Erstes entdeckt hat, darf als Erstes Fotos machen«, erklärte mir Emil, als hätte er meine Gedanken gelesen. Was er ausließ, war allerdings, dass er den Schmetterling entdeckt hatte. Es war das erste Mal, dass ein Schmetterling als »Tier« bezeichnet wurde. Das klang ulkig, fand ich.

Der Schmetterling hob ab, die Szene von davor wiederholte sich. Als er seinen nächsten Landeplatz gefunden hatte, gab mir Thomas ein Zeichen, näher zu kommen. Vorsichtig hob er eine Brombeerranke hoch und schob sie beiseite, fast feierlich, als wäre sie der tiefrote Samtvorhang einer beeindruckenden Theaterbühne.

Ich beugte mich vor. »Wo ist er?«, flüsterte ich.

Thomas zeigte mit seinem Objektiv auf eine Stelle.

»Da!«, flüsterte ich. »Da, da, da, da, da. Ja!« Ich kniete mich hin.

Der Schmetterling saß auf dem Waldboden, zwischen grünen und verwelkten Blättern. Er leuchtete wie Gold und dunkle Schokolade.

»Das ist der seltenste Tagfalter Dänemarks«, sagte Emil hinter mir.

Eine andächtige Stimmung breitete sich aus, als hätten wir uns zum Gebet versammelt. Wir schwiegen. Dann machte ich eine unbedachte Bewegung und schreckte das Insekt auf.

»Behaltet ihn die ganze Zeit im Auge«, sagte Thomas. Er klang nervös und überdreht zugleich, alles an ihm schien zu zittern. »Wir *dürfen* ihn nicht verlieren.«

Der Schmetterling – das Tier – setzte sich wenige Meter

entfernt auf einen Grashalm. Wir bildeten einen Kreis um den Halm, ich mit meinem Handy, die beiden anderen mit ihren langen Objektiven.

»Ich habe ihn!«, sagte Thomas, während er drauflos knipste. Seine Stimme klang dünn und hell. »Darauf habe ich so lange gewartet.«

Das Tier verschwand, und dieses Mal fanden wir es nicht wieder. Das machte den beiden nichts aus, die Fotos waren im Kasten, und Thomas strahlte euphorisch. Wir kehrten auf den Waldweg zurück und sahen uns um. Die Stimmung war feierlich, nahezu ausgelassen.

»Das ist so cool, Mann!«, sagte Thomas.

»Total!«, erwiderte Emil und sah mich an, als würde er sich versichern wollen, ob ich mit der Ausbeute zufrieden war. Ich beeilte mich, meine Begeisterung darüber auszudrücken, wie fantastisch das sei.

Und jetzt?

Emil verschränkte die Hände hinter seinem Rücken und nahm erneut das Sondieren der Umgebung auf. Es dauerte nur wenige Minuten, da hatte er das nächste Exemplar entdeckt.

Dieses Mal war es ein Männchen, sagte er und gab uns mit einem Winken ein Zeichen. Der Schmetterling saß auf einer Brennnessel. Emil schätzte, dass er etwa vor einer Woche aus seinem Kokon geschlüpft war. Man könne sehen, dass er schon seit ein paar Tagen flog.

»Nein, nein, nein, das ist so großartig«, sagte Thomas und starrte den Schmetterling an.

Der Körper des Tieres war breit und pelzig. Auf jedem der goldgelben Flügel befanden sich schwarze Flecken, die Ränder waren schwarz.

Thomas fotografierte, kommentierte dabei die Lichtverhältnisse, die optimal seien, und fragte Emil, ob er nicht auch Fotos machen wolle. Die Worte sprudelten nur so aus ihm heraus, als würde es in ihm brodeln und er könnte sie nicht zurückhalten. »Das war krass schnell, dass du ein Weibchen *und* ein Männchen gesehen hast«, sagte er.

Es dauerte einen Augenblick, bis mir klar wurde, dass er mich damit meinte, und erst da begriff ich, dass mir etwas Großes widerfahren war.

Thomas interessierte sich seit Jahren für Schmetterlinge und hatte alles gegeben, um den Schwarzfleckigen Golddickkopffalter zu sehen. Er war erfolglos gewesen – bis jetzt. Er hatte Freunde, denen es ähnlich ging wie ihm, die schon viele Arten gesehen hatten, mit Kamera und sonstiger Ausrüstung ausgestattet waren, aber dieses eine Exemplar noch nie gesichtet hatten. Und ich hatte nicht nur einen Schmetterling dieser seltenen Art gesehen, sondern gleich zwei, und zwar Weibchen und Männchen, zwei wunderschöne Exemplare, und das alles innerhalb einer Viertelstunde, nachdem ich meinen Wagen verlassen hatte. Ich lächelte ihn an und versicherte ihm, dass ich dankbar sei, dabei sein zu dürfen. Ich wollte ihm zu verstehen geben, dass ich die Sache sehr ernst nahm und die Bedeutung ermessen konnte.

Die Geräusche des Waldes drangen durch den Gesang der Vögel.

»Letztes Jahr gab es viel mehr davon«, sagte Emil.

Ich fragte, was er damit meinte, und er erklärte, dass er es wörtlich gemeint hatte. Letztes Jahr hatte er mehrere Exemplare des Schwarzfleckigen Golddickkopffalters gesichtet. Und im Jahr davor sogar noch mehr. Als Kind hatte er nicht nur zwei Exemplare gesehen, sondern massenhaft. Das war vor nicht einmal zehn Jahren gewesen.

»Bald sind sie ganz weg.« Seine Stimme klang überraschend unsentimental, fast nüchtern. »Das kann schon im nächsten Jahr der Fall sein.«

»Das ist ja furchtbar«, sagte ich.

»Ja. Früher war es ganz normal, dass an einer Wasserpfütze zweihundert Bläulinge saßen.«

Wir folgten dem Waldweg, aber schon kurze Zeit später schlug er vor weiterzufahren. Wir kehrten um, verabschiedeten uns von Thomas und stiegen in mein Auto. Emil wollte mir einen geheimen Ort zeigen. Streng genommen war er sogar streng geheim. Ich musste ihm versprechen, dass ich niemandem davon erzähle, weil das fatal und unverzeihlich wäre. Ich versicherte ihm, dass ich ein Geheimnis bewahren kann, und legte den Rückwärtsgang ein. Warum um Himmels willen war das so geheim?

Er streckte den Arm aus. »Da rein.«

*

Es ist knapp vierhundert Jahre her, dass Wissenschaftler daran glaubten, dass Insekteneier spontan aus Kot oder Tau entstehen. Das mag wie eine lange Zeit klingen, die überhaupt nichts mehr mit unserem heutigen Leben zu tun hat, weit entfernt und fast verschwommen. Aber genau genommen ist das 17. Jahrhundert noch gar nicht so lange her. Als ich mich eines Tages mal wieder mit der Metamorphose beschäftigte, kam mir die Erkenntnis, dass ich bald seit einem halben Jahrhundert auf der Welt war. Wenn man eine Reihe erstellen würde, in der an erster Stelle ein Mensch steht, der

1629 geboren wurde, und an zweiter Stelle einer, der fünfzig Jahre später geboren wurde, also 1679, und damit im Abstand von fünfzig Jahren fortfahren würde, stünden am Ende bis zur heutigen Zeit gerechnet nur sieben Menschen nebeneinander.

Ich war fassungslos, wie wenige das waren, und musste mehrmals nachrechnen. Aber es stimmte. Wenn es diese Gruppe aus Fünfzigjährigen wirklich so gäbe, würden wir alle an meinem Esstisch Platz haben. Und mindestens einer von ihnen würde daran glauben, dass Läuse ganz von selbst in Haaren entstanden und pelzige Raupen wie aus dem Nichts im Kohlbeet auftauchten. Ich konnte nachvollziehen, dass die Menschen früher diesen Blick auf die Natur gehabt haben. In unserem Sommerhaus hatten wir einen Mülleimer, der seit Wochen ungeleert in der Sonne gestanden hatte. Als ich unzählige, winzige, weiße Maden darin herumkriechen sah, wirkte es wirklich so, als wären sie aus dem Nichts entstanden. Ein anderes Mal war ich mit Bjørn im Schwimmbad. Sein nasses, rotblondes Haar hatte sich wie eine dünne, durchsichtige Hülle an seinen Kopf geschmiegt. Da sah ich, dass die Oberfläche mit winzigen grauen Schatten übersät war, und wusste sofort, dass es Läuse waren. Wo waren die so plötzlich hergekommen?

Die Person an meinem Esstisch, die Anfang des 17. Jahrhunderts geboren wurde, konnte sich auf das Wissen der größten Autoritäten ihrer Zeit stützen. William Harveys Buch über die Metamorphose erschien 1651, und darin erklärt er – einer der führenden Wissenschaftler seiner Zeit –, dass die Raupe und der Schmetterling, der wiederum aus der Puppe entsteht, zwei verschiedene Lebewesen sind. Wenn das eine stirbt, entsteht aus dem Toten das andere. Diese Vorstellung gab es so ähnlich auch in der Kirche. Die Botschaft lautete hier, dass Jesus bei seiner Wiederkunft den Menschen – den Lebenden wie den Toten – einen neuen Leib gibt.

Doch eines Abends im Jahr 1655 änderte sich dieses Weltbild bei einem Treffen in Paris. Zumindest wurde eine Tür aufgestoßen zu einem neuen Verständnis des Möglichen. An dem Treffen nahmen einige der besten Insektenforscher der Zeit teil, dazu gehörte auch der achtundzwanzigjährige Niederländer Jan Swammerdam, ein Medizinstudent und Sohn eines Apothekers. Er hatte eine bis dahin äußerst seltene Novität in die Hände bekommen: ein Mikroskop. Swammerdam wollte denjenigen, die in der Metamorphose eine spontane und unvorhersehbare Verwandlung von einem Geschöpf in ein anderes sahen, zeigen, dass sie sich irrten. Er hatte deshalb ein Skalpell dabei sowie eine Seidenraupe – aus der später ein Seidenspinner werden würde.

Swammerdam bat die versammelten Wissenschaftler, sich die Raupe genau anzusehen, ob sie bereits Anzeichen von Flügeln erkennen konnten. Das konnten sie nicht. Die Raupe sah aus wie eine Raupe, graublass, und es waren natürlich keine Flügel zu sehen. Dann setzte Swammerdam das Skalpell an und schnitt die Raupe der Länge nach auf, vom Hinterkopf über den Rücken. Darunter, so konnten die staunenden Wissenschaftler jetzt sehen, kamen ein Kopf, ein Rüssel und ein Paar Flügel zum Vorschein. Nichts davon war vollständig entwickelt, aber man konnte eines ganz deutlich erkennen: Der erwachsene Seidenspinner entstand nicht aus den Überresten der toten Raupe. Die Raupe *war* bereits der Seidenspinner.

Swammerdams Studien führten ihn zu der Schlussfolgerung, dass Insekten weder spontan entstehen noch sich von einem Moment auf den anderen in ein anderes Tier verwandeln. »Alle Insekten«, schreibt er, »entstehen aus Eiern, die von einem Insekt derselben Art gelegt wurden.« Mit dieser Erkenntnis trug Swammerdam dazu bei, dass die Naturwissenschaften eine neue Ära betraten, eine moderne Welt, in der wir wissen, dass so, wie Affen Affen und Schafe Schafe zeugen, eben auch Schmetterlinge Schmetterlinge zeugen.

Mit seinen akribischen Untersuchungen stellte sich Swammerdam gegen die vorherrschende Meinung, dass die wundersame Metamorphose der Insekten darauf hindeutete – oder sie sogar beweise –, dass eine Auferstehung möglich sei. Leben kann nur aus einem lebenden Körper entstehen, niemals aus einem toten. Die sezierte Seidenraupe war der Beweis dafür. »So sieht man«, schrieb Swammerdam, »den Irrtum derjenigen klärlich ein, die aus dieser natürlichen und verständlichen Veränderung die Auferstehung der Toten beweisen wollen.«

Mit seiner Entdeckung griff Swammerdam jene Wissenschaftler an, die sich mit der Alchemie beschäftigten und in Steinen, Pflanzen und Tieren nach Magie und verborgenen Symbolen, Prophezeiungen und Verkörperungen suchten. Alle Lebewesen in der Natur – auch Krabbeltiere wie Ameisen, Läuse und Schmetterlingsraupen – waren Teil derselben Ordnung, so Swammerdam. Und deshalb mussten auch alle Lebewesen auf dieselbe Weise zur Welt kommen. Es gab nichts Unerklärliches, es gab keine Wunder. Diese Ansichten machten Swammerdam zu einem der führenden Rationalisten der Niederlande. Ihn hatten die Gedanken eines anderen Wissenschaftlers beeinflusst, der ebenfalls Insekten sezierte. Das war der französische Philosoph und Mathematiker René Descartes, der behauptete, dass sich alle Phänomene in der

Natur logisch und objektiv erklären ließen. In der Weltanschauung der Rationalisten sollte die Natur als eine Art Maschine betrachtet werden, denn alles im Universum unterlag denselben mathematischen Gesetzen von Größe, Form und Geschwindigkeit. Ihrer Ansicht nach waren die Sinne die Quelle aller Fehler, »der allmächtige und höchst verschlagene Betrüger«, wie Descartes es formulierte. Gerüche und Geräusche, Farben, Geschmäcker und Stimmungen können von Mensch zu Mensch unterschiedlich wahrgenommen werden. Deshalb waren sie für die Rationalisten nicht geeignet, um sich auf diesem Weg der Wahrheit über die Welt anzunähern. Wenn man verstehen wollte, musste man messen und wiegen. Nicht fühlen und erleben.

Swammerdams Rationalismus brachte ihn allerdings nicht dazu, seinen Gott aufzugeben. Ganz im Gegenteil. Wie auch Descartes sah er das mechanistische Weltbild als natürliche Erweiterung und Ergänzung seines christlichen Glaubens. Gott war der allmächtige Schöpfer der Welt, und durch das Studium der Gesetzmäßigkeiten dieser Schöpfung konnte man sich ihm nähern. Dem »großen Künstler« oder »allwissenden Architekten«, wie Swammerdam ihn nannte.

Doch nur wenige Jahre nach seiner epochalen Seidenraupensektion änderte er seine Auffassung vom Göttlichen und geriet in eine persönliche Krise. Wenn Swammerdam stundenlang über seinem Mikroskop hing, betrachtete er nicht nur Gottes Schöpfung. Er sah etwas viel Größeres, er sah den Schöpfer selbst. Gott stand nicht über allem, so wie Swammerdam es in der Kirche gelernt hatte. Gott war in der Natur. Die Natur war Gott. Alles, was es gab – Insekten, Menschen, Berge, Täler, Flüsse, Meere, Blumen, Bäume –, waren Teile eines einzigen, zusammenhängenden Körpers. Alles Existierende war Teil ein- und desselben Tieres, eines großen, göttlichen Wesens. »Man kann mit Fug und Recht sagen«, schrieb er, »dass Gott nur ein einziges Tier erschaffen hat, das er … unter einer unendlichen Vielzahl von Formen, Kurven, Verwicklungen und Ausdehnungen von Gliedmaßen versteckt hat.«

Dieser neue Blick auf die Natur setzte Swammerdam unter einen enormen Druck. Gott mit der Natur gleichzusetzen war eine gefährliche und umstürzlerische Behauptung. Die Kirche hatte jahrhundertelang Wissenschaftler als Ketzer verurteilt, die behaupteten, dass die Natur göttlich sei. Im Christentum gab es nur Platz für einen Gott, vereint im Vater, Sohn und Heiligen Geist. »Die Welt ist zweifellos sehr schön«, sagte Clemens von Alexandria, einer der Gründungsväter der christlichen Kirche, im zweiten Jahrhundert, »aber wir Christen verehren den Schöpfer, nicht die Schöpfung.«

Auf der einen Seite wurde Swammerdam von seiner Religion unter Druck gesetzt, die Gott über die Natur stellte. Auf der anderen Seite setzte ihn aber sein rationales, wissenschaftliches Weltbild unter Druck, das es ihm – so empfand er das – immer schwerer machte, an den religiösen Vorstellungen von Auferstehung und Offenbarungen festzuhalten. In einer Welt, in der alles mit der Mathematik erklärt werden konnte, gab es keinen Platz für das Unbegreifliche.

Dieser Druck von zwei entgegengesetzten Seiten stürzte Swammerdam in eine schwere Krise. Das geht deutlich aus den Briefen und Notizen aus dieser Phase seines Lebens hervor. Religion und Wissenschaft waren nicht mehr auf natürliche Weise miteinander verschmolzen, sondern zerrissen ihn innerlich. Es war eine fieberhafte Suche nach Wahrheit. Wenn er von morgens um fünf bis mittags um zwölf Bienen unter seinem Mikroskop sezierte, war er gezwungen, mehrmals seine religiösen Pflichten zu vernachlässigen. Das, so schrieb er, »verursachte manchmal einen so großen, inneren Konflikt, dass ich vor Verzweiflung weinte. Es war, als wäre eine Armee in meiner Seele, die Krieg führte. Die eine Seite zwang mich, mich an Gott zu klammern. Die andere Seite aber trieb mich mit endlosen Argumenten auf meiner Suche nach interessanten Erkenntnissen voran.«

Swammerdams Krise löste sich erst auf, als er sich für den Glauben entschied. Die Vernunft, so seine Überlegung, führte ihn weg von Gott und nicht näher zu ihm, wie er es angenommen hatte. Er lernte eine Frau kennen, die in Schleswig-Holstein eine christliche Sekte gegründet hatte und ihn davor warnte, dass seine Studien über die Natur »Satans Vergnügungen« seien. Nach einer langen Nacht mit Gebeten beschloss er, die Wissenschaft aufzugeben. Er vernichtete seine Abhandlung über die Seidenraupe, verließ seine Heimatstadt und schloss sich der Sekte an. Seinem Gott schrieb er:

»Und darum will ich nicht mehr in Wäldern, Wiesen oder Bergen nach dir suchen; nicht auf Feldern, in Tälern oder zwischen Hügeln; nicht in Flüssen, Gewässern oder Meeren. Ich will nicht mehr nach dir suchen, indem ich die Natur auf den Kopf stelle oder in den unfassbaren Wundern der malerischen Eingeweide von Tieren nach dir Ausschau halte, den großen und den kleinen. Denn ihr unergründlicher Ursprung, oh, mein Gott, kann nur in dir liegen.«

Der Bruch mit der Wissenschaft und der Logik hielt jedoch nicht lange an. Ein Jahr später kehrte Swammerdam nach Amsterdam zurück, nahm seine Studien wieder auf und griff auch seine ursprüngliche Grundannahme auf, die mit der

Lehre der Kirche übereinstimmte: Gott war der Geist, der über allem Physischen steht.

Swammerdams persönliche Krise aber steht in gewisser Weise stellvertretend für eine der wichtigsten Entwicklungen in der Geschichte der europäischen Philosophie. Die Überlegungen und Erfahrungen, die den christlichen Wissenschaftler so quälten, machten auch seinen Zeitgenossen zu schaffen. Bisher waren in der Menschheitsgeschichte der Glaube an das Göttliche und der Blick auf die Natur miteinander verflochten gewesen. Jetzt war die Zeit für einen gewaltigen Umbruch gekommen. Geist und Materie mussten als zwei getrennte Größen betrachtet werden. Während Swammerdam und andere Gelehrte des 17. Jahrhunderts versucht hatten, Naturwissenschaft und Theologie miteinander zu verbinden, hatte Gott keinen Platz mehr in dem Weltbild, das Swammerdams Erben – die Aufklärer und Aufklärerinnen des 18. Jahrhunderts – entwarfen. Die Natur wurde endgültig vom Göttlichen und Mystischen entkoppelt. Die neue Generation von Wissenschaftlern war der Ansicht, dass Wissen und Erkenntnis aus Vernunft und Denken und nicht aus Erfahrung und Erlebnissen gewonnen werden sollten. Die Wunder, die man unter dem Mikroskop studieren konnte, verwiesen nicht auf Gottes Gesetze, sondern auf die Gesetze der Biologie und Physik. In diesem rationalen Weltbild gab es keinen Grund mehr, auf die Wiederkunft Jesu zu warten, denn der Geist wohnte nicht dem Göttlichen inne, sondern der menschlichen Vernunft. Die Wissenschaft gab jede Vorstellung vom Metaphysischen auf, während die Religion die Natur aus ihrer Gleichung strich. Die Beute wurde aufgeteilt. Gott fiel an die Theologie, die Natur an die Wissenschaft.

Ich folgte Emils Anweisungen, und wir fuhren die Straße, auf der ich gekommen war, wieder zurück. Sie führte durch eine sanfte Hügellandschaft mit braunen und hellgrünen Feldern. Wir kamen an Höfen vorbei, die wahrscheinlich schon lange nicht mehr landwirtschaftlich genutzt wurden. Aber die Ställe mit ihren schwarzen Eternitdächern standen noch an Ort und Stelle und glänzten in der Frühlingssonne wie Lakritz.

Emil erzählte mir, dass er zusammen mit einem befreundeten Kollegen eine Firma gegründet habe, um Naturräume zu rekultivieren und so neue Lebensräume für seltene Schmetterlingsarten nutzbar zu machen. Kaum hatte er den Satz beendet, wechselte er abrupt das Thema und berichtete von einer Reise nach Finnland. Er sei ganz in den Norden gefahren, in ein Dorf namens Kilpisjärvi, ganz in der Nähe vom Dreiländereck zwischen Finnland, Norwegen und Schweden. Er wollte dort den winzigen Perlmuttfalter finden, der in Europa »fucking selten ist«.

»Man findet ihn nur noch auf einigen wenigen Bergen in Lappland. Und du kannst sie auch nicht jedes Jahr fliegen sehen. Oder jedes zweite. Sagen wir, er fliegt 2004, dann können bis zu fünf Jahre vergehen, bis sie wieder schlüpfen. Und das lässt sich nicht vorhersagen. Sie fliegen im Durchschnitt alle vier Jahre.«

Auf beiden Seiten der Straße erhob sich dichter Wald, die Schatten warfen sich auf uns, und ich fuhr langsamer.

Emil hatte damals eine lange Wanderung auf sich genommen, um diesen Schmetterling zu sehen. Dafür musste er einen Berg besteigen, und um zu ihm zu gelangen, musste er durch Flüsse waten, die giftiges Wasser führten, erzählte er.

»Ich bekam davon Entzündungen an der Lippe«, sagte er. »Das brannte höllisch. Und überall waren diese winzigen Mücken, Gnitzen heißen die. Es gibt keinen Ort in ganz Europa, wo es mehr Mücken gibt als dort.«

Emils Erzählweise widersprach vollkommen dem Menschen, den ich auf dem Waldweg erlebt hatte, wie er uns in Offiziersmanier zum Schwarzfleckigen Golddickkopffalter geführt hatte. Jetzt war er ganz vereinnahmt von seiner Erzählung, sie sprudelte mit einer ungesteuerten Energie aus ihm heraus, die mich völlig überrumpelte. Hatte ich etwas gesagt, was ihn an diese Reise erinnert hatte? Wir hatten Sekunden davor noch von seiner Firma gesprochen.

Wir kamen an einer riesigen Scheune aus roten Ziegeln vorbei. Eine Allee aus gedrungenen Bäumen führte zu einem Hof.

Die Mücken – diese winzigen Gnitzen – umringten ihn wie eine Wand, erzählte er. Er musste sein Schmetterlingsnetz nehmen, um sie damit einzufangen.

»Um sie zu töten«, sagte er. »Die verdammten Gnitzen. Alle dreißig Sekunden habe ich mit der Hand die Dinger in meinem Netz zerdrückt und dann ausgeschüttelt. Das war jedes Mal so groß wie ein Handball. Sechzehn Stunden lang bin ich so auf den Berg Kuonjarvarri hochgelaufen. Das ist der zehnthöchste Berg Finnlands.« Er zeigte Richtung Windschutzscheibe. Von einem Augenblick auf den anderen war er schlagartig wieder der andere. »Wir nehmen diese kleine Schotterstraße da vorne links«, sagte er.

Ich blinzelte. Wir schwiegen.

»Das ist echt nicht leicht«, sagte er und seufzte. »Ich habe keinen einzigen Schmetterling gesehen. Und bin krank geworden. Das war super beschissen.«

»Ach, du hast gar keinen gesehen?«

»Nein. Aber dieses Jahr fahre ich wieder dorthin und fotografiere ihn. Er wurde auf einem Berg in Troms in Norwegen gesichtet. Dort ist es angeblich einfacher.«

Ich erinnerte mich wieder, was ich ihn gefragt hatte, bevor wir über seine Firma gesprochen hatten. Ich hatte ihn gefragt, wie er vorging, wenn er sich auf die Suche nach Schmetterlingen machte. Diese Frage musste für ihn so seltsam gewesen sein, viel zu weit gefasst und diffus, dass er mir diese unglaubliche Geschichte aus Lappland als Antwort gegeben hatte. Als ein Beispiel. Ich mochte die Art, wie er davon erzählte. Seine Begeisterung machte den Erlebnisraum größer. Ich fragte ihn, ob er immer allein reiste.

Das sei ganz unterschiedlich, antwortete er, aber er habe nichts gegen die Einsamkeit. Sie habe auch ihre Vorteile. »Wenn ich allein bin, gibt es keine Konkurrenz um die Tiere. Und es gibt niemanden, der sie verscheuchen kann. Das halte ich nämlich nicht aus.«

Emil erzählte, dass er schon alle dänischen Schmetterlingsarten gesehen und sich deshalb jetzt vorgenommen habe, alle europäischen Arten zu sehen. Das werde seiner Schätzung nach etwa zwanzig Jahre dauern. In Europa gäbe es fast fünfhundert Arten. Er wolle das Männchen und das Weibchen von jedem Exemplar sehen, jeweils zwei von jeder Art. Anfangen wollte er mit den seltenen Arten, die nur in entlegenen Gegenden und auf unwegsamen, felsigen Bergen zu finden waren. Und später, wenn er Frau und Kinder hatte, würde er die leichter zugänglichen Arten auf den Urlaubsreisen mit der Familie beobachten. Einige Arten gab es nur auf einem einzigen Berg, andere flogen nur eine Woche lang. Da nicht alle Arten gleichzeitig schlüpften, würde er auch mehrmals beispielsweise nach Kreta und Samos reisen müssen. Zurzeit sei es vor allem mit den Arten aus dem Ural schwierig, weil es wegen des Krieges keine Visa nach Russland gäbe.

Ich war sprachlos. Ich hatte noch nie einen jungen Menschen kennengelernt, der sein Leben so entschlossen einem Projekt verschrieben hatte. Er hatte schon Jahre im Voraus geplant, wusste, was ihm wichtig war. Als ich Anfang zwanzig war, habe ich praktisch gar nicht im Voraus geplant, zumindest nicht länger als ein Jahr. Was mir meine Zukunft bringen würde, war im Nebel versunken. Die Zeit war nicht linear, sie hatte eher eine abstrakte Form.

Was trieb Emil an, um die Entbehrungen auf dem Berg in Finnland durchzustehen? Unzweifelhaft verfügte er über eine große Willenskraft und einen starken Antrieb. Es war unmöglich, da keine Parallelen zu ziehen. War es derselbe Wille, der auch in mir erwacht war, nur eben viel vager, unsicherer und schwankender?

»Planst du deine Reisen eigentlich im Detail?«, fragte ich. »Also, hast du einen genauen Plan?«

»Auf jeden Fall«, antwortete er. Es sei äußerst wichtig, systematisch vorzugehen, wenn er zum Beispiel Arten finden will, die in den Bergen leben. Er fertigte Excel-Listen an und suchte in alten Zeitschriften und im Netz sowie in der Lepidoptera-Community nach Anhaltspunkten, um die Fundorte genauer lokalisieren zu können. Aber nicht nur das, sondern auch spezifische Höhenangaben. Auf einer seiner Reisen war er nach Spanien gefahren, um eine bestimmte Schmetterlingsart zu finden. Er hatte mehrere Angaben zu ihrem Standort gefunden, je nach Witterung flog sie auf fünfhundert, sechshundert, siebenhundert oder achthundert Höhenmetern.

»Ich hatte herausgefunden, dass ich sie in einem kalten Frühling in fünfhundert Metern Höhe finden würde, und wenn es ein warmer war, eben in achthundert.«

Ich warf ihm einen Blick zu und musste an meine zusammengeklebte, handgeschriebene Liste mit den dänischen Schmetterlingsarten denken, die in einem Plastikhefter auf dem Rücksitz lag. »Ich kann mir diese Excel-Liste überhaupt nicht vorstellen.«

»Die ist richtig toll«, sagte er und wirkte plötzlich ganz abwesend. Er zeigte erneut Richtung Windschutzscheibe. »Du musst hier die Straße bis zum Ende gehen, dann ist es nicht mehr weit.«

Ich parkte den Wagen am Waldrand.

»Jetzt machen wir uns auf den Weg an den geheimen Ort«, sagte Emil.

Wir folgten einem gewundenen Pfad zwischen hohen Bäumen. Emil machte ein paar kurze, sachliche Bemerkungen darüber, wie die Landschaft, durch die wir gingen, noch vor wenigen Jahrhunderten ausgesehen hatte. Offener, weiter, keine geraden Baumreihen. Das war schwer vorstellbar. Es stellten sich keine inneren Bilder ein. Wenn ich bei mir zu Hause im Wohnzimmer saß, konnte ich auf der anderen Seite der Felder zwei große Eichen sehen, die um die dreihundert Jahre alt waren. Das heißt also, sie stehen dort schon seit dem 18. Jahrhundert. Wenn ich mit meinen Sneakers an ihnen vorbeijoggte, stellte ich mir manchmal vor, wer dort vorbeigekommen ist, als sie noch ganz junge Bäume waren. Mit dünnen Stämmen und glatterer Rinde. Vielleicht eine Dienstmagd mit einem gerupften Huhn? Oder der Gutsbesitzer auf seinem Pferd? Das Weltbild der Menschen damals muss ein radikal anderes gewesen sein, als meins heute ist. Je größer und prächtiger die Bäume wurden, desto mehr veränderte sich auch die vorherrschende Denkweise der Gesellschaft. In der Aufklärung verlor die Theologie an Bedeutung und Erklärungshoheit, während neue Ansichten über Wahrheit und Sinnhaftigkeit an ihre Stelle traten.

In einem Punkt allerdings gab es überraschend wenig Bewegung. Das teleologische Weltbild war intakt geblieben. Die Philosophen der Aufklärung warteten zwar nicht mehr darauf, dass ein Messias kam und die Tore zur letzten Etappe aufstieß. Aber sie glaubten nach wie vor an die Möglichkeit einer totalen Verwandlung. Sie glaubten daran, dass sich die Geschichte der Menschheit vom Unvollkommenen zum Vollkommenen bewegte, von Unordnung, Chaos und Unterdrückung zu einer gerechten und freien Gesellschaft. Anders als bei Paulus aber war es kein himmlischer Geist, der das bewirken würde. Die neuen Denker der Zeit waren davon überzeugt, dass die Entwicklung des menschlichen Geistes hin zur Vernunft der Menschheit die letzten Stufen zur Vollkommenheit weisen würde.

Die Philosophen der Aufklärung, die so dachten, verfügten über eine überragende Vorstellungskraft. Sie erwarteten, dass etwas Großes und Schönes geschehen würde – und zwar schon bald. Einer dieser Denker, Immanuel Kant, war wahrscheinlich der bedeutendste Philosoph dieser Zeit. Er war der Auffassung, dass die Natur den Weg des Schmetterlings von der Raupe zur Puppe und zum geflügelten Wesen vorgab. Gleichermaßen gab sie auch den Weg der Geschichte der Menschheit auf ihrer letzten Etappe vor. Dabei handele es sich um eine Gesetzmäßigkeit, so Kant, ähnlich wie das Gesetz der Schwerkraft oder die Gesetze, die für die Geschwindigkeit der Planeten auf ihren Umlaufbahnen verantwortlich waren. Wenn der Mensch sich zu einem vernunftbegabten Wesen entwickelte, würde er in der Lage sein, gerechte, freie Gesellschaften zu erschaffen.

Marquis de Condorcet, ein weiterer großer Philosoph der Aufklärung, war der Ansicht, dass »die Fähigkeit des Menschen zur Vervollkommnung wahrhaft unbegrenzt ist«. Seiner Ansicht nach bestand die Geschichte der Menschheit nur aus zehn Etappen, von denen allerdings schon neun zurückgelegt worden waren. Die europäische Zivilisation würde bald die letzte Stufe dieser historischen Treppe erklimmen, wo eine Gesellschaft ohne Hunger, Sklaverei und Unterdrückung entstehen würde. Auch Georg Wilhelm Friedrich Hegel, der deutsche Philosoph der Aufklärung, sah die Entwicklung des Menschen in Treppenform, die zu immer größerer Perfektion führte. »Die Weltgeschichte«, schrieb er, »ist der Fortschritt im Bewusstsein der Freiheit.« Er unterteilte die Geschichte nicht wie Condorcet in zehn Etappen, sondern nur in vier. Die letzte, so glaubte er, sei mit dem Zeitalter der Aufklärung bereits angebrochen. Die Menschheit hatte ihr Ziel erreicht.

Karl Marx wiederum, der große politische Denker des 19. Jahrhunderts, war nicht der Meinung, dass wir schon am Ziel waren. Er ging, wie Condorcet, davon aus, dass die letzte, endgültige Etappe kurz bevorstehe. »Proletarier aller Länder, vereinigt euch!«, schrieb er. Er beschrieb die Geschichte als eine Treppe mit sechs Stufen. Das Ziel sei bald erreicht, nachdem sich ein letztes Armageddon zwischen den zwei gigantischen Gesellschaftsklassen – dem Bürgertum und dem Proletariat – abgespielt habe. Danach würde die Gerechtigkeit für immer siegen.

Ich hatte angefangen, mich erneut mit den Geschichtsauffassungen dieser Männer zu beschäftigen. Ihre Texte hatten eine enorme Kraft, man spürte in allen einen wunderbaren, visionären Impuls, eine flammende Überzeugung von Gerechtigkeit und Freiheit. Es waren Träume davon, wie die Welt aussehen könnte, wie sie aussehen sollte. Aber es zeigte sich noch etwas anderes, über dessen Konsequenzen ich nicht nachgedacht hatte, bevor ich sie miteinander verglich. Diese Denker waren davon überzeugt, dass die letzte, vollkommene Periode der Menschheitsgeschichte entweder schon eingetreten war oder das sehr bald tun würde. So wie Paulus davon überzeugt war, dass Jesus Wiederkunft kurz bevorstand, gingen die größten Philosophen des 18. und 19. Jahrhunderts davon aus, dass sich die Geschichte ihrem schönen Ende näherte. Sie meinten aber vor allem, dass dieses Ende zu ihren Lebzeiten stattfinden würde, mit anderen Worten waren ihre Vorstellungen von der Geschichte nichts anderes als unerfüllte Träume und falsche Versprechen.

Kant war der Ansicht, dass alle Kriege mit der Verbreitung von Wissen und der Aufklärung der Menschen enden würden. Und dennoch herrscht jetzt im 21. Jahrhundert erneut Krieg auf europäischem Boden. Condorcet starb im Gefängnis, seine politischen Feinde hatten ihn eingesperrt. Er hinterließ eine kleine Tochter, die zu ihrer Zeit nicht in einer freien, aufgeklärten Gesellschaft leben sollte, so wie es sich ihr Vater vorgestellt hatte. Und auch Hegel nahm den Mund etwas voll, als er sagte, dass die Vernunft bereits gesiegt habe. Denn es folgten schreckliche Weltkriege, atomares Wettrüsten, extreme Ungleichheit, Umweltzerstörungen, Erwärmung der Erdatmosphäre. Auch der von Marx postulierte endgültige Klassenkampf blieb aus. Wenn ein armes Kind heute ein leuchtendes Objekt am Himmel sieht, ist das nicht unbedingt einer der Sterne, die Paulus damals Hoffnung gaben. Es kann genauso gut einer der viereinhalbtausend Satelliten sein, die der reichste Mann der Welt in die Umlaufbahn der Erde geschickt hat. Er gehört zu dem einen Prozent der reichsten Menschen der Welt und besitzt zusammen mit ihnen fast die Hälfte des globalen Vermögens.

Die endgültige Metamorphose, die letzte, totale Verwandlung hat nie stattgefunden. Paulus hat sie vorhergesagt. Die Philosophen der Aufklärung haben sie heraufbeschworen. Und doch gibt es auch heute noch Ungerechtigkeit und Ungleichheit. Und wir führen nach wie vor Kriege gegeneinander. Das wirft eine Frage über die menschliche Fähigkeit zur Hoffnung auf: Warum tun wir das? Warum erzählen wir uns immer und immer wieder Geschichten darüber, dass wir dieses Ziel erreichen können, dass die Veränderung nicht nur eintreffen wird, sondern dass es sehr bald der Fall sein wird?

Wir gingen durch den geheimen Wald auf Lolland, und Emil verkündete, dass ich gleich den Veilchen-Perlmuttfalter sehen würde. Diese Art ist fast so sehr vom Aussterben bedroht wie der Schwarzfleckige Golddickkopffalter. Im Gegensatz zu dieser Schmetterlingsart aber lebte der Veilchen-Perlmuttfalter bereits seit fünf-, sechstausend Jahren in dem Gebiet, das wir heute als Dänemark bezeichnen. Die Art legte ihre Eier schon auf Veilchen ab, als unsere Vorfahren noch in Fellen gekleidet aus den Höhlen gekrochen kamen, um sich in der Frühlingssonne zu erleichtern oder aus Feuersteinen Pfeilspitzen zu schlagen. Die Art war lange Zeit, bis weit ins 20. Jahrhundert hinein, überall im Land verbreitet. In den 1970er- und 1980er-Jahren flog der Veilchen-Perlmuttfalter durch die Wälder von Seeland, auf Lolland und Falster, auf Fünen und an der Ostküste von Jütland. Er war so häufig, dass die Sammler ihn nicht einfingen, wenn sie auf ein Exemplar stießen. Es gab so viele davon.

Das aber änderte sich innerhalb von wenigen Jahren. Im Jahr 2000 war der Veilchen-Perlmuttfalter aus Jütland fast vollständig verschwunden. Zehn Jahre später war er auch auf Fünen nicht mehr zu sehen. Im Jahr 2014 hatte er nur noch vier Lebensräume auf Seeland und in der Dänischen Südsee, und er war kurz davor, vollständig aus Dänemark zu verschwinden. Andere Schmetterlingsarten waren schon ausgestorben, und dasselbe Schicksal drohte dem Veilchen-Perlmuttfalter. 1996 wurde das letzte Exemplar des Perlgrasfalters gesichtet, und 1992 verschwand der Braune Eichen-Zipfelfalter. Der Silberscheckenfalter, das Wald-Wiesenvögelchen, der Schlüsselblumen-Würfelfalter, der Pflaumen-Zipfelfalter, der Senfweißling sowie der beinahe durchsichtige, strahlend weiße Schwarze Apollo gehörten einst auf die Liste der dänischen Schmetterlingsarten. Aber seit 1960 wurden sie nicht mehr gesehen. Mindestens fünf dieser Arten waren innerhalb von etwa hundert Jahren ausgestorben.

Was den Veilchen-Perlmuttfalter anbetraf, gab es in den letzten Jahren nur etwa drei oder vier Orte, an denen die Art mit einiger Wahrscheinlichkeit im Sommer noch flog. Schmetterlingskenner gingen davon aus, dass sie bald weg wäre. Auch Emil war der Meinung, dass diese Gefahr unmittelbar bevorstand. In den Niederlanden war die Art schon längst verschwunden, in England und Norddeutschland sah es auch nicht viel besser aus.

Aber vor ein paar Jahren hatte Emil eine Entdeckung gemacht, die vor ihm noch niemand gemacht hatte und die ihn für die Zukunft des Veilchen-Perlmuttfalters ein bisschen optimistisch stimmte. Ein großer Naturschutzfonds hatte ein riesiges Gebiet auf Lolland gekauft und Emils Firma damit beauftragt, sämtliche Schmetterlingsarten in diesem Areal zu registrieren.

»Das ist eine etwas wilde Geschichte«, sagte er, während wir den Wald betraten.

Er hatte damals in diesem Areal in einem abgelegenen Haus ohne Internet gewohnt und sich jeden Abend wahnsinnig gelangweilt. Die Tage verbrachte er damit, das Gebiet systematisch abzugehen. Einmal war er dabei, Wassernymphen zu zählen – kleine, blau schimmernde Libellen –, als er ein Exemplar des seltenen Veilchen-Perlmuttfalters sah.

»Ich glaube es ja nicht, da sitzt doch eine *Euphrosyne,* ich werde verrückt«, sagte Emil und ahmte seine Überraschung von damals nach. »Es waren sogar mehrere. Das war sensationell.«

Aber schon ein Jahr später waren es weniger Exemplare, und Emils Firma bekam den Auftrag, den Lebensraum dieser Art wieder herzustellen.

Das war jetzt zwei Jahre her. Als sie damit anfingen, bestand das Gebiet zum Großteil aus hohem Nadelwald. Also fällten sie Bäume, damit mehr Licht und Wärme für die Schmetterlinge auf den Waldboden gelangte. Diese Art ist äußerst wählerisch und legt ihre Eier nur auf Veilchen ab. Als Nahrung benötigte sie eine Pflanze namens Kriechender Günsel, die ebenfalls violette Blüten hat, sowie einen nackten Waldboden, um sich darauf niederzulassen und zu wärmen. Was sie nicht mochte, war hohes Gras, Brennnesseln und dichten Baumbestand, der zu viel Schatten warf. Emil und seine Kollegen gruben sich tief in die Erde, bis sie den sogenannten Urboden erreicht hatten. Sie versetzten auch große Felsen zurück in das Areal, um den Zustand wiederherzustellen, den es vor mehr als fünfhundert Jahren gehabt hatte. Damals waren die Wälder lichter und der Boden weniger bewirtschaftet.

Wir setzten unseren Weg fort, der Wald lichtete sich. Emil erzählte mir, dass sein großer Held der Fußballspieler Cristiano Ronaldo ist, weil er dessen Haltung mag. »Er will gewinnen, gewinnen, gewinnen.« Er erzählte mir auch, dass er sich für ausgestorbene Menschenformen interessiert und er einmal Tausende von Exemplaren eines bestimmten blauen Schmetterlings vor einer Grotte auf Kreta gesehen hat, in der angeblich Zeus geboren wurde. Ich erfuhr, dass er noch nie im Leben einen Joint geraucht oder Drogen genommen hat, aber einer seiner Freunde MDMA ausprobiert hat. Als der ihm seine Erfahrung damit beschrieb, konnte Emil das mit dem Gefühl vergleichen, wenn er eine seltene Art entdeckte, die es sonst an keinem anderen Ort im Universum gibt.

»Alle Sinne sind geschärft«, sagte er. »Du betrachtest ein normales Glas Wasser und bist verzaubert.«

Die Mücken umschwirrten uns wie leuchtende Staubkörner.

»Du wirst ihn gleich sehen«, sagte Emil. »Das ist so sicher wie die Tatsache, dass Brøndby in den nächsten Jahren kein Meister wird.«

Ich fragte ihn, warum er sich da so sicher war.

»Sie haben letztes Jahr sensationell gewonnen«, erklärte er. »Sie haben ein Budget von nicht mehr als fünfundsechzig Millionen. Das Budget von FC Midtjylland ist doppelt so groß, und FCK hat eins von hundertsiebzig Millionen. Das ist unmöglich.«

Ich sah ihn verwirrt an, sagte aber nichts. Wir liefen weiter. Das dichte Dach der Baumkronen lichtete sich, und wir kamen an eine große Lichtung. Hier sah der Waldboden ganz anders aus, es war eine weite Fläche aus nackter Erde, hier und da unterbrochen von Grasbüscheln und Kräutern.

»Ich kann runterzählen«, schlug Emil vor. »Zwanzig, neunzehn, achtzehn, siebzehn ...«

Als er bei acht angelangt war, rief er »Schau, da!« und zeigte vor sich. Da saß wohl ein Schmetterling, aber ich konnte nichts sehen außer Erde und Gras und Bäumen und den blau-weißen Himmel über uns.

»Sieben, sechs, fünf, vier ...«

Bei »drei« sah ich den Schatten eines Schmetterlings über einem der Grasbüschel. Ich sprang ihm hinterher, aber er war so schnell wieder verschwunden, wie er aufgetaucht war. Ich blieb stehen und sah mich um, ließ meinen Blick langsam über den Boden gleiten. Und auf einmal sah ich überall orangerote Blitze herumschwirren. Sie setzten sich auf winzige violette Blüten und auf einen umgekippten Birkenstamm. Einige landeten auf dem Boden, ehe sie wieder aufflogen und dicht über der Erde weiterzogen. Es war das schönste Tier, das ich je in meinem Leben gesehen hatte. Alles hier war so reich und üppig.

Emil erzählte, dass er am Tag zuvor mindestens vierzig Veilchen-Perlmuttfalter dort beobachtet habe, jetzt hatte er bis zu siebzig gezählt. Er konnte von Weitem sehen, ob es sich um ein Männchen oder ein Weibchen handelte, und wies mich darauf hin, mich einem Schmetterling niemals mit der Sonne im Rücken zu nähern.

»Du wirfst einen Schatten«, sagte er. »So, jetzt weißt du Bescheid.«

Ich entdeckte ein Exemplar, das kopfüber an einem Grashalm hing, näherte mich vorsichtig und ging in die Hocke. Ich hörte Emil hinter mir. Der sei gerade erst geschlüpft, sagte er. Er hinge kopfüber, um seine Flügel aufzupumpen. Er kniete sich neben mich und nahm den Schmetterling, ohne zu zögern, in die Hand und setzte ihn auf meine.

»Der ist so was von fucking selten«, sagte er.

Eine Mücke landete auf meinem Handgelenk und stach zu. Ich sagte, wie schön er ist und wie fantastisch ich diesen Ort fand. Aber ich fand keine Worte für das, was ich eigentlich ausdrücken wollte. Es war, als würde ich mich selbst beim Betrachten der Natur betrachten, wie eine Doppelgängerin. Dadurch entstand eine Distanz, die es mir unmöglich machte, die richtigen Worte zu finden.

Der Körper des Tieres war pelzig, grün und rostrot. Seine Beine waren spinnenartig, dünn wie Nadeln und mit feinen, weißen Haaren überzogen. Es pumpte die Vorderflügel auf, bewegte sie vor und zurück. Sie waren dunkelorange, mit einem schwarzen Muster versehen. Die Unterflügel sahen aus wie nasse Seide, noch ganz faltig. Sie hatten lauter Mosaikfelder in Elfenbein, Rotbraun und Perlmuttglanz. Die beiden keulenförmigen Fühler ragten wie Antennen aus dem Kopf, direkt über der Stelle, wo zwei große dunkelblaue Augen saßen. Und mich anstarrten.

Ich starrte zurück.

*

Ich muss mich förmlich dazu zwingen, Geschichte nicht in Form einer Treppe zu sehen, sondern wie zum Beispiel den Weg des Schmetterlingseis zum ausgewachsenen Tier. Vielleicht bin ich dazu gar nicht in der Lage. Rein kognitiv weiß ich und kann mir sagen, dass es andere Modelle, andere Vorstellungen gibt, für die ich mich entscheiden kann. Für Kant, Condorcet, Hegel und Marx war die Geschichte ein nach oben gerichteter Pfeil, der durch Fortschritt und Konflikt zur Vollendung führt. Andere große Denker hingegen haben diesen Pfeil in die entgegengesetzte Richtung zeigen sehen, nach unten, in ein immer größer werdendes Elend und Unglück. Jean-Jacques Rousseau zum Beispiel, ebenfalls einer der großen Philosophen der Aufklärung, hat vielleicht am deutlichsten von allen die Vorstellung formuliert, dass der ursprüngliche Mensch immer auch der glücklichste war. Der wilde Mensch war nämlich frei, konnte seine Wünsche und Sehnsüchte erfüllen, war frei von dem umfangreichen Korsett aus Moral, Normen, Ungleichheit, Eigentumsrecht und Unfreiheit. Die Menschheit war im Laufe ihrer Entwicklung der Perfektion nicht nähergekommen, so Rousseau. Das Gegenteil war der Fall: Je weiter sie sich entwickelten, desto unglücklicher wurden die Menschen.

Es gibt noch andere Modelle, wie man Geschichte betrachten kann. Man könnte sie sich zum Beispiel in permanenter Bewegung vorstellen, ein pulsierendes Hin und Her zwischen Aktion und Reaktion, aber ohne eigentliches Ziel. Vielleicht hat die Geschichte gar keine Richtung, auch nicht vor und zurück. Vielleicht ist Geschichte nichts anderes als die Aneinanderreihung bestimmter Ereignisse, die zu bestimmten Zeiten stattfinden, ohne dass diese Ereignisse zwingend in einem vorgegebenen oder universellen Muster miteinander zusammenhängen. Ganz egal, wie lange man sie anstarrt.

Dazu kann ich Bücher lesen, und mir gelingt es auch, den Gedankengängen zu folgen. Aber mein Herz kann ich davon nicht überzeugen. Vielleicht hängt das mit der Kultur zusammen, in der ich aufgewachsen bin. Die Vorstellung von der Geschichte als Pfeil, der vom Elend zum Guten zeigt, ist so tief in mir verwurzelt, dass ich keine andere zur Verfügung habe. Sie ist in unserer Welt so tief verwurzelt – Aristoteles hat sie in der Natur gesehen, Paulus errichtete seinen Glauben darauf, Marx sah sie sich in seiner eigenen Zeit entfalten –, dass sie zu einem modernen Dogma geworden ist. Dieses Dogma zeigt sich in vielfältiger Form, als Verständnis vom Lauf der Geschichte, über politische Narrative bis hin zu der Erwartung, wie sich unser eigenes, individuelles Leben gestalten sollte.

In den USA ist dieses Narrativ effektiver gewesen als irgendwo sonst auf der Welt. Auch in diesem Jahrtausend. Als Rasmus und ich von 2007 bis 2009 in New York lebten, habe ich es immer und immer wieder gehört. Wir studierten und engagierten uns ehrenamtlich bei Barack Obamas Wahlkampf. Zuerst für seine Wahl zum Präsidentschaftskandidaten der Demokraten, danach für die Wahl gegen seinen republikanischen Widersacher McCain, die er gewann. Rasmus arrangierte sogenannte *phonebanks* und organisierte Freiwilligenarbeit in Manhattan. Ich bekam Telefonlisten mit Nummern von Wählern in die Hand gedrückt, die ich abtelefonierte, um sie aufzufordern, für Obama zu stimmen. Diese Zeit war voller Träume und Hoffnungen. George W. Bush hatte mit einer Lüge den Irak-Krieg begonnen, der Immobilienmarkt war unter massiver Gier zusammengebrochen, die Weltwirtschaft stand am Abgrund. Und dann, wie aus dem Nichts, kam Barack Obama und sagte, dass wir in einer anderen Welt leben können. »*Yes, we can!*«, hat er gesagt.

An dem Abend, als Obama die Präsidentschaftswahl gewann, feierten wir euphorisch seinen Sieg und hörten uns seine Rede an, die er auf einer Bühne in Chicago hielt. Er sprach davon, dass die amerikanische Union vervollkommnet werden kann. Denn: »Was wir schon erreicht haben, gibt uns Hoffnung für das, was wir morgen erreichen können und müssen.« In einer mitreißenden Tour de Force durch die amerikanische Geschichte – aus der Perspektive einer hundertsechsjährigen Afroamerikanerin – sprang Obama von einem Meilenstein zum nächsten. Diese Frau, sagte er, sei im Laufe ihres langen Lebens Zeugin historischer Fortschritte gewesen. Sie war dabei, als Frauen das Wahlrecht erhielten und als das Reformprogramm New Deal verabschiedet wurde. Sie hat miterlebt, wie der Zweite Weltkrieg beendet und die Bürgerrechtsbewegung ins Leben gerufen wurde. »Ein Mann ist auf dem Mond gelandet, eine Mauer wurde in Berlin niedergerissen, eine Welt wurde verbunden durch unsere eigene Wissenschaft und Vorstellungskraft. Und in diesem Jahr, bei dieser Wahl, berührte sie mit ihrem Finger einen Bildschirm und gab ihre Stimme ab, weil sie nach 106 Jahren in Amerika, durch die besten Zeiten und dunkelsten Stunden hinweg, wusste, wie Amerika sich wandeln kann.«

Jeder, der ihm damals zuhörte, wusste, dass die Geschichte auch anders erzählt werden kann. Die Geschichte ist voller Fortschritte und moralischer Siege, aber sie ist auch voller Dunkelheit und Ungerechtigkeit. Obama hat in seiner Rede selbst darauf hingewiesen. Frauen sind unterdrückt worden. Juden sind vergast worden. Schwarze sind diskriminiert worden. Menschen sind hinter einer Mauer eingesperrt worden. Aber für Obama gewann am Ende immer das Gute. Das Licht

Rapsweißling,
zu Hause im Garten,
7. Mai

Großer Kohlweißling,
zu Hause auf dem
Feldweg,
7. Mai

Garten-Bläuling,
Hafen in Espergærde,
8. Mai

Trauermantel,
E20 – Autobahn
auf Fünen,
15. Mai

Landkärtchen,
Søholt Storskov,
17. Mai

Schwarzfleckiger
Golddickkopffalter,
Søholt Storskov,
17. Mai

Admiral,
Søholt Storskov,
17. Mai

Veilchen-Perlmuttfalter,
Søholt Storskov,
17. Mai

wird in Tagen, die Dunkelheit in Stunden gezählt. Die Ereignisse, die dem Fortschritt im Weg standen, hatten nicht denselben Wert wie der Sieg des Fortschritts.

Auch acht Jahre später hatte Obama sein teleologisches Weltbild noch nicht aufgegeben. Nach Trumps Wahlsieg über seine demokratische Gegnerin Hillary Clinton wurde Obama um eine Reaktion gebeten. »Wir haben uns nie für den geraden Weg entschieden«, sagte er. »Wir bewegen uns im Zickzack.« Und auch 2024, als Donald Trump erneut die Wahl gewann, vier Jahre, nachdem Trump versucht hatte, eine freie und demokratische Wahl zu kippen, beharrte Obama auf seinem Weltbild. Die Welt bewege sich vorwärts, Fortschritt verlange aber, »dass wir guten Willen und Gnade walten lassen – auch gegenüber Menschen, mit denen wir zutiefst uneins sind. Auf diese Weise sind wir so weit gekommen, und so werden wir auch weiterhin ein Land hervorbringen, das gerechter, fairer, gleichberechtigter und freier ist«. Die Dunkelheit habe nicht das Licht verdrängt, so Obamas Botschaft. Der unaufhaltsame Weg der Geschichte zum Besseren wurde dadurch nicht zunichtegemacht. Wir gehen im Zickzack, aber am Ende kommen wir doch ans Ziel.

Woher kommt uns diese Erzählung bekannt vor? Aus unseren eigenen Träumen. Erleben wir nicht unser eigenes Leben so oder versuchen es zumindest? Ein Therapeut sagte einmal zu mir, dass in jeder Krise auch Potenziale stecken. In einer Krise können wir etwas über uns erfahren, das uns voranbringen und zu neuen Erkenntnissen führen kann. Die Krise erfüllt einen Zweck. Sie ist nicht nur zerstörerisch.

Jedes Promi-Interview spiegelt diese Weltanschauung wider. In der Regel lesen sie sich wie Märchen. Die prominente Person – der berühmte Schauspieler oder die charismatische

Sängerin – ist an einem Punkt im Leben angekommen, an dem Harmonie, Einsicht und Ruhe vorherrschen. Um aber dorthin zu gelangen, musste sie oder er eine Reihe von Prüfungen absolvieren. Sie litt unter geringem Selbstwertgefühl und musste lernen, sich anzunehmen und sich selbst zu lieben. Er ist in der Schule ein Außenseiter gewesen, hatte aber jetzt die Anerkennung bekommen, die er verdiente. Das Interessante daran ist, dass wir diese Narrative akzeptieren, auch wenn sie sich Monate oder Jahre später als falsch herausstellen. Dann landete der Schauspieler wieder in der Entzugsklinik. Und die Sängerin trennte sich von ihrem Traummann. Trotzdem suchen Journalisten, und ich gehöre auch dazu, nach diesen Geschichten, in denen die perfekte Harmonie erreicht wurde. Weil wir in diesem Bereich des Journalismus nicht nach Niederlagen suchen. Wir suchen nach Verwandlung, weil diese Erzählungen den Menschen seit Jahrtausenden Trost und Hoffnung gespendet haben. Die Geistlichen predigen in ihren Kirchen das, was uns die Philosophen in ihren Büchern darlegen, und auch Emil hat das mit seiner Geschichte von dem Berg in Finnland getan.

Ich liebe diese Geschichten. Das ist eines der schönsten Dinge, die uns das Denken beschert hat. Der Glaube daran, dass Leiden einen Sinn hat, weil es uns zeigt, was wirklich wichtig ist und wofür es sich zu leben lohnt. Diese Geschichten machen uns gegen Resignation immun und erwecken in uns das Gefühl von Verantwortung, die Pflicht zu denken und die Option zu handeln.

Dennoch stimmt es einen nachdenklich, es ist seltsam, dass wir an unserem Glauben festhalten, dass eine Verwandlung tatsächlich möglich ist. Das tun wir natürlich, weil täglich Fortschritte erzielt werden: Die weltweite Säuglingssterblichkeit ist rückläufig, das Ozonloch erholt sich, der talentierte Lesehelfer in Askes Schule hat ihm das Lesen beigebracht. Wir erleben, auf gesellschaftlicher und privater Ebene, dass Fortschritt möglich ist. Aber ist das der Grund, warum wir an die Treppe in der Geschichte glauben, die uns zu immer größeren Siegen bringt? Weil wir konkrete Beweise dafür haben, dass die Welt tatsächlich besser werden kann? Oder ist da noch etwas anderes im Spiel? Eine Wahrheit, der man sich nur zögernd und vorsichtig nähern kann, weil sie unbekannt ist, zumindest in der westlichen, modernen Welt?

Die Wahrheit ist, dass wir leben wollen. Wir wollen dabei zusehen, wie Leben aus Leben entsteht. Für die moderne Evolutionstheorie ist die Erklärung für diesen Lebensdrang denkbar einfach: Er ist auf unsere Biologie zurückzuführen. Wir wollen leben, damit wir uns paaren und Nachkommen in die Welt setzen können, weil nur so unsere Art überleben kann. Aber greift diese Theorie nicht zu kurz, wenn wir sie all den Hoffnungen und Träumen von Verwandlung und ewigem Leben gegenüberstellen, die wir Menschen seit Jahrtausenden mit dem Schmetterling verbinden? Sind die goldenen Larven in den Gräbern allein ein Zeugnis für den biologischen Willen zur Reproduktion? Oder gibt es etwas jenseits der Biologie, das uns hoffen lässt? Eine Kraft, die wir alle tief in uns oder hinter alldem spüren und die sich als Sog hin zum Leben in uns äußert, hin zum Licht.

In der griechischen Bronzezeit wurden den Toten Schmetterlingsperlen mit ins Grab gelegt, weil die Lebenden wussten, dass es gut war zu leben. Eine fundamentale Kraft sagte ihnen, dass es so war. Sie hatten Läuse, ihnen fielen die Zähne aus, und trotzdem hofften sie auf die Auferstehung und ein neues Leben, weil sie unerfindlicherweise davon überzeugt waren, dass das Leben über dem Tod steht. Wenn wir nicht tief in uns eine Stimme hören würden, die uns zuflüstert, wie kostbar das Leben ist, würden wir uns nicht einfach hinlegen und sterben, wenn uns das Dasein übel mitspielt? Die meisten Menschen, auch die einsamen, kranken, mutlosen, trauernden wollen leben, auch wenn sie nicht erklären können, warum. Der Mensch will sogar unter den schrecklichsten Umständen lieber leben als sterben.

Die schweizerische Ärztin Elisabeth Kübler-Ross fuhr nach Ende des Zweiten Weltkriegs nach Polen in ein Konzentrationslager, weil sie mit eigenen Augen einen der Orte sehen wollte, an denen das Böse regiert hatte. Mehr als 30.000 Menschen sind in diesem Lager umgekommen, darunter ein Bekannter von ihr sowie zwölf seiner dreizehn Kinder. Der Schrecken dieser Zeit war überall noch sichtbar. Der Stacheldraht, der das Lager umgab, ein Eisenbahnwaggon voller Kinderkleidung und Schuhe, die kahlen Baracken, in denen Männer, Frauen und Kinder den letzten Teil ihres Lebens verbracht hatten. Wie hatten hier Menschen überleben können, womit hatten sie ihre Tage gefüllt? Woran hatten sie gedacht?

Da entdeckte sie, dass die Wände hinter den Holzkojen, in denen die Menschen geschlafen hatten, voller Schnitzereien waren. Die Gefangenen hatten ihre Namen, Initialen oder Zeichnungen ins Holz geritzt, mit einem Stein oder mit den Nägeln. In ihrem Buch *Das Rad des Lebens* beschreibt Elisabeth Kübler-Ross es später so:

»Als ich genauer hinschaute, entdeckte ich ein Motiv, das immer wieder auftauchte.

Schmetterlinge.

Sie waren überall. Manche waren ganz einfach, andere

ziemlich detailgetreu. Ich konnte mir an so entsetzlichen Orten wie Majdanek, Buchenwald oder Dachau keine Schmetterlinge vorstellen. Und doch waren die Baracken voll davon. Jede, die ich betrat. Schmetterlinge. Warum?, fragte ich mich. Warum Schmetterlinge?«

Warum ritzten die Gefangenen Schmetterlinge an die Wände des Konzentrationslagers? Sie mussten damit rechnen, das Lager nicht lebend zu verlassen. Ihnen war alles genommen worden, ihre Eltern, ihre Kinder. Ihre Zukunft. Sie waren umgeben von Brutalität, ihnen war kalt, sie wurden gequält, waren ausgemergelt und hatten Todesangst. Und trotzdem hatten einige von ihnen die Kraft, um das Symbol der Wiedergeburt in die Wände zu ritzen. Das kann uns darauf hinweisen, dass die Menschen dort – in der Hölle auf Erden – die Gewissheit hatten, dass ihr Leben mehr ist als nur das Ergebnis von Materie und Biologie. Dass es kostbar ist und es sich lohnt, am Leben zu sein.

Es gibt Leute, die sich selbst als Zyniker bezeichnen und über meine Zeilen nur verächtlich schnauben. Solchen begegne ich ab und zu. Sie brüsten sich damit, Bescheid zu wissen und Kenntnisse zu haben, die von den Hoffnungsvollen geleugnet werden. Hoffnung, sagen sie, stehe im Widerspruch zur Vernunft. Menschen sind eine Enttäuschung, sagen sie, ein Blick in die Geschichte genüge.

Ich glaube aber, dass auch ein Zyniker seine Kinder abends nicht mit den Worten ins Bett bringt, dass es morgen genauso schlimm wird wie heute. Trotz seines Zynismus spürt auch der Zyniker, dass es falsch wäre und sich gegen eine Kraft oder ein bestehendes Prinzip stellen würde.

Seinen Kindern sagt der Zyniker, dass alles gut werden wird. Er sagt, du fühlst dich einsam und verlassen, aber die

Welt wartet mit ihren Freuden. Auch auf dich. Er sagt, das Licht ist größer als die Dunkelheit. Er sagt, morgen ist ein neuer Tag.

*

Als Emil und ich uns nach unserem Ausflug an den geheimen Ort wieder ins Auto setzten, flog ein Admiral an der Windschutzscheibe vorbei. Jetzt hatte ich schon sechzehn Schmetterlingsarten gesehen. Wir fuhren zu dem kleinen, spartanischen Haus, in dem Emil wohnte, wenn er auf Lolland war.

Er schaltete das Licht ein, und ich breitete meine Liste mit den handschriftlichen Anmerkungen und den verschiedenen Farben auf dem Tisch aus.

»Nicht lachen«, sagte ich.

Er lachte. »Die sieht toll aus!«, sagte er. »Du hast dir richtig viel Mühe gegeben.«

Eine halbe Stunde später hatte er mir einen Plan erstellt. Er beugte sich tief über meine Unterlagen. Es war, als würde ich einem Alchemisten dabei zusehen, wie er Stein zu Gold verwandelte.

Zuerst bereinigte er die Liste und erklärte mir, dass ich Arten mit aufgenommen hätte, die zwar gelegentlich als seltene Gäste zu Besuch kämen, aber nicht regelmäßig in Dänemark Eier legen würden und deshalb nicht als dänische Schmetterlingsarten bezeichnet werden können.

»Streich sie von der Liste«, sagte er, und ich strich sechs Arten durch.

Emil sagte, ich solle auch den Silberscheckenfalter von der Liste streichen. Das sei ein »Projekt-Tier«, sagte er. Die Art sei seit den Achtzigerjahren in Dänemark ausgestorben. Aber sie wurde durch menschliche Intervention wieder eingeführt, indem zehn Weibchen aus dem schwedischen Schonen in einem Moor bei Allerød ausgesetzt wurden. Die DNA der Tiere würde aber nicht mit der der ausgestorbenen Art übereinstimmen und könnte Emils Ansicht nach nicht als dänisch geführt werden.

»Das ist, als würdest du in einen Zoo gehen«, sagte er.

Da war etwas dran. Nur weil wir einen Tiger und einen Ameisenbären auf dänischem Boden beherbergen, macht es sie noch lange nicht zu einheimischen Tieren. Ich beschloss, dass ich in Bezug auf Tierarten durch und durch Nationalistin sein würde. Ich strich auch diese Art von meiner Liste. Dafür aber fehlte mir der Kleine Schillerfalter, stellte Emil fest. Der wurde zum ersten Mal 2011 gesichtet, etwa zwanzig Jahre nachdem Michael Stoltze sein Buch veröffentlicht hatte, an dem ich mich orientiert habe. Deshalb stand er nicht auf meiner Liste. Ich fügte ihn hinzu und konnte jetzt zum ersten Mal eine endgültige Anzahl der dänischen Tagfalterarten bestimmen, die ich finden wollte: insgesamt vierundsechzig Arten.

Als Nächstes arbeitete Emil Touren aus und konkrete Reiseziele. Er hätte sich bisher noch nie darüber Gedanken gemacht, wie viele Reisen notwendig waren, um im Laufe eines Jahres alle dänischen Arten zu sehen. Er wurde ganz aufgeregt, als er sich der Lösung des Rätsels widmete, das ihm mein Vorhaben aufgab. Es war ein Wermutstropfen, dass ich mit Rasmus und den Kindern im Juli – der Hochsaison der Schmetterlinge – nach Frankreich in den Urlaub fahren würde. Aber das stellte für Emil nur eine weitere interessante Herausforderung dar. Er rechnete, plante und bildete Gruppen von Arten, die ich mit etwas Glück auf ein und demselben Trip sehen könnte.

Die Dickkopffalter, für die ich bis nach Nordjütland gefahren war, würde ich auf einer ganz bestimmten Wiese etwa eine Stunde von meinem Zuhause entfernt in Nordseeland sehen können. Dort, so rechnete Emil aus, würde ich mindestens sechs weitere Arten finden können, wenn der Ausflug Anfang Juni stattfand.

Ich erzählte, dass ich bald nach Bornholm reisen würde, zum Demokratiefest *Folkemøde*. Das sei hervorragend, sagte Emil, dann würde ich noch ein paar der orangeroten Passionsblumenfalter sehen können. Ich würde zweimal nach Nordjütland fahren müssen – Mitte Juni und im August –, und wenn ich richtig effizient war, würde ich es schaffen, noch vor den Sommerferien an drei verschiedenen Standorten auf Seeland fünf der selteneren Arten an einem einzigen Tag zu sehen. So fuhr er fort, während er meine Liste durchging und mir Namen von Orten in meinem Land nannte, die ich noch nie zuvor gehört hatte. Viele davon klangen märchenhaft. Skidendam und Fandens Hul, Heatherhill und Hedeland. Ich kritzelte eifrig in meinen Notizblock, bis Emil schließlich zufrieden war und sich uns ein Ergebnis in Form meiner Hieroglyphen zeigte: Wenn alles glattlief – und auch das Wetter mitspielte –, würde meine Reise aus insgesamt zwölf Touren durchs Land bestehen.

Emil stieß einen zufriedenen Laut aus. »Zwölf Touren«, sagte er. »Mehr sind es nicht.«

»Ja«, sagte ich. »Es sind keine vierzig.«

Ich fragte mich, wie ich diese zwölf Touren durch Dänemark in einen Alltag quetschen sollte, der schon jetzt wie ein Flickenteppich aus beruflichen und vielen anderen Terminen zusammengesetzt war. Die Kleinen mussten zum Handball, Mads musste zum Schach gefahren werden, jemand musste mit Bobby Gassi gehen, und Rasmus hielt mein Schmetterlingsprojekt für das Lustigste, wofür ich mich jemals engagiert hatte, und fand am besten, wenn ich zu Hause war.

Als der Plan stand, verabschiedete ich mich und stieg ins Auto, müde und glücklich. Ich nahm aus Lolland nicht nur einen detaillierten Plan mit nach Hause, die Begegnung mit Emil hatte mich mit einer wichtigen Erkenntnis konfrontiert. Auf der weniger ergiebigen Tour nach Skagen hatte ich bereits verstanden, dass man die nordjütländischen Schmetterlingsarten nicht zu sehen bekommt, nur weil man nach Nordjütland fährt. Ich hatte begriffen, *wie* präzise ein Schmetterlingsjäger sein muss. Präzise reichte auch gar nicht, man musste so punktgenau sein wie ein Nadelstich, molekülgenau. Der *eine* Waldweg konnte mit seinen üppigen Farnen und Brennnesselbüschen vor einem liegen, ohne dass man einen einzigen Schmetterling zu Gesicht bekam, während der *andere* Waldweg – parallel zum ersten und für das ungeübte Auge identisch – Seltenheiten und kostbare Funde für einen bereithalten konnte. Das Wissen, wo die Schmetterlingsart im Land flog, in welchem Wald oder auf welcher Heide sie sich aufhielt, reichte nicht aus. Ich benötigte präzise Standortangaben, an welcher Kreuzung oder hinter welchem Gebüsch ich suchen musste. Das bedeutete, dass ich, um die Schmetterlinge zu finden, in die Fußstapfen der Schmetterlingsliebhaber treten musste.

# JUNI

Schmetterlinge können einem richtig unter die Haut gehen, einen regelrecht verrückt machen. Ich habe die Geschichte eines Mannes gehört, der bereit war, seine Silberhochzeit ausfallen zu lassen, weil ein seltener Schmetterling im Land gesichtet worden war. Es kommt immer wieder vor, dass ein Schmetterling, der eigentlich an einem anderen Ort auf der Welt beheimatet ist, von einem warmen Wind davongetragen aus dem Süden geflogen kommt. Dann sorgt die Nachricht über ein paar Goldene Achten auf Falster dafür, dass ein Ruck durch die Lepidoptera-Community geht. Und dann heißt es nur noch, die Kamera zu schultern und loszuziehen. Silberhochzeit hin oder her.

Die Geschichte ist voll von solchen Beispielen. In den USA des 18. Jahrhunderts lebte ein Mann namens Herman Strecker, dessen Beruf es war, Engelfiguren für Grabsteine von Kindern zu schnitzen. Er war besessen von dem Gedanken, mindestens ein Exemplar von jeder Schmetterlingsart zu besitzen, die es auf der Welt gibt. Als er 1901 starb, umfasste seine Sammlung fünfzigtausend Arten. Er bezeichnete sich selbst als »Verrückten« und schrieb einem Freund auf der Suche nach einem besonders exotischen Exemplar, dass er »Seelenqualen leidet«. Ein anderer Besessener, der Brite Walter Rothschild, hatte als Sohn eines wohlhabenden Bankdirektors die Mittel, um die vierhundert Sammler zu beschäftigen, die nicht weniger als zwei Millionen Schmetterlinge aus allen Teilen der Welt für ihn fingen. Winston Churchill, der Zigarren rauchende Premierminister Großbritanniens, war ebenfalls ein passionierter Schmetterlingssammler und ließ sich für diese Zwecke ein Gartenhaus auf seinem Landsitz bauen, in dem er Schmetterlingspuppen züchtete.

Was treibt diese Menschen an? Wenn man ihre Geschichten liest oder ihnen begegnet, mutet ihre Leidenschaft wie eine Flutwelle an, die sich in ihrem Geist erhebt und sie dazu zwingt, ihre gesamte Aufmerksamkeit, ihre ganze Kraft und all ihr Begehren in eine Richtung zu lenken. In dieser Hinsicht unterscheiden sie sich nicht von anderen leidenschaftlichen Menschen. Ich kenne einen Mann, der vom Drachensteigen gepackt wurde; sobald Wind aufkam und aus einer bestimmten Richtung wehte, musste er ins Auto springen und aufs Feld fahren. Eine Mutter aus Bjørns Klasse fing mit Häkeln an, und schon bald quoll ihr Profil auf Instagram über vor farbenfrohen Handschuhen, Tintenfischen und Osterdekorationen. Sie häkelte abends zu Hause oder im All-inclusive-Urlaub am Pool, sogar beim Handballtraining ihrer Kinder in der Halle. Eines Tages erzählte sie mir, dass sie begonnen hatte, Häkelwochenenden mit anderen Häkelfreundinnen zu organisieren. Aus ihren Fingern floss das Garn nur so und wurde zu einer rosa Garnele oder zu Marilyn Monroes Gesicht. Ihre Welt war größer geworden, das war deutlich zu spüren, als hätte sie einen neuen Kontinent entdeckt, der uns anderen, die nicht häkelten, verborgen blieb. Für sie aber lag er offen und verlockend vor ihr.

Was treibt einen leidenschaftlichen Menschen an? Sigmund Freud, der Begründer der Psychoanalyse, hätte mit seiner Antwort nicht gezögert. Es hat mit dem Sexualtrieb zu tun. Wenn er einen Fachbegriff benutzen wollte, würde er sagen, dass Leidenschaft eine Form der Sublimierung ist. Damit meint er, dass Leidenschaft dem sprudelnden Fluss sexueller Energie, die wir alle haben, eine Möglichkeit zur Entladung bietet – das sehnsüchtige Verlangen nach Haut und Reibung, Eroberung, Orgasmus und Besitz, ein biologischer Zustand, der tief in uns allen verwurzelt ist.

Unterdrückte sexuelle Energie macht uns neurotisch, so Freud, vielleicht sogar verrückt. In seiner Praxis begegneten ihm Beispiele für schwerwiegende Folgen unterdrückter Begierden. Seine Patienten waren gelähmt oder fielen in Ohnmacht, einige redeten wirres Zeug, andere wiederum waren ängstlich und melancholisch, sie hörten auf zu essen oder wurden von Wut gepackt. Freud wusste gleichzeitig auch, dass wir unseren tiefsten Begierden nicht ständig freien Lauf lassen können, wenn wir eine Zivilisation haben wollen, in der Ordnung und Demokratie herrschen. Wir können uns nicht, so meinte er, unkontrolliert prügeln und wahllos herumvögeln, wenn wir in einer einigermaßen friedlichen Koexistenz leben wollen. Stattdessen müssen der Sexualtrieb und die heftigen Gefühle gelenkt werden, damit sie nicht einfach nur ausgelebt werden, sondern einem höheren Zweck dienen. Sexuelle Energie kann genutzt werden, um eine Arbeit zu verrichten, oder in der Wissenschaft, Kunst und Kreativität eingesetzt werden. Laut Freud kann sexuelle Energie die Schöpferkraft beflügeln und Kunst und intellektuelle Leistungen ermöglichen. Das gesamte mächtige Konstrukt der Zivilisation, alle Bücher, die naturwissenschaftlichen Errungenschaften und der Fortschritt basieren seines Erachtens auf Kaskaden sexueller Energie.

Von diesem Standpunkt aus betrachtet ist es bemerkenswert, dass die Leidenschaft für das Sammeln getrockneter Schmetterlinge besonders zu Zeiten Freuds, in der viktorianischen Epoche des 19. Jahrhunderts, die wohl die prüdeste, tugendhafteste und zurückhaltendste Phase in der Geschichte der Menschheit darstellt, so massiv zunahm. In Europa und Nordamerika galt damals das Sammeln von Insekten nicht nur als ein gesundes Hobby, sondern sogar als ein Akt im Dienste Gottes. Im Alten Testament befahl Gott Adam, allen Arten einen Namen zu geben, so kam es, dass die Kunst der Taxonomie als eine Pflicht der Zivilisation angesehen wurde. Es war die Aufgabe des Menschen, alles Lebendige zu sortieren und zu kategorisieren, auch indem man beispielsweise Insekten in geraden Reihen auf Nadeln spießte. Mit etwas Abstand betrachtet, drängt sich aber auch der Gedanke auf, dass dieses viktorianische Insektenhobby noch etwas anderes war als nur gottesfürchtig. Eine willkommene Möglichkeit nämlich, um einigen der geheimen, aufgestauten Begierden, Instinkten und Gelüsten, die Freud bei seinen Patienten beobachtete, Ausdruck zu verleihen, statt sie zu verdrängen und zu unterdrücken, wie es die Gesellschaft forderte. Unter dem Deckmantel der Sittlichkeit und Tugendhaftigkeit nahmen die Menschen in der viktorianischen Zeit Haltung an und schnaubten verächtlich über die Unmoralischen. Besonders die Frauen dieser Zeit wurden in ein Leben geboren, in dem sie sich nicht nur in Korsetts zwängen sollten, sondern sich auch in ein vorhersehbares Leben fügen mussten. Mit den Händen über der Bettdecke und dem Ziel einer Eheschließung mit einem vorzeigbaren Mann und einigen entzückenden Kindern in Matrosenanzügen und Kleidern mit Lochstickereien. Die neue Sammelleidenschaft von Insekten stellte einen Ausweg dar. Wenn man Insekten suchte, konnte man sich hingeben. Man hatte eine Legitimierung, sich in der Natur aufzuhalten, zu jagen, zu rennen, zu springen und zu schwitzen. »Sogar Frauen durften bei diesem Spiel mitmachen«, schreibt Wendy Williams in *The Language of Butterflies.*

Ich begann, mich für die Schmetterlingsverrückten zu interessieren, allen voran für die aus der viktorianischen Zeit. In einem Buch fand ich vielleicht eine der besten Begründungen dafür, warum ich dieses Buch schreibe. Ich sammle nicht nur Schmetterlinge: Reisen und Abenteuer einer Viktorianischen Lady heißen die Tagebücher, die Margaret Fountaine, eine britische Schmetterlingsforscherin, bei ihrem Tod 1940 hinterlassen hat. Eine wundervolle Lektüre, eine romanartige Beschreibung einer lustvollen, neugierigen und leidenschaftlichen Frau, die in einem Komplex aus Normen, Codes und der Moral ihrer Zeit gefangen war. Es las sich wie die Geschichte einer Frau, die mit ihrem Interesse für Schmetterlinge einen scheinbar unschuldigen Gegenstand gefunden hat, um so ihre Sehnsüchte und Gelüste ausleben zu können.

Als junge Frau war Margaret Fountaine von Männern besessen. Mal war sie in einen Musiker verliebt, dann in einen Priester oder einen Mann, mit dem sie einmal auf einer Gartenparty getanzt hatte. Im Alter von einundzwanzig konzentrierte sich ihre Besessenheit auf einen einzigen Mann – den verschuldeten und trunksüchtigen Chorsänger Septimus Hewson. Sieben Jahre lang hielt diese heimliche Verliebtheit an, denn Margaret Fountaine war eine wohlerzogene Pfarrerstochter aus der Mittelschicht und war sich sehr bewusst, dass der Chorsänger nicht ihrem Stand entsprach. Weder ihre Einstellung noch ihre Familie erlaubten es ihr, frei zu entscheiden, wen sie heiratete.

Dann aber ereignete sich etwas, das sich liest wie ein Kapitel aus einem Roman von Jane Austen. Mit achtundzwanzig erbte Fountaine ein kleines Vermögen von ihrem Onkel, und das Geld veränderte ihr Leben schlagartig. Über Nacht war sie eine freie Frau geworden, und kurze Zeit später tat sie etwas, das radikal und vollkommen losgelöst von ihrer Herkunft war. Sie schrieb Septimus, der vor seinen Schulden in eine andere Stadt geflohen war, und teilte ihm mit, dass sie jetzt nicht nur eine freie, sondern eine sehr wohlhabende Frau sei. »Immerhin handelte es sich ja in Wahrheit darum«, schrieb sie in ihr Tagebuch, »dass ich mir auf gewissen Umwegen die Liebe jenes Mannes erkaufen wollte, den ich liebte.« Septimus antwortete kurz darauf, und es dauerte nicht lange, und die Achtundzwanzigjährige bekam ihren ersten Kuss von ihm. Leider stellte sich am Ende heraus, dass Septimus nur sich selbst im Kopf hatte. Aus der Beziehung wurde nichts.

In einem Brief an ihre Nachwelt, den Margaret viele Jahre später zusammen mit ihren Tagebüchern in einem Schrein versiegelte, schrieb sie, dass Septimus Hewson die »größte Leidenschaft und wohl hochherzigste Liebe« ihres Lebens gewesen sei. »Die Wunde, die er mir durch sein rücksichtsloses Benehmen zufügte, hinterließ eine Narbe, die auch nach so vielen Jahren nie ganz zu heilen vermochte.«

Kurz nach dieser schmerzhaften Trennung von einem Mann, den Margaret kaum gekannt hatte, erwachte ihre Leidenschaft für Schmetterlinge. Desillusioniert und mit gebrochenem Herzen reiste sie in die Schweiz und sah dort in einem Tal zum ersten Mal massenweise Schmetterlinge, die sie bisher nur als Kind in Büchern gesehen hatte. Den wie ein Zebra gestreiften, südeuropäischen Schwalbenschwanz und den rotvioletten, samtigen Trauermantel. Sie fing sie ein und bewahrte sie in Schachteln auf, die in ihre Jackentasche passten. Das war der Auftakt. Zum ersten Mal erlebte sie »die Freuden des Schmetterlingsammelns«.

Margaret Fountaines Leidenschaft steigerte sich ins Unermessliche. Sie reiste auf ihren Expeditionen von einem Land zum nächsten, notierte sich ausschließlich den lateinischen Namen der Tiere in ihren Tagebüchern, wurde Mitglied in The Royal Entomological Society in London und züchtete mit großer Begeisterung ihre eigenen Schmetterlingspuppen.

Diese Leidenschaft aber ließ ihr Verlangen nach Männern nicht vollkommen in den Hintergrund treten. So lernte sie beispielsweise in Italien einen aufregenden Baron kennen und hatte in Ungarn wilde Fantasien von einem Lepidopterologen mit definierten Oberarmen. Obwohl sie für diese Männer romantisch schwärmte und ihre Aufmerksamkeit genoss, hielt sie alle auf jungfräulichem Abstand. Bei dem bloßen Gedanken an Sex empfand sie Ekel. Alles außer unschuldigen Küssen auf die Wange war für sie eine »gemeine Verworfenheit der menschlichen Natur«. Ihre Tagebücher sind voll mit ihrem Verlangen nach ihren Blicken und Körpern, aber es scheint, als wäre das Verlangen sofort erstickt worden, sobald es mit der Wirklichkeit in Berührung kam.

Ich musste an mich als Dreizehnjährige denken, als mein Verlangen nur in meiner Fantasie existierte. Und an den Schock, als meine Sehnsucht danach, einen Jungen zu küssen, eines Tages auf einer Straße in einer Siedlung auf Fünen Wirklichkeit wurde. Die raue und feuchte Zunge von Christian S. schmeckte nach Tabak und signalisierte mir eine Erwartungshaltung, die ich nicht verstand. Am nächsten Tag überkam mich die panische Angst, schwanger geworden zu sein. Ich erholte mich wieder von dem Schock, und das Verlangen verlagerte sich von der Fantasie ins Körperliche. Wenn ich meinem Verlangen nachging, hatte das etwas damit zu tun, ich selbst zu werden, aber für Frauen ist diese Art von Freiheit eine erstaunlich neue, historische Realität. Die Generation von Margaret Fountaine sah in dieser Eroberung kein Ideal. Wie unzählige andere Frauen ihrer Zeit war ihr von ihrer spitzzüngigen Kultur Angst vor dem Körperlichen eingeimpft worden, vor dem Verlangen, nämlich dem Unkontrollierten und Animalischen.

Im Alter von neununddreißig Jahren gab es einen markanten Wendepunkt in ihrem Leben – auch in ihrer Beziehung zu Männern. Sie lernte Khalil kennen, einen vierundzwanzigjährigen Diener aus Damaskus, zu dem sie eine ebenso seltsame wie schöne Beziehung entwickelte. Er wurde ihr Lebensgefährte auf ihren unzähligen Schmetterlingsjagden, dabei war er ziemlich sicher verheiratet und hatte ein paar Kinder zu Hause. Interessanterweise blieb er trotzdem ihr Diener. Wenn sie erster Klasse reiste, buchte sie für ihn ein Ticket zweiter Klasse. Er kochte für sie, servierte ihr Tee, spülte das Geschirr und machte ihr Bett. Vielleicht war es diese Ungleichheit in ihrer Beziehung, die sie erst möglich machte. Margaret war ihm überlegen, sie konnte ihn in Schach halten und gleichzeitig ein wenig von dem Verlangen stillen, das immer noch in ihr brodelte, wenn er sie an sich drückte oder sich – angezogen – auf sie legte. Ein einziges Mal versuchte sie, mit ihrem jungen Reisebegleiter zu schlafen, aber ohne großen Erfolg. Hinterher schrieb sie:

»Was wir taten, war weder falsch noch anstößig, sondern ganz natürlich, und nur die Konventionen einer verlogenen

Welt setzten unserem Zusammensein eine Schranke. Bald aber entdeckte ich, jedenfalls, was mich anbelangte, daß das ganze Vergnügen nur auf seiten des Mannes liegt; der Frau bleibt nur der Erbteil des Leidens.«

Dafür aber stellte Margaret fest, dass sich ihr junger Freund genauso für Schmetterlinge interessierte wie sie. In einem Tagebucheintrag auf einer Reise in die Türkei schrieb sie: »Und wenn wir den ganzen Morgen in harter Mühe unserer Beschäftigung nachgingen, gab es für uns so viel außer dem bloß geschlechtlichen Verkehr. Khalil war mit demselben Eifer dabei wie ich, und der Erfolg unserer gemeinsamen Bemühungen war sehr ermutigend.« Sie standen morgens um sechs Uhr auf und fingen bis zu siebzig Schmetterlinge am Tag. Man muss wirklich nicht Freud gelesen haben, um ihre Aktivitäten auf den Bergpfaden als reinste Sublimierung zu sehen. Die sexuelle Energie, die in ihnen brodelte, kanalisierten sie in ihrer gemeinsamen Leidenschaft und kamen mit Taschen voller blauer und weißer Schmetterlinge nach Hause.

Sublimierung ist nach Freud etwas Gutes. Sie sorgt dafür, dass der unbefriedigte Sexualtrieb abgeleitet werden kann und sich daraus weder Neurosen noch andere Störungen entwickeln. Margaret Fountaine klingt in ihren Tagebüchern frei und unbeschwert. Sie wurde nicht neurotisch. Sie genoss ihr Leben. Und sie verzichtete darauf, einen langweiligen Mann mit Zylinder zu heiraten und Migräne, Atembeschwerden und Angstzustände zu bekommen. Sie lernte zwar nie die körperlichen Freuden kennen, strahlte aber trotzdem bis zuletzt eine kompromisslose Lebensfreude aus.

Niemand weiß, wie die Geschichte ausgegangen wäre, wenn Margaret Fountaine ihren Sexualtrieb hätte ausleben können. Aber es ist verlockend, sich die Optionen anzusehen. War es nur ein Zufall, dass ihre Sammelleidenschaft begann, nachdem sie erkannt hatte, dass ihre sieben Jahre währende und unerfüllte Liebe zu dem verschuldeten Kirchenlektor in einer Sackgasse gelandet war? War es nur ein Zufall, dass sie auf der Suche nach Schönheit und Sinnlichkeit durch die Weltgeschichte reiste mit einem Mann an ihrer Seite, mit dem sie kein erfülltes Sexualleben haben konnte? Ist es nicht eher so, dass die gewaltige Sammelleidenschaft an die Stelle der Eroberungen von Männerherzen und heißen Abenteuern getreten war?

Als Margaret Fountaine mit fünfundsiebzig Jahren auf einer Schmetterlingsjagd und mit einem Netz in der Hand auf der Insel Trinidad starb, hatte sie mehr als sechzig Länder auf sechs Kontinenten bereist, häufig auf Eseln oder mit dem Fahrrad. Sie hatte Schmetterlinge in Brasilien, Tansania, Sansibar und Südafrika, in Nigeria, Kamerun und Sierra Leone, in Indochina, Hongkong, Malaysia und auf den Philippinen gefangen. Ihre Sammlung von 22.000 Schmetterlingen befindet sich heute im Natural History Museum in Großbritannien. Sie besteht aus Mahagonikisten voller Insekten, im Internet habe ich Fotos davon gesehen. Die riesige Insektensammlung ist wie eine Art Fossil, ein Zeugnis eines Lebens, das von einer kolossalen Lebensenergie angetrieben wurde. Margaret Fountaine war von purpurfarbenen Schmetterlingen umgeben gewesen, hatte Insekten mit gepunkteten und gestreiften Flügeln gesehen, Schmetterlinge, die mit ihren hypnotisierenden schwarzen und weißen Kreisen wie einzigartige Wandmalereien aussahen. Sie war durch die Welt gereist, sie hatte Schmetterlinge gejagt, sie hatte die Natur in ihrer farbenprächtigsten Form gesehen. Es liegt nahe, daraus zu folgern, dass sie von etwas zutiefst Erotischem angetrieben wurde. Zumindest wenn wir unter Erotik das Verlangen nach Liebe, Eroberung und Abenteuer verstehen, etwas ganz und gar Lustvolles. Müssen wir die Leidenschaftlichen auf diese Weise betrachten? Als Menschen, die nur dieses eine Motiv haben – das Ziel, ihre Triebe zu befriedigen?

Im Buch ist ein Foto von Margaret Fountaine abgebildet. Darauf ist sie vierzig. Hochgestecktes, lockiges Haar, Spitzenborte an den Ärmeln. Auf dem Foto ist sie nur ein paar Jahre jünger als ich. Sollte ich mich so sehen?

Mir war bewusst, dass eine Kraft da draußen an mir zog, mich rief, und das immer lauter und lauter. Oder hörte ich in Wirklichkeit mich selbst? Mein Eroberungsdrang, der sich früher ungehemmt nachts auf der Tanzfläche oder im Dunkeln auf einer Party ausleben durfte? Das Vitale und Wilde, das mittlerweile mit festem Schuhwerk und einem Fjällräven-Rucksack ausgestattet war?

Freud hätte mit seiner Antwort nicht gezögert. Ich holte meine Sammlung seiner wichtigsten Schriften aus dem Bücherregal. Es war schon ein paar Jahre her, seit ich sie zum ersten Mal gelesen hatte. Damals hatten mich vor allem die Beschreibungen seiner ersten Patienten fasziniert, und ich erinnerte mich daran, dass es sehr leidenschaftliche Menschen waren. Ich schlug das Buch auf und las die Geschichte des Mannes, dem Freud den Decknamen »Wolfsmann« gegeben hatte.

Schon wenige Zeilen später fing mein Herz an, wie wild zu schlagen. Der Wolfsmann war in der Tat ein sehr leidenschaftlicher Mensch, aber vor allem hatte er panische Angst vor Schmetterlingen. Er litt unter einer Schmetterlingsphobie.

Wie hatte ich das vergessen können? Der berühmteste Patient von Freud hatte eine Schmetterlingsphobie.

Ich las weiter. Der bürgerliche Name des Wolfsmannes war Sergej Konstantinowitsch Pankejeff. Freud gab ihm dieses Pseudonym, weil er Todesangst vor Wölfen und anderen Tieren hatte – darunter eben auch Schmetterlingen. Interessanterweise liest sich seine Geschichte wie eine Umkehrung von Margaret Fountaines Aufzeichnungen. Während sie eine viktorianische Frau war, die eine Leidenschaft für Schmetterlinge entwickelte, war Freuds Patient ein viktorianischer Mann, der beim Anblick von Schmetterlingen einen Schreikrampf bekam. Er war ein dreiundzwanzigjähriger, reicher und gut aussehender Aristokrat aus Russland, der sich auf dem rasanten Weg in eine Psychose befand, als er bei Freud eine Psychoanalyse machte. Kaum hatte sich der Wolfsmann auf die österreichische Ottomane gelegt, erzählte er Freud von einer Kindheitserinnerung:

»Er verfolgte einen schönen großen Schmetterling mit gelben Streifen, dessen große Flügel in spitze Fortsätze ausliefen – also einen Schwalbenschwanz. Plötzlich erfaßte ihn, als der Schmetterling sich auf eine Blume gesetzt hatte, eine schreckliche Angst vor dem Tier und er lief schreiend davon.«

Freud hatte keinen Zweifel daran, dass diese Erinnerung eine besondere Bedeutung haben musste – sie musste eine andere, verborgene und unterdrückte Erinnerung überdecken, die auch die Ursache für sein Leiden war. Aber was? Was könnte der Schmetterling symbolisieren?

Freud ging dieser Frage nach wie ein Kommissar in einem Mordfall. Er wurde in seiner Annahme bestätigt, dass der Schmetterling für den jungen Russen in der Tat eine ganz besondere Bedeutung hatte, wie er ihm später erzählte.

Schmetterlinge erinnerten ihn generell an Frauen und Mädchen. Vielleicht, so Freud, war die Erinnerung an den Schmetterling mit einer weiblichen Person aus seiner Kindheit in Russland verbunden? Vielleicht hatte diese Frau ein Kleid mit gelben Streifen getragen, wie das Muster des Schmetterlings? Oder war es eher so, dass ihn die spitz zulaufenden Flügel des Schwalbenschwanzes unterbewusst an Geschlechtsorgane erinnerten? »Ich will noch die wohlfeile Vermutung erwähnen«, schrieb Freud, »daß die spitzen oder stangenartigen Fortsätze der Schmetterlingsflügel eine Bedeutung als Genitalsymbole gehabt haben könnten.«

In der Analyse kehrten sowohl Freud als auch der junge Aristokrat zu dieser Erinnerung zurück. »In einem ganz anderen Zusammenhange, viele Monate später, machte dann der Patient die Bemerkung, das Öffnen und Schließen der Flügel, als der Schmetterling saß, hätte den unheimlichen Eindruck auf ihn gemacht. Dies wäre so gewesen, wie wenn eine Frau die Beine öffnet.«

Nach mehrjähriger Analyse kam Freud zu einem Ergebnis. Die Erinnerung an den Schmetterling hatte sich bei seinem Patienten im Unterbewusstsein mit den ersten Erfahrungen mit Liebe und Sexualität in der Kindheit verknüpft. Besonders eine Kinderfrau hatte sein Verlangen erweckt. Sie war »eine verschollene erste Liebe«, schrieb Freud. Pankejeff erinnerte sich daran, dass der Name des Kindermädchens das russische Wort für »Birne« war und er in seiner Kindheit eine bestimmte Birnensorte mit gelben Streifen auf der Schale liebte – dieselbe Farbe wie auf den Flügeln des Schmetterlings, der in ihm Panik ausgelöst hatte.

Das Rätsel war gelöst, so Freud. »Hinter der Deckerinnerung des gejagten Schmetterlings«, schrieb er, verbarg sich

»das Gedächtnis des Kindermädchens.« Er kam zu dem Schluss, dass der Russe sein Verlangen unterdrückt hatte und ihm deshalb der Anblick eines sinnlichen, verführerischen Schmetterlings eine solche Angst eingejagt hatte. Anders als Margaret Fountaine war der Wolfsmann nicht in der Lage gewesen, das gewaltige Reservoir an Trieben, die uns die Natur bereithält, in etwas Konstruktives umzulenken. Deshalb verkümmerte sein Geist, und er wurde krank.

Ich klappte das Buch zu. Margaret Fountaine hatte ihre sexuelle Energie sublimiert. Sie sammelte voller Lust Tausende von Schmetterlingen, anstatt von ihrem Verlangen krank oder gar verrückt zu werden. Der Wolfsmann hingegen unterdrückte seinen Trieb und bekam hysterische Angst vor alldem, wofür der verlockende Schmetterling ein Symbol war: dem Erotischen, dem Wilden, dem Lustvollen.

War es so einfach?

Ich halte Freud für ein Genie, aber die Vorstellung, dass alles Schmerzhafte auf ein unterdrücktes Verlangen im Unterbewusstsein zurückgeführt werden kann, bereitet mir Atemnot. Dieser Ansatz hat etwas Klaustrophobisches. Ich werde immer misstrauisch, wenn jemand behauptet, er könne die großen, dunklen Fragen des Lebens lösen, als wären sie eine mathematische Gleichung.

*

Die nächste Station meiner Schmetterlingsjagd sollte Melby Overdrev an der Nordküste von Seeland sein. Emils Schlachtplan zufolge würde ich dort fünf bis sechs Arten sehen, aber vor allem die beiden Dickkopffalter – den Kronwicken-Dickkopffalter und den Kleinen Würfel-Dickkopffalter –, nach denen ich bisher vergebens gesucht hatte. Was diese beiden Arten anging, blieben mir nur noch wenige Wochen, ehe ihre Saison vorbei war. Ich musste mich also beeilen, wie Emil gesagt hatte. Er schickte mir eine Mail (seine Mailadresse bestand aus dem lateinischen Namen des Östlichen Großen Fuchses, Nymphalis xanthomelas), und im Anhang war eine Karte des Geländes. Darauf hatte er mit einem Kreis einen etwa zweihundert Meter langen Brandschutzstreifen markiert, ein gerodetes Areal, das zwischen einem dichten Wald und einer dunklen Niederung lag. Innerhalb des Streifens waren vier Punkte gesetzt, zwei orangefarbene etwa in der Mitte und zwei dunkelrote an jedem Ende des Streifens. Es stellte sich heraus, dass die orangefarbenen Punkte die Stellen markierten, an denen ich hoffentlich den Kleinen Würfel-Dickkopffalter sehen würde. Bei den dunkelroten Markierungen sollte der Kronwicken-Dickkopffalter fliegen. »Viel Glück«, schrieb Emil.

Ich fuhr an einem Wochentag nach der Arbeit dorthin, obwohl der Himmel bedeckt war. Emil hatte gesagt, dass Schmetterlinge bei bewölktem und windigem Wetter kaum – wenn nicht sogar gar nicht – zu sehen sind. Aber ich hatte nur an diesem Tag ein schmales Zeitfenster, bevor ich mit Mads zum Impfen fahren musste. Außerdem sah es so aus, als würde es bald aufklaren.

Ich folgte Emils Karte und kam an einen trockenen und kargen Sandstreifen, der mit harten, rötlichen Gräsern bewachsen war. Auf der einen Seite grenzte das Gebiet an ein Waldstück mit dünnen Baumstämmen, auf der anderen Seite an eine karge Heide, die sich bis zum Wasser hin erstreckte. Noch vor einem Jahr hätte ich gedacht, wie langweilig und öde es hier ist. Jetzt fand ich es großartig.

Ich versuchte, wie Emil durch den Sand zu gehen. Vier langsame Schritte, anhalten und den Blick wachsam über das Terrain streifen lassen, dann erneut vier Schritte, anhalten und so weiter und so weiter. Es dauerte nicht lange, bis ich erkannte, warum dieser Ort einer der auserlesensten Schmetterlingsstandorte auf Seeland war. Denn ich sah nicht nur ein paar Schmetterlinge über das Heidekraut, die Gräser und die flaumigen Blüten der Weidenbüsche fliegen, sondern viele. Sie flogen in einer geschützten Senke oder saßen an den Stämmen einer kleinen Gruppe von Kiefern, die Rüssel auf dem warmen Sand. Ich kroch auf allen vieren, das Handy fest umklammert und versuchte, keinen Schatten zu werfen. Ein Tier mit messingfarbenen Vorderflügeln und grau schattierten Hinterflügeln saß vor mir auf dem Sand. Auf einem kleinen Haufen von Flintsteinen war ein leuchtend blauviolettes Ding gelandet. Sein großer Verwandter saß mit angehobenen Flügeln da. Ich neigte meinen Kopf, schob mich langsam vor und konnte sein Muster aus großen, perlmuttfarbenen Flecken sehen, daneben Gold und Elfenbein. Am Rand des Brandschutzstreifens entdeckte ich ein winziges Tier auf einem Blütenblatt. Es sah mit seinen rußigbraunen Flügeln aus wie ein schwarzes Veilchen. Plötzlich schoss etwas in leuchtendem Kupfer an mir vorbei und landete auf einem Stein und breitete seine vier Flügel auf. Sie waren schwarz umrandet – obwohl, es sah eher aus wie eine dunkle Pflaume. Zwei der jadegrünen Schmetterlinge, die ich mit Mads in den Dünen bei Grenen gesehen hatte, saßen ganz in der Nähe und glänzten wie geschliffene Edelsteine. Mich durchfuhr ein Freudenschauer. Es war unfassbar befriedigend, »Grüner Zipfelfalter« flüstern zu können und mich damit vertraut zu fühlen.

Was die anderen Arten anbetraf, musste ich im Handy nachsehen, um sie mit Fotos von den Arten zu vergleichen, nach denen ich suchte. Ich notierte mir, dass ich den Wegerich-Scheckenfalter, den Kleinen Perlmuttfalter, das Kleine Wiesenvögelchen, den Hauhechel-Bläuling, den Zwerg-Bläuling und den Kleinen Feuerfalter gesehen hatte. Damit war meine siebzehnte, achtzehnte, neunzehnte, zwanzigste, einundzwanzigste und zweiundzwanzigste Schmetterlingsart im Kasten. Der Himmel hatte sich weiter zugezogen und war mit einem mattgrauen Schleier verhangen. Und weit und breit kein Kleiner und kein Kronwicken-Dickkopffalter.

Wieder zu Hause, schrieb ich Emil niedergeschlagen, dass es nicht geklappt hatte und ich es am kommenden Samstag noch einmal versuchen würde. Er bekam im Anhang meine unscharfen Handyfotos von den Arten, die ich gesehen hatte.

Emil konnte an den Aufnahmen sehen (wie machte er das nur?), dass ich aber immerhin an der richtigen Stelle gewesen bin. »Versuch es noch mal, die werden am Samstag ganz bestimmt da sein«, schrieb er. »Don't worry.«

Wie konnte er sich da so sicher sein?

Am Samstag dann überredete ich Rasmus und meine Jungs dazu, mich zu dem Brandschutzstreifen zu bringen und dann einen Ausflug an einen Ort zu machen, an dem sie Spaß hatten. Ich winkte ihnen vom Straßenrand hinterher und sah, wie sie am Supermarkt an der Straßenecke anhielten. Ich betrat Melby Overdrev, lief über eine Fläche mit Gräsern, dann durch eine Passage mit Baumbewuchs auf beiden Seiten des Weges und erreichte dann den Brandschutzstreifen.

An diesem Tag war der Himmel blau und weit, das Licht strahlte klar und hell und betonte alle Konturen: die Schatten der Gräser, die Farben der Blütenköpfe, die blassgelben Sterne zwischen dem Braun des Bodens, die behaarten Stängel mit violetten, samtigen Köpfen. Schritt für Schritt lief ich den Brandschutzstreifen erneut ab und benutzte eine App, um die Pflanzen zu bestimmen. Sie hatten wunderschöne und sonderbare Namen: die Gemeine Ochsenzunge, das Mausohr-Habichtskraut, der Echte Wundklee und die Wiesenkuhschelle. Diese Namen haben ihnen Menschen gegeben, weil sie sich mit dem Aussehen der Pflanze oder ihrem medizinischen Nutzen als Heilmittel beschäftigt haben. Diese Namen sind entstanden, ohne Teil eines größeren Systems zu sein, nur aus unserem menschlichen Bedürfnis heraus, Dinge unterscheiden zu können.

Dasselbe gilt auch für die Namen der Schmetterlinge. Ich habe mir ein zerfleddertes Buch aus dem Jahr 1944 gekauft, in dem die Namen und Bezeichnungen der Schmetterlinge im Laufe der Geschichte zusammengetragen wurden. Das dänische Wort für Schmetterling – sommerfugl, was wörtlich übersetzt Sommervogel bedeutet – wird erstmals im Jahr 1594 schriftlich erwähnt. Später wurden dann die auffälligsten und farbenprächtigsten Arten mit einem eigenen Namen geführt. Im Rokoko, im 18. Jahrhundert, wurden den Schmetterlingen Namen zugewiesen, die sich an hohen Titeln und den Ämtern am königlichen Hof orientierten – sie hießen Kaiser, König, Prinz, Graf, Admiral und Schöne Dame. Diese Namen verschwanden aber wieder aus dem Volksmund, als die Französische Revolution dem Prunk am Hof ein Ende setzte und die Vorliebe der Aufklärung für das Nüchterne und Konkrete einläutete. Aus dem Prinzen wurde der Veilchen-Perlmuttfalter. Die Schöne Dame wurde zum Distelfalter. Nur der Admiral durfte zusammen mit dem Kaiser, der jetzt Kaisermantel genannt wurde, seine königliche Verve behalten. Erst in den Achtzigerjahren des 20. Jahrhunderts – im Zusammenhang mit der ersten richtigen Kartierung der Schmetterlinge – entstand die Notwendigkeit, die Namen zu vereinheitlichen. Bis dahin hatte ein und dieselbe Art verschiedene Namen gehabt, auch gleichzeitig. Der Aurorafalter zum Beispiel hieß im 18. Jahrhundert sowohl Aurora als auch Argusschwärmer, Morgenröte und Silberauge.

Ich lief den Brandschutzstreifen hinunter bis an sein nördliches Ende, dann drehte ich wieder um und lief zu seinem südlichen Ende, wo ich erneut umdrehte. Ich sah überall Schmetterlinge auf dem sandigen Boden sitzen, nur die beiden unscheinbaren nicht, die einen besonders schnellen Flügelschlag haben sollen und nach denen ich so sehnsüchtig Ausschau hielt. Ich spürte einen nagenden Hunger in mir. Ich wollte diese Insekten nicht nur sehen, sondern zu denen gehören, die sie erkennen konnten. Es war ein Hunger nach dieser Erfahrung. Die Stunden verstrichen. Meine nackten Schultern leuchteten rot vom Sonnenbrand.

Als mir ein älteres Ehepaar entgegenkam, sprach ich es an. Der Mann trug eine Kamera um den Hals, und ich vermutete, dass er zu den Eingeweihten gehörte. Ob sie mir sagen könnten, wo ich den Kleinen Würfel-Dickkopffalter und den Kronwicken-Dickkopffalter finde?

Es stellte sich heraus, dass sich der Mann für Vögel interessierte, aber er wusste dennoch, dass der Kleine Würfel-Dickkopffalter vor ein paar Jahren bei einer kleinen Gruppe von Kiefern gesichtet worden war, etwa in der Mitte des Brandschutzstreifens. Aber, fügte er hinzu, ich sei etwas zu spät dran, oder? Flogen die denn überhaupt noch?

Ich spürte ein unruhiges Flattern in meiner Brust. Ich bedankte mich, lächelte und machte mich auf den Weg zu der kleinen Baumgruppe, an der ich bereits fünfmal vorbeigegangen war. Ich sah einen Distelfalter, der an einer hellgelben Blüte hing. Aber obwohl er mir ein weiteres Kreuz auf meiner Liste bescherte, fand ich keine Ruhe. Wo nur waren die beiden Dickkopffalter?

Ich begann, alles zu fotografieren, was sich bewegte. Im Heidekraut und über den Blumen im Sand schwirrten unzählige geflügelte Tiere. Aber ich vermutete, dass es keine Schmetterlinge waren, sondern eher Motten oder Spanner, weil ihre Flügel anders gefaltet waren, eher nach hinten gerichtet und flacher als bei den Tagfaltern. Aber was, wenn ich mich irrte? Sie waren genauso bräunlich meliert und unscheinbar wie die Arten, nach denen ich suchte. Was wäre, wenn einer von ihnen tatsächlich einer der kleinen Dickkopffalter war?

Sie mussten hier irgendwo sein. Emil hatte gesagt, dass sie das sein würden. Ich musste einfach nur dranbleiben, weitersuchen, mich langsam vorwärtsbewegen und Ausschau halten.

Die Dickkopffalter lebten seit circa zehntausend Jahren in dieser Gegend, sie waren damals an den klein gewachsenen Frauen der Steinzeit vorbeigeflogen, die ihre eigenen Träume hatten. Vielleicht sogar genau an dieser Stelle, wo ich mich gerade befand. Damals gab es unzählige von dieser Schmetterlingsart, heute viel weniger, aber es gab sie noch. Sie könnten überall sitzen, auf einem Stein, dem nackten Sandboden, auf einem Blatt, einem Veilchen, aber ich sah keinen, nirgendwo. Sie saßen nicht auf den Steinen, nicht auf den Blättern, nicht im Sand oder auf den Grashalmen, ich sah sie auch nicht auf dem Gestrüpp aus Zweigen und Grasbüscheln. Aber plötzlich tauchte ein winziger, graubrauner Punkt vor mir auf und wurde größer, ich sah eine feine Reihe weißer Stickereien, die wie ein Flügelrand aussahen. Mein Atem stockte.

Ich starrte wie gebannt auf diesen Punkt, alles andere verschwand. Zwei Meter vor mir saß ein Kronwicken-Dickkopffalter. Zumindest war das sehr wahrscheinlich. Ich musste unbedingt ein Foto davon machen und schlich wie eine Katze über den knirschenden Kies unter meinen Füßen. Mich durchströmte ein Gefühl der Befreiung, gefolgt von Zweifel und Unsicherheit. War es nur ein blassbrauner Spanner oder doch ein Vertreter der Gesuchten? Oh, war er es wirklich?

Kurz danach klingelte mein Telefon. Es war Rasmus. Sie hatten mich vor vier Stunden abgesetzt. Sie seien baden gewesen und hätten ein Eis gegessen, erzählte er. Jetzt waren sie müde und wollten nach Hause fahren.

»Mir fehlt noch der Kleine Würfel-Dickkopffalter«, sagte ich.

»Aha«, sagte Rasmus.

Eine Viertelstunde später fuhr unser VW auf den Parkplatz, wo ich bereits mit verbrannten Schultern wartete. Mads saß auf dem Beifahrersitz, ich stieg hinten bei den beiden Kleinen ein und schob meine Füße zwischen das Leben, das sich unten im Fußraum unter den Sitzen befand: Comichefte, Tennisschläger, eine halbe Tüte Erdnüsse, Wasserkanister und alte Socken. Ich weiß nicht, ob man energetisch gleichzeitig ekstatisch und am Boden zerstört sein kann, aber wenn das möglich ist, dann war ich in diesem Zustand. Ich war berauscht von der Sonne, dem endlosen Himmel und den Lebewesen um mich herum, während mich gleichzeitig ein quälender Gedanke beherrschte – nur ein einziger: Ich hatte den Kleinen Würfel-Dickkopffalter nicht gesehen.

Die Jungs erzählten von ihrem Tag, was sie alles mit ihrem Vater erlebt hatten, dann fingen sie an, sich zu streiten. Ich hatte nur mit einem halben Ohr zugehört und sagte halbherzig, dass sie damit aufhören sollten. Ich öffnete meine Fotogalerie und scrollte durch meine Aufnahmen. Ich wollte überprüfen, ob es tatsächlich der Kronwicken-Dickkopffalter gewesen war, den ich gesehen hatte. Emil war irgendwo in Schweden, soweit ich mich erinnerte, deshalb loggte ich mich in meinem Account auf der Plattform Naturbasen ein. Sie war das Pendant zu Social Media, dort konnte man seine Naturbeobachtungen austauschen und sich gegenseitig bei der Bestimmung von Arten helfen. Ich lud mein unscharfes Foto vom Kronwicken-Dickkopffalter hoch.

»Kannst du damit nicht warten, bis wir wieder zu Hause sind?«, fragte Rasmus.

»Ich will das nur kurz machen«, sagte ich und tippte meine Frage.

»Leute, ist das hier tatsächlich ein Kronwicken-Dickkopffalter?«, schrieb ich. »Hoffentlich ist es einer!«

Ich musste nicht lange auf eine Antwort warten. Ein Mitstreiter namens Thomas schrieb: »Das ist richtig!« Ein anderer schrieb: »Sehe ich genauso und herzlichen Glückwunsch!«, gefolgt von einem lächelnden Smiley.

Wie fantastisch das war, dachte ich. Da saßen Menschen, die mir innerhalb von Sekunden beantworten konnten, welche Art ich gesehen hatte.

Ich scrollte weiter und kam zu einer ganzen Abfolge von Insekten, die ich fotografiert hatte, obwohl mir schon klar war, dass es sich nicht um Tagfalter handeln konnte. Sie waren grauweiß, blassschwarz und elfenbeinfarben und saßen auf Gräsern und auf Heidekraut. Einige von ihnen hatten marmorierte Muster auf den Flügeln, andere waren mit bräunlichen, wellenförmigen Bändern verziert. Aber sie sahen alle nicht aus wie Tagfalter, weil die, das wusste ich, ihre Flügel nicht so trugen wie diese hier. Die Vorderflügel legten sich auf die Hinterflügel, wie Dachziegel übereinander.

Rasmus schaltete das Radio ein, wir kamen an einem Baumarkt vorbei und fuhren in einen Kreisverkehr.

Ich wischte zum nächsten Foto. Es war verschwommen. Zu sehen war ein sehr kleines Tier, das auf einem Veilchen saß, umgeben von rötlichen Gräsern. Ich zoomte näher heran. Das Tier, das auf einem Veilchen saß, hatte keine Flügel, die wie Dachziegel gestapelt waren. Es hatte seine Flügel aufgeklappt und sonnte sich. Sie waren samtschwarz mit weißen Feldern, die fast wie kleine Quadrate aussahen und die auch den ausgefransten Flügelrand säumten. Es sah aus wie auf den Fotos vom Kleinen Würfel-Dickkopffalter, die ich mir vor meiner Reise nach Skagen angesehen hatte. In diesem Moment erwachte etwas in mir, eine Sehnsucht, eine Notwendigkeit. Stumm saß ich da und starrte auf mein Display.

Rasmus bog von der Landstraße ab, Aske fragte, wann er am nächsten Tag zum Wettkampf musste.

Ich lud auch dieses Foto hoch. »Will nur ganz sichergehen, dass das hier der Kleine Würfel-Dickkopffalter ist«, schrieb ich. »Oder was sagt ihr?«

Wir fuhren an einer Wohnsiedlung mit mattschwarzen Dächern vorbei. Der Rasen war gemäht.

Kurz darauf antwortete mir ein Heino. »Daran besteht kein Zweifel. Das ist einer.«

Ich sah aus dem Fenster und hatte das Gefühl, einen neuen Kontinent erobert zu haben.

»Der Wettkampf ist um elf«, sagte Rasmus.

Wegerich-Scheckenfalter,
Melby Overdrev,
1. Juni

Kleiner Perlmuttfalter,
Melby Overdrev,
1. Juni

Kleines Wiesenvögelchen,
Melby Overdrev,
1. Juni

Zwerg-Bläuling,
Melby Overdrev,
1. Juni

Hauhechel-Bläuling,
Melby Overdrev,
1. Juni

Kleiner Feuerfalter,
Melby Overdrev,
1. Juni

Distelfalter,
Melby Overdrev,
4. Juni

Kronwicken-
Dickkopffalter,
Melby Overdrev,
4. Juni

Kleiner Würfel-Dickkopffalter,
Melby Overdrev,
4. Juni

Braunfleckiger
Perlmuttfalter,
Heatherhill,
11. Juni

Kleiner Sonnenröschen-Bläuling,
Heatherhill,
11. Juni

Großer Perlmuttfalter,
im Garten von
Michael Stoltze,
18. Juni

Wachtelweizen-Scheckenfalter,
Hammer Bakker,
21. Juni

Baum-Weißling,
Råbjerg Mose,
21. Juni

Brauner Waldvogel,
Råbjerg Mose,
21. Juni

Vogelwicken-Bläuling,
Råbjerg Mose,
21. Juni

Rostfarbiger Dickkopffalter,
Råbjerg Mose,
21. Juni

Lilagold-Feuerfalter,
Råbjerg Mose,
21. Juni

Großer Sonnenröschen-Bläuling,
Iversted,
22. Juni

Großes Ochsenauge,
Kammerdall,
23. Juni

»Was?«, sagte ich.

»Askes Wettkampf ist morgen um elf Uhr«, wiederholte Rasmus.

Als wir zu Hause ankamen, machte ich als Erstes zwei Kreuze hinter die beiden Dickkopffalter. Jetzt hatte ich schon fünfundzwanzig Arten gesehen. Mir fehlten noch neununddreißig. Das waren viele. Aber ich hatte einen Plan.

*

Vladimir Nabokov ist einer der größten Schriftsteller des 20. Jahrhunderts. Einige wissen, dass er ein Schriftsteller war, der Schmetterlinge sammelte. Aber man könnte genauso gut sagen, dass er ein Schmetterlingsexperte war, der Bücher schrieb. In einem Interview mit dem Life Magazine im Jahr 1958 sagte er, dass er sich widerwillig vom Schreiben verabschieden würde, wenn er sich eines Tages zwischen dem Schreiben oder dem Sammeln von Schmetterlingen entscheiden müsste. Das Studium der Insekten, sagte er, gebe ihm ein unbeschreibliches »Gefühl von Macht, dem Triumph über die Natur«.

Es rief einen Anflug von Freude in mir hervor, als ich feststellte, dass Nabokov denselben sozialen Hintergrund hatte wie der Wolfsmann, Freuds Patient, den eine schreckliche Angst vor Schmetterlingen beherrschte. Das war einer dieser Zufälle, in denen die Wirklichkeit Geschichten für uns bereithält, die man vergleichen will, weil die Übereinstimmungen so naheliegend sind. Nabokov war wie Freuds Patient Russe und Aristokrat. Auch er lebte eine Zeit lang in einem unsicheren Exil in Europa. Sie waren beide kultivierte Kosmopoliten und in der viktorianischen Epoche geboren, sie trennte lediglich ein Altersunterschied von zehn Jahren. Es ist keineswegs unwahrscheinlich, dass Nabokov die Geschichte von Freuds traumatisiertem Patienten gehört oder von dem Fall gelesen hatte, denn in den russischen Exilkreisen kannte man sich untereinander. Aber hier endet die Ähnlichkeit auch schon. Wie der Wolfsmann sah auch Nabokov als Kind einen Schwalbenschwanz, den er nicht vergessen konnte. Im Gegensatz zum Wolfsmann aber brachte der Schmetterling Nabokov nicht aus der Fassung. Im Gegenteil. In einem Essay im *The New Yorker* beschrieb er das Ereignis folgendermaßen:

»Auf einem Gartengeißblatt in der Nähe der Veranda hatte ich zufällig einen Schwalbenschwanz gesehen – ein prächtiges, blassgelbes Wesen mit schwarzen Flecken und blauen gezackten Rändern und einem zinnoberroten Augenfleck über den beiden chromgerahmten schwarzen Schwänzen. Während es die Blüte untersuchte, an der es hing, bewegte es unaufhörlich seine großen Flügel, und mein Verlangen nach ihm war überwältigend.«

Dieser erste, farbenprächtige Anblick löste in Nabokov eine wahnsinnige Leidenschaft aus, die er später als »seine Obsession« und seinen »Dämon« bezeichnete. Als Zwölfjähriger war er davon überzeugt, eine neue Schmetterlingsart entdeckt zu haben, und schrieb diese Neuigkeiten einer britischen Naturzeitschrift, die ihn aber leider enttäuschen musste. Diese Art sei bereits von einem deutschen Amateursammler registriert und benannt worden.

Nabokovs Vater war ein bekannter und sehr fortschrittlicher Politiker und Journalist, der sich mit seinen Freunden im eleganten Palais der Familie versammelte, um über ihre oppositionelle Haltung dem russischen Zaren gegenüber zu diskutieren. Der Vater teilte die Leidenschaft seines Sohnes für Schmetterlinge – es kam vor, so beschrieb es Nabokov, dass er »mit dem seltenen und prächtigen Weibchen des russischen Großen Eisvogels zwischen Daumen und Zeigefinger«, das er auf dem Balkon vor seinem Arbeitszimmer gefangen hatte, in das Zimmer seines Sohnes gestürmt kam. Die Leidenschaft für Schmetterlinge nahmen sie mit, als sie nach der Oktoberrevolution 1917 – nach dem Sieg der Bolschewiken – ins Exil nach Berlin ziehen mussten. Von da an wurde die Tragödie des 20. Jahrhunderts auch die der Familie. An einem Märzabend 1922 wurde Nabokovs Vater von zwei russischen Faschisten erschossen. Und etwa ein Jahrzehnt später musste Nabokov aus Berlin fliehen, weil er Vera, eine Jüdin, geheiratet hatte.

Sie landeten in den USA, wo Nabokovs Wissen über Schmetterlinge ihm eine Stelle als wissenschaftlicher Mitarbeiter im Fachbereich Insektenkunde an der Harvard University sicherte. Sechs Jahre war er dort angestellt und spezialisierte sich in der Zeit auf eine Unterfamilie der Schmetterlinge, deren lateinischer Name Polyommatini lautet und die im Volksmund als Bläulinge bezeichnet werden. Das sind kleine Schmetterlinge mit häufig blau schimmernden Flügeln. Nabokov verbrachte manchmal bis zu vierzehn Stunden am Stück an seinem Mikroskop, um die Bläulinge zu klassifizieren, indem er die Geschlechtsorgane der Männchen untersuchte. Sein Kindheitstraum ging in Erfüllung, als es ihm gelang, nicht nur eine, sondern zehn Arten und Unterarten zu bestimmen und zu benennen sowie eine Art umzubenennen. Er stellte die Hypothese auf, dass die Art des Gemeinen Bläulings, auch Hauhechel-Bläuling genannt, vor Millionen von Jahren in fünf verschiedenen Populationswellen über die Beringstraße von Asien auf den amerikanischen Kontinent migriert war. Damals fand diese Hypothese wenig Beachtung, aber 2011 wurde sie schließlich mithilfe moderner gentechnologischer Methoden bestätigt.

»Zu wissen, dass niemand vor dir ein Organ gesehen hat, das du untersuchst, um Verbindungen herauszufinden, die vorher noch nie jemand entdeckt hat«, schrieb Nabokov seiner Schwester 1945, »und sich in die wundersame kristalline Welt des Mikroskops zu vertiefen, wo eine große Stille herrscht – umgeben von ihrem eigenen Horizont, einer blendend weißen Welt – all das ist so faszinierend, dass ich dafür keine Worte habe.«

Als ich von Nabokovs »Dämon« las, kam er mir sonderbar kühl vor, streng, nüchtern und diszipliniert. Gleichzeitig aber durchströmte ihn das Lustvolle, die von der Schönheit getriebene und intensive Gegenwärtigkeit, wie ein reißender Fluss. Diese Gegensätze waren interessant, als würden sie sich gegenseitig bedingen. Als hinge die große Leidenschaft, die in ihrer Kompromisslosigkeit fast radikal ist, von einer ebenso radikalen Stringenz ab. Und umgekehrt.

Es gibt keinen Zweifel daran, dass Nabokov ein äußerst leidenschaftlicher Mensch gewesen ist, vor allem, was das andere Geschlecht anging. Als er Vera kennenlernte, war er bereits ein gefeierter und brillanter Schriftsteller. Für seine Auserwählte erstellte er eine Liste mit den Namen der achtundzwanzig Frauen, mit denen er vor ihr zusammen gewesen war. Für ihn sei Aufrichtigkeit ein entscheidender Bestandteil einer jeden Liebesbeziehung. Im Vergleich zu vielen anderen Schriftstellern, Dramatikern und Künstlern seiner Zeit führten die Nabokovs ein relativ konventionelles Leben.

Er sei der Typ, wurde spöttisch kommentiert, der heißen Kakao statt Pernod trinke, wie ein echter Schriftsteller das täte. Und abgesehen von einer einzigen Affäre, die Vladimir Nabokov mit einer Hundefrisörin aus Paris gehabt hatte, lebte das Ehepaar Nabokov (angeblich) monogam und (mit Sicherheit) fünfundfünfzig Jahre lang glücklich zusammen. Florian Illies schreibt in seinem Buch *Liebe in Zeiten des Hasses*: »Der Makel mit der Hundefrisörin ist aus ihnen irgendwann herausgewachsen wie falsches Blond.«

Wenn das Paar im Sommer seine langen Schmetterlingsexpeditionen unternahm, traten das Beherrschte und das Sinnliche wieder als Tandem in den Vordergrund. Nachdem Nabokov die gesuchten Arten gefangen hatte, tötete er die Tiere mit der sogenannten europäischen Methode. (»Ich drücke auf einen bestimmten Punkt auf der Brust. Denn wenn du auf den Bauch drückst, läuft das Innere einfach aus.«) Anschließend versiegelte er seine Fundstücke sorgfältig in Umschlägen aus Pergamentpapier, die das Präparat vor Wasser und Staub schützten, damit er nach seiner Rückkehr von der Reise die farbenprächtigen Schätze hervorholen – einen Kaffeebraunen aus Jackson, Tennessee, einen Buttergelben aus Dallas, Texas, einen Braunschwarzen aus dem Grand Canyon – und sie auf Tafeln montieren konnte. Artgenosse neben Artgenosse. Auf einer dieser Schmetterlingsexpeditionen schrieb Nabokov *Lolita*, seinen wohl berühmtesten Roman. An Sonnentagen suchte er tagsüber an den mit Lupinen bewachsenen Berghängen in Colorado unermüdlich nach den Weibchen der Schmetterlingsart Lycaeides sublivens, während er abends oder an bewölkten Tagen seine komische, schöne und schreckliche Geschichte von einem Straftäter schrieb, der seine zwölfjährige Stieftochter Lolita als unfreiwillige Geliebte nimmt. Der Kontrast zwischen dem eifrigen Schmetterlingsexperten, der abends in seinem bescheidenen Motel sitzt und den skandalträchtigsten Roman des 20. Jahrhunderts schreibt, ist einfach unwiderstehlich. Die Gleichzeitigkeit von Anstand und Begierde.

Ich entdeckte ein Foto von Nabokov auf einer seiner Schmetterlingsjagden im Magazin *The New Yorker.* Das Foto ist nur wenige Jahre vor seinem Tod 1977 entstanden, vermutlich in einem grünen Tal in der Schweiz, wo das Ehepaar zu dieser Zeit lebte. Er steht mit krummem Rücken, trägt Shorts und Schiebermütze. Eine Hand hat er sich in die Seite gestemmt, in der anderen hält er den Stab seines Schmetterlingsnetzes. Sein Gesichtsausdruck ist lässig, unbekümmert oder vielleicht doch eher genervt, als hätte er keine Lust, sich fotografieren zu lassen. Woran mein Blick aber hängen blieb, waren seine weißen Strümpfe, die ihm bis über die Wade reichten. Das war das Bild eines sehr sorgfältigen, methodisch vorgehenden Mannes. Er wusste genau, dass man lange Hosen oder Socken trägt, wenn man durch Wiesen stapft, um sich nicht an den Grashalmen zu schneiden. Bei Nabokov schienen sich Leidenschaft und Disziplin gegenseitig zu bedingen.

Es liegt nahe, fand ich, Nabokovs Interesse für Schmetterlinge als sublimierte Energie zu betrachten. Als eine heftige und hingebungsvolle Entladung eines erotischen Impulses. Allerdings hätte Nabokov es strikt abgelehnt, seine Leidenschaft für Schmetterlinge als libidinöse Sehnsucht eines zivilisierten Mannes gedeutet zu sehen. Er war wahrscheinlich der Schriftsteller, der es am ausdrücklichsten verabscheut hätte, seine Werke freudianisch analysiert zu sehen.

Und erst recht nicht sein Leben. Er ließ keine Gelegenheit aus, um sich über den österreichischen Psychoanalytiker lustig zu machen, und in einem Vorwort eines seiner Bücher schrieb er: »Alle meine Bücher müssten mit dem Stempel versehen werden: ›Freudianer haben keinen Zutritt‹.«

Für Nabokov war Freuds Theorie ein mittelalterlicher, verknöcherter Blick auf den menschlichen Geist. Es handele sich um »Voodoo«, wie er es nannte, und er wandte sich damit gegen jene, die seine Werke einer freudianischen Symbolanalyse unterziehen wollten. Sie sahen in Tennisbällen ein Symbol für Hoden und in der Beschreibung von Wasser eine Anspielung auf sexuelle Begierde. Das sei reduktionistisch, so Nabokov. Wasser, knurrte er, sei einfach nur Wasser.

Außerdem unterscheide sich Wasser von Wasser, es sei spezifisch, je nachdem, ob es in eine Badewanne lief oder Limettenblätter im Regen rascheln ließ. »Das bleicht die Seele aus«, schrieb er, wenn man die Kunst und die Erzählung auf platte Symbole reduziert. Diese Jagd nach Symbolen erfüllte lediglich ein fantasieloses Bedürfnis, um die Gleichung aufgehen zu sehen. Aber sie lähmt die Spielfreude, das Lustige und Anziehende. Das Leben, so Nabokov, lässt sich nicht ausrechnen. Wer das Gegenteil behaupte, offenbare nur die eigene geistige Trägheit. Nabokov hätte angesichts unserer Diagnosekultur, unserer selbstsicheren Überzeugung, dass sich alles mit Biologie und Neurochemie erklären lässt, nur verächtlich geschnaubt.

In einem der eher seltenen Interviews von 1961, in denen Nabokov seine Abneigung gegen Freud ausführlich darlegte, verglich er die Psychoanalyse mit der totalitären Weltanschauung, die seine eigene Familie aus Russland vertrieben hatte. In dem Bemühen der Symboljäger, aus jeder Erzählung das Allgemeine und Generelle zu entfernen, sah er eine totalitäre Unterdrückung des Individuellen und Besonderen. »Die Psychoanalyse hat etwas sehr Bolschewistisches an sich – wie eine Art innere Polizeiarbeit«, sagte Nabokov. »Die Symbole zerstören den individuellen Traum, das Ding in sich.«

Es gibt natürlich auch Literaten und Nabokov-Fans, die seine Romane auf der Suche nach Schmetterlingen durchforsten. Ich habe im Netz eine Aufstellung gefunden, in der 570 Stellen aus Nabokovs Werken aufgelistet sind, wo ein Tagfalter, ein Nachtfalter, ein Schmetterlingsexperte oder ein Gespräch über einen Schmetterling vorkommen. Das ist eine sehr lange Liste. Abgesehen davon, dass der Protagonist in seinem Roman *Die Gabe* ein Schmetterlingssammler ist, gibt es in Nabokovs Werken unter anderem »zwei Feuerfalter mit violetten Flügeln«, einen »bis zur Unkenntlichkeit zerquetschten Kohlweißling«, »Myriaden von Weißlingen«, einen Himmel, der so blau war wie der Blaue Morphofalter, einen Jungen, der Schmetterlingseier züchtete, kleine Schmetterlinge, die auf Thymiansträuchern saßen, einen ganz schwarzen Schmetterling, der »mit beneidenswerter Nonchalance wie ein kleiner Teufel« vorbeiflog. Auch ein einzelner Hinterflügel eines Schmetterlings findet Eingang auf die Liste, denn er ist »kirschrot mit einem seidigen Schimmer und blauen Feldern an seinem gezackten Saum«.

Unter den Forschern, die sich mit seinen Werken auseinandergesetzt haben, gibt es eine ganze Reihe, die im Laufe der Zeit die Schmetterlinge als Symbole und Zeichen deuten wollten. Wer kann ihnen das verübeln? Der Schmetterling wurde schließlich in der Literatur und Kunst über Jahrhunderte hinweg nicht nur als ein flatterndes Insekt verwendet. Van Goghs weiße Schmetterlinge waren nicht nur die Darstellung einer Tierart, sie waren Symbole für die Seele, den Geist und die Auferstehung. Dasselbe, so einige der Nabokov-Kenner, gelte für die Werke des Russen. »Viele von Nabokovs Schmetterlingen, vor allem die hellen und weißen, sind Symbole des zeitlosen Lebens und der Seele«, formuliert es einer von ihnen, »und deuten auf die Flüchtigkeit des Geistes hin, der den Körper verlassen hat oder dabei ist, ihn zu verlassen.«

Nabokov verabscheute diese Art der Deutung seiner Werke selbstredend zutiefst. Er reagierte allergisch auf Allegorien. Als er nach den sechs Jahren am Mikroskop in Harvard zum Literaturprofessor an die Cornell University berufen wurde, ließ er einen seiner Studenten durchfallen, weil dieser in einer Seminararbeit behauptet hatte, dass Jane Austen die Blätter als »grün« beschrieben habe, weil ihre Protagonistin hoffnungsvoll und Grün die Farbe der Hoffnung sei. »Dass Schmetterlinge in manchen Fällen in der Tat etwas Symbolisches haben können (und zum Beispiel für die Seele stehen), gehört überhaupt nicht in mein Interessengebiet«, sagte er einem Journalisten. In einem anderen Interview, das in einer Pause während einer Schmetterlingsjagd in Zermatt in der Schweiz stattfand, verriet er mit einer Äußerung nicht nur seine persönliche Sicht auf Schmetterlinge, sondern gab damit seine Weltanschauung preis: »Alle Schmetterlinge sind gleichzeitig schön und hässlich, genau wie der Mensch.«

Beruflich, am Mikroskop beschäftigte sich Nabokov mit der Taxonomie, also der Kategorisierung und Gruppierung von Schmetterlingen anhand ihrer übereinstimmenden Merkmale. Es wäre aber falsch, daraus zu schlussfolgern, dass er sich besonders für die Generalisierung interessierte. Ganz im Gegenteil. Er interessierte sich für die verschiedenen Variationen der Tiere, oder besser gesagt, vielleicht war er gerade deshalb in der Lage, die Tiere unter seinem Mikroskop zu klassifizieren, weil er die Fähigkeit besaß, die Merkmale dieses einen Tieres zu sehen und die Variation seiner Art zu erkennen. Er sah nicht einfach nur einen Schmetterling mit vier Flügeln und einem Rüssel, er sah ein bestimmtes Geschöpf, dieses Exemplar des Karner-Bläulings, dieses Männchen mit dieser blauvioletten Farbe und diesen mikroskopisch kleinen Geschlechtsorganen. Kein Tier kann nur auf seine Art reduziert werden, es ist in erster Linie es selbst. Und hat seine eigene Individualität. Alle, die nach dem Allgemeinen suchen, übersehen diese wundersame Eigenschaft der Welt. »Liebt die Details«, sagte Nabokov seinen Studenten, »diese göttlichen Details!«

Was also fand Nabokov bei den Tieren und Pflanzen, wenn es nicht die Entladung seines eigenen Verlangens war? Ich war durchaus bereit, Freuds reduktionistische Idee zu ignorieren, dass jede begeisterte und beharrliche Aktivität mit einem unterdrückten Sexualtrieb zusammenhing, aber ich fand es dennoch falsch, das Erotische ganz außer Acht zu lassen. Ist es überhaupt möglich, die Lust außen vor zu lassen, wenn wir verstehen wollen, was für uns Menschen bedeutsam ist? Wer hat uns beigebracht, dass das Erotische ein niederes Bedürfnis ist und kein edles?

Es gab eine Zeit, da war das Erotische sowohl mit der Natur als auch mit der Götterwelt verbunden. In der griechischen Mythologie waren die Götter fleischlich, sie liebten, hatten Sex und waren sinnlich. Pan zum Beispiel, der Gott der Fruchtbarkeit, hatte eine tierische Gestalt und war kraftvoll, roh, vital und eng mit der Natur verbunden. Er wurde oft in Höhlen und Grotten verehrt. Auch die Frauen konnten in der griechischen Mythologie vor körperlicher Lust brennen. Psyche und Aurora taten es. Und auch Freja, die Göttin der Fruchtbarkeit in der nordischen Mythologie, war leidenschaftlich, weise, war mit der Seidkunst vertraut und kannte darum die Geheimnisse der Magie. Wenn sie sich ihren Federumhang umlegte, konnte sie sich in einen Vogel verwandeln. In den Mythen über sie und die anderen nordischen Götter verschmolz Verlangen mit der Natur, das wiederum eins wurde mit dem Glauben.

Ganz anders lief das im Christentum. Mit der christlichen Kirche, die in den ersten Jahrhunderten nach Christus in weiten Teilen Europas Fuß fasste, wurde sowohl der Natur als auch der Erotik ein ganz neuer Platz im vorherrschenden Weltbild zugewiesen. Das Körperliche hatte in der Kosmologie keinen Platz. Aristoteles und Paulus hatten den Geist, das Pneuma, mit dem Materiellen und Physischen verbunden, mit Samen und Sternenstaub. Die christliche Kirche in Rom aber ließ dem Geist keinen Platz in der Natur. Damit hatte im 17. Jahrhundert Swammerdam an seinem Mikroskop gekämpft. Gott, so die Kirche, war nicht Teil des Lebendigen, sondern stand über ihm. Er war der Schöpfer, nicht das Geschaffene.

In der Antike gab es heilige Haine, die für Opferzeremonien oder zur Ehrung der besonderen Kraft des Ortes genutzt wurden. Diese Haine galten als Orte, an denen die Sinne in Kontakt mit der Seele der Natur treten konnten. Doch als das Christentum im zweiten und dritten Jahrhundert langsam Fuß fasste, wurden diese Haine sukzessive abgeholzt. Die christlichen Missionare waren der Ansicht, dass die Aufmerksamkeit nicht dem Irdischen, den Pflanzen, Tieren und Steinen gewidmet werden sollte, sondern Gott im Himmel.

Im Zuge der Christianisierung Frankreichs wurden die ältesten Bäume des Landes gefällt, weil sie als heilig galten. Augustinus, der einflussreichste aller lateinischen Kirchenväter, betonte etwa vierhundert Jahre nach Jesu Geburt, dass die Liebe zu Gott nichts mit der Liebe zum Körperlichen oder zur Schönheit der Erde zu tun habe. Gott zu lieben, bedeute nicht, die Sonne oder schöne Melodien oder den Duft der Blumen oder wohlgeformte Körper zu lieben. »Ich liebe keines der (sinnlichen) Dinge, wenn ich Gott liebe«, schrieb er. Als sich die Klosterkultur im sechsten Jahrhundert zunehmend ausbreitete, wandte sich eine ihrer Hauptfiguren, Bernhard von Clairvaux, bewusst von der Schönheit der Natur ab, um sich auf seinen Gott im Himmel zu konzentrieren. Auf seinen Reisen durch Norditalien ritt ein Späher voraus und kehrte um, wenn sie sich einem besonders schönen Landstrich näherten, um ihn davor zu warnen. Die Natur war ein Ort des Animalischen, der Verführung, des Fleischlichen, des Niederen und des Teufels. Der Himmel hingegen vereinte das Wahrhaftige und Gute.

Es gab aber Menschen, die ein anderes Bild von der Natur hatten – dazu gehörten auch Menschen der Kirche. Franz von Assisi zum Beispiel, der im 13. Jahrhundert den Franziskanerorden gründete, saß nicht allein in seiner Klosterzelle, sondern ging in die Natur, um dort Gottes Stimme zu hören. Ihm drohte, als Ketzer verurteilt zu werden, weil er damit gegen die offizielle Glaubenslehre verstieß. Im 15. Jahrhundert war der christliche Wissenschaftler Marsilio Ficino davon überzeugt, dass die Natur magisches Potenzial hatte. Er übersetzte eine antike Hymne an die Natur, die als göttliche Mutter Erde besungen wurde, wagte es aber nicht, sie zu veröffentlichen aus Angst vor der Inquisition, die Jagd auf Ungläubige machte. Im Jahr 1600 wurde der Italiener Giordano Bruno als Ketzer verbrannt, weil er das Christentum weiterentwickeln wollte, indem er die Sinne und die Natur als natürliche Erweiterung des Göttlichen einbezog. Er behauptete – was auch wahr ist –, dass das Universum unendlich ist. »Ohne die Natur wäre Gott nicht erkennbar und auch nicht möglich«, schrieb er. Aber Menschen wie Bruno waren in der Minderheit. Sie wurden ausgegrenzt, ausgestoßen oder vergessen, und übrig blieb ein Christentum ohne Materie – ohne Raum für das Körperliche und Erotische. »Das Animalische, das Verlockende, das Anziehende, das Naturverbundene musste eliminiert werden«, wie es der Philosophiehistoriker Aksel Haaning in seinem Buch *Naturens lys* formuliert. Von dem Moment an war die Lust nicht mehr mit dem Heiligen verbunden, sondern mit der Sünde.

*

Am 11. Juni machte ich mit den Jungs und Rasmus einen Ausflug nach Heatherhill im Norden von Seeland. Das Gebiet hat seinen Namen einem englischen Großhändler für Tee und Butter zu verdanken, der mit einer Dänin verheiratet war und hier vor langer Zeit eine Sommerresidenz bauen ließ. Kurzerhand hat er den Ort nach seiner britischen Heimat benannt. Seine Patriziervilla wurde schon vor langer Zeit abgerissen. Heute ist das Gebiet einer der besten Orte, um Schmetterlinge zu sehen. Die Landschaft erinnert einen eher an Schottland als an Dänemark, hügelig, mit sattem Grün und rostrotem und ockergelbem Sand. Vor Tausenden von Jahren hatten riesige Eismassen und Schmelzwasserflüsse das Gelände überzogen und die Hügel und Täler geformt, bis hinunter zum Kattegat. Jetzt weideten hier Schafe und Kühe, während die Strandbesucher mit ihrem Eis in der Hand zum Meer stapften.

Emils Firma war in dieser Region mit einem Naturschutzprojekt beauftragt worden, und er hatte mir erzählt, dass ich an einem kleinen Sumpf in einem der Täler den Braunfleckigen Perlmuttfalter finden könnte. Und den Kleinen Sonnenröschen-Bläuling auf einem Hügel, der parallel zu dem Weg verlief und hinunter ans Meer führte. Wir gingen zuerst über die Hügelkette Richtung Sumpf. Ich blieb zwischendurch stehen, um mit meinem Handy zu filmen und die Sonne zu genießen.

Rasmus fragte die Jungs, wer von ihnen wohl als Erstes ein Schaf anfassen würde. Die beiden älteren stürmten los, ich ging mit Bjørn an der Hand weiter. Kleine, helle Blumen ragten aus dem grünen, sumpfigen Wasser. Am Rand standen niedrige Birken und spendeten Schatten und Kühle. Zwischen den Schilfpflanzen ragten hier und da distelartige Stängel mit violetten Blütenköpfen hervor. Kurz darauf sah ich zwei orangefarbene Schmetterlinge, die über den Grashalmen kreisten. Die Landschaft war bezaubernd.

Bjørn zeigte auf die fliegenden Insekten und sah hoch zu mir, die sonnengebleichten Augenbrauen angehoben und die Stirn leicht gerunzelt.

»Das ist der Braunfleckige Perlmuttfalter, er wird auch Sumpfwiesen-Perlmuttfalter genannt«, sagte ich und lächelte ihn an. Ich sah mich um. Es war irgendwie mystisch, dass so ein Ort nicht weit von meinem Zuhause existierte und ich noch nie davon gehört hatte. Nur eine Stunde waren wir gefahren, es sah fremd und wunderschön aus. Es war unbegreiflich.

Bjørn hielt in der einen Hand eine Colaflasche. Mit der anderen griff er in seine Hose und pinkelte.

Danach gingen wir zu Hügeln, die ein Zaun umgab. Emils Naturschutzprojekt. Mads und Aske tobten und warfen sich gegenseitig auf den Kiesweg.

»Beavis and Butthead«, rief Rasmus. »Ab zum Strand mit euch!«

Sie stürmten johlend davon. Ich kletterte über den Zaun und schlich den Hang hinunter durchs Gras, vorbei an rotvioletten Storchenschnäbeln und anderen gelben, sternförmigen Blumen. Bjørn und Rasmus hingen über dem Zaun und dirigierten mich, aber jedes Mal, wenn ich mich einem kleinen Schmetterling näherte, verscheuchte ich ihn.

»Da ist er«, sagte Rasmus. »Direkt über deinem Schatten.«

»Ah, danke«, sagte ich und schlich weiter.

In den Blumen wimmelte es nur so vor Leben. Ich konnte hinter all dem Vertrauten und Alltäglichen – den Wegen, Hügeln, den Kindern und Autos auf den Straßen – eine neue, noch unbekannte und große Landschaft erahnen. Es war eine mächtige Landschaft, schwer und schimmernd, und ich spürte, dass mir dennoch der Zugang verwehrt blieb. Aber immerhin wusste ich jetzt, dass es sie gab. Das hinterließ in mir das Gefühl von Sehnsucht und Unzulänglichkeit.

»Das ist ja ein Eldorado«, sagte Rasmus.

»Ja«, sagte ich. »Es ist fantastisch.«

Die beiden Großen kamen vom Strand zurück. Man hörte sie, bevor man sie sehen konnte.

Erneut flog ein kleiner Schmetterling vor mir davon, als ich mich näherte. Ich drehte mich zu den anderen um. Bjørn hatte die Arme vor seinem Fußballtrikot verschränkt.

»Ich will es zu sehr«, sagte ich.

»Das ist wie mit guten Orgasmen«, sagte Rasmus. »Die kommen, wenn man ihnen nicht hinterherjagt. Man muss nur dastehen und schauen.«

Ich sah ihn an.

Mads fragte, ob man ein Held ist, wenn man als Erster den Schmetterling entdeckt, nach dem wir suchen.

»Ja«, sagte ich. »Dann ist man ein Held.«

Kurz darauf gelang es mir, ein Exemplar des Kleinen Sonnenröschen-Bläulings zu entdecken. Seine Flügel hatten die Farbe von dunkler Rinde, seine Saumkante war orange. Ich wusste, dass ich hier auch den Geißklee-Bläuling finden würde, aber ich beschloss, noch mal an einem anderen Tag zu kommen – jetzt kannte ich den Ort. Der Abstand zwischen spielenden Kindern und müden Kindern kann innerhalb weniger Minuten gefährlich schrumpfen, also schlug ich vor, in dem kleinen Kiosk am Parkplatz etwas zu essen. Dort gab es Eis und Pizza. Wir kauften uns zu schwindelerregenden Preisen etwas zu essen und setzten uns an einen Tisch in der Nähe vom Spielplatz. Die Kinder schaukelten, während wir den ganzen Kram verstauten, den wir immer mit uns rumschleppten. Leere Flaschen, Kapuzenpullis und einen Hüpfball, den Aske gefunden hatte. Das Essen kam, ich trank ein Glas Sprudelwasser und spürte einen Hauch von Melancholie. Das Sonnenlicht war allesumfassend und strahlend hell.

*

Ich befasste mich erneut mit den Tagebüchern meines Großvaters, um herauszufinden, wonach er in der Natur gesucht hatte. Die Tagebücher befanden sich in der Handschriftensammlung der Königlichen Bibliothek. Die zweite Frau meines Großvaters hatte sie einige Jahre nach seinem Tod der Bibliothek gestiftet. Ich bestellte sie mir online, damit sie auf einem kleinen Wagen bereitstanden, wenn ich Zeit fand, in den Lesesaal zu gehen. Der Raum hatte hohe Decken, und es war sehr still. Der Wachmann an der Schleuse in den Lesesaal wog den Pappkarton, in dem die Tagebücher lagen. Er würde sie nach meiner Lektüre ein zweites Mal wiegen. Ich setzte mich an einen leeren Tisch und schaltete die Leselampe ein.

Ich war gerade Mutter geworden, als ich die Tagebücher zum ersten Mal las. Ich hatte mich auf die ausführlichen Passagen von Naturbeschreibungen konzentriert, weil sie so schön waren. Einige hatte ich allerdings auch übersprungen, weil es davon so viele gab. Jetzt wollte ich herausfinden, ob er etwas über den Krieg geschrieben hatte und was davor gewesen war, zu Hause und in der Familie. Ich interessierte mich für die Beziehungen zwischen Menschen, nicht nur für die Beobachtungen auf seinen einsamen Wanderungen.

In seinem ersten Tagebuch gab es die wenigsten Naturbeobachtungen. Er hatte es in den Jahren nach seiner Rückkehr aus dem Konzentrationslager geschrieben. Er war damals zweiundzwanzig, groß und schlaksig. Er studierte Theologie, und seine Eintragungen handelten im wahrsten Sinne von Gott und der Welt. Von leidenschaftlichen Liebesbeziehungen, Nietzsche und Gott und dem Tod. Im Krieg hatte er Todesangst gehabt. Die Gestapo hatte ihn in einem Haus in Rødovre verhaftet, und man hatte ihn an eine Hecke am Grundstück geführt. Er war davon ausgegangen, dort erschossen zu werden. In sein Tagebuch schrieb er später, dass er in diesem Moment nicht darüber nachgedacht hatte, was er in seinem Leben alles erreicht hatte. »Es war vielmehr so, dass mich ein erdrückendes Gefühl der Melancholie und Trauer darüber überwältigte, dass ich all das nicht mehr sehen würde. Ich empfand es als eine Starre, einen lähmenden Stillstand.«

In den Jahren danach handelten die Tagebucheinträge viel von der Familie und den zwei Romanen, die er geschrieben hatte und die auch der Grund dafür waren, dass die Königliche Bibliothek seine Tagebücher als archivwürdig ansah. Er erzählte vom literarischen Milieu in Kopenhagen und von der Angst vor den Rezensenten. Er beschrieb die Frauen, denen er begegnete (eine davon war in der Sonne »schokoladenbraun« geworden, »herrlich gebaut«), er erzählte von Dinnerpartys, gerösteten Esskastanien und einem »unendlichen, inneren Kreisen«, wie er das nannte. Seine innere Rastlosigkeit. Nach und nach wurden diese Berichte immer häufiger unterbrochen oder vielmehr begleitet von langen Passagen mit Naturbeschreibungen. Diese Aufzeichnungen waren nicht nur sein Versuch, den Umgang mit der Sprache zu üben, die mein Großvater als sein Instrument ansah. In ihnen steckte etwas Murmelndes, Dunkles und Funkelndes. Sie wollten mehr erreichen, als nur aufzuzeichnen.

In einigen Tagebucheinträgen versuchte er, sich dem Gefühl zu nähern, das er in der Natur empfand. Einen dieser Gedanken notierte er zu später Stunde im Jahr 1952. Er hatte gerade ein kleines rotes Haus mitten im Wald zum ersten Mal gesehen. Ganz in der Nähe erlebte er kurz darauf, wie ein paar Vögel im eisigen Sumpf um ihr Leben kämpften. Es war ein grauer Vormittag gewesen, schrieb er, der Anblick des roten Hauses unter den hohen, blattlosen Baumkronen sei außergewöhnlich schön gewesen. »Es versetzte mir regelrecht einen Stoß vor lauter Freude«, notierte er. »Als ich nach

Hause zurückkam, lichteten sich die Wolken, die dicke Decke am Himmel riss auf und legte den blauen Himmel wie eine lang gestreckte Zunge gen Süden frei. Kurz danach kam die Sonne hervor.« Ein künstlerisches Bestreben drängte ihn dazu, dieses Erlebnis mit seinen Worten auszudrücken, weil es so kraftvoll gewesen war. Es hatte etwas Befreiendes. Und es brachte ihn dazu, über das Christentum nachzudenken, das er jeden Sonntag auf der Kanzel predigte. Oder besser gesagt, der Anblick des kleinen roten Hauses inmitten der Natur machte ihn nachdenklich, warum er seine Naturerlebnisse nicht mit der Theologie in Verbindung brachte, die er studiert hatte. Den Gemeindemitgliedern erzählte er von der Auferstehung Jesu und vom Jenseits und von Gott und von der Versöhnung durch Jesus Christus. Aber all das hatte nichts mit dem Großen und Radikalen zu tun, das er in der Natur erlebte. Seine Stimmung, wenn er in der Natur war, empfand er nicht als religiös. Sie stand für ihn nicht in Verbindung mit den Botschaften, die er in der Kirche verbreitete. Aber warum eigentlich nicht?

»Was sollte mich daran hindern, diese Stimmung als religiös zu empfinden?«, schrieb er.

Vielleicht, überlegte er, lag es an seiner Beziehung zur Theologie? Die Theologie war ihm beigebracht worden, er war darin bewandert, er hatte die entsprechenden Bücher gelesen und verstand das Ideengebäude. Aber die Theologie hatte keinen richtigen Bezug zur Welt. Zu den Dingen. Sie war losgelöst von dem Ort, an dem das Leben seinen Ursprung hatte.

Einen Monat später verreiste mein Großvater. Er wollte auf der Insel Anholt, mitten in der Ostsee, an einem neuen Roman schreiben. Zwischen den Schreibeinheiten machte er lange Spaziergänge in der einzigartigen Wüstenlandschaft dieser Insel. Es stürmte. Am Meer sah er einen Vogelschwarm nach dem anderen. Eiderenten, Reiherenten und Stockenten. Er sah auch ein Rudel Robben, das ihn aus sicherem Abstand wachsam beobachtete. Die Brandung war weiß und schäumend, die Wellen rollten eine nach der anderen an die Küste.

Während seines Aufenthaltes auf der Insel setzte er seine Überlegungen über die Verbindung zwischen Natur und Glaube fort. Man kann deutlich ablesen, dass in ihm eine große Frage arbeitete, er quälte sich und versuchte, eine Erklärung zu finden. Was empfand er in der Natur? Was hatte das zu bedeuten?

Er suche die Poesie in der Natur, hatte er geschrieben. Und mit Poesie meinte er ein Gefühl. Dieses Gefühl hatte er, wenn er ein Gemälde sah, eine Strophe hörte, einen Text las. Aber es entstand auch, wenn er sich in der Natur befand, wenn er zum Beispiel einen Vogel am Himmel sah. Es falle ihm schwer, dieses Gefühl in Worte zu fassen, schrieb er, aber er versuchte trotzdem, es »vorsichtig« zu beschreiben:

»... als ein mehr oder weniger schnell auftretendes, oft plötzliches Gefühl der Erweiterung und Verwurzelung der eigenen Persönlichkeit, eine Befreiung, Reinheit, Neuheit, Weisheit, oft und wohl immer verbunden mit einer persönlichen Entspannung des Geistes, die jedoch keineswegs Trägheit bedeutet, sondern im höchsten Maße produktiv und fruchtbar ist.«

Er wusste, dass er das Gefühl kannte, denn es war dasselbe, das einen in einem Moment religiöser Erleuchtung überwältigen konnte. Die Gefühle, die in der Natur in ihm geweckt wurden, erinnerten ihn an seine religiösen Erfahrungen. Aber, so fantasierte er weiter, das hatte nichts mit der Theologie zu tun. Sie nämlich – die Lehre vom Christentum – hatte ja seit Jahrtausenden die göttlichen Berührungspunkte von allem Menschlichen getrennt. Ein gelehrter Theologe wie er sollte das Göttliche nicht mit dem Lebendigen gleichsetzen. Und doch war das die Wahrheit seines Lebens, gestand er sich selbst ein. Ihn interessierte es nicht, was man durch die Brille der Theologie ins Leben hineinlesen konnte. Ihn interessierte das Leben selbst und »was aus ihm hervorgeht, Leben aus Leben.«

Ich blätterte weiter in den Tagebüchern. Die Handschrift war zum Teil schwer zu entziffern, steil und verschmiert. Das wachsende Misstrauen meines Großvaters gegenüber der protestantischen Theologie tauchte im Laufe der Jahre immer wieder in seinen Einträgen auf und stand in einem krassen Gegensatz zu der Intensität und Bedeutungsschwere, die seine Naturbeschreibungen ausmachten, auch wenn sie düster waren oder er selbst schwermütig und niedergeschlagen war. Manchmal beschrieb er die Kirche als etwas Großes, das ihm Sicherheit gab, wenn er auf der Kanzel stand und predigte. Er erzählte von einem Weihnachtsgottesdienst, bei dem er in Tränen ausbrach, als die Gemeinde »Dejlig er jorden« – »Schön ist die Erde« sang. Meistens aber drehten sich seine Gedanken im Tagebuch um seine Abneigung, von einem Evangelium zu predigen, das von Gewohnheiten und alten Moralvorstellungen überwuchert war. Er wand sich innerlich beim kirchlichen Gerede über das Jenseits und beim gemütlichen Kaffeeklatsch nach der Predigt. In der Kirche fühlte er sich oft wie ein Fremder, der neben ihm saß und redete. Er war von Verzweiflung und Hoffnungslosigkeit geplagt. Die Kirche, so schrieb er eines Tages, sei mittlerweile der einzige Ort, der Anspruch auf die absolute Wahrheit erhob, aber in Wirklichkeit eher einem Museum für veraltete Denkweisen glich.

»Ich glaube, dass sich das Reich Gottes dem Menschen in erster Linie im Rätsel offenbart«, schrieb er. »Aber das sieht der moderne Protestantismus nicht. Warum? Weil er das Rätselhafte nicht kennt. Die protestantische Kirche ist keine Kirche. Sie ist ein Gemeindehaus.«

*

Es war Mitte Juni, und mir fehlte noch eine ganze Reihe einer Schmetterlingsart, der Passionsblumenfalter, und jetzt gerade war ihre Hauptflugzeit.

Wie geplant fuhr ich mit meinen Kollegen und Kolleginnen zum jährlichen Demokratiefest Folkemøde nach Bornholm. Rasmus kam mit, und ich schrieb Michael Stoltze an, ob er sich noch an mich erinnerte. Ich hätte ihn vor einiger Zeit angerufen und um Rat gebeten. Ich hatte damit angefangen, den Leuten zu erzählen, dass ich einen Podcast plante oder ein Buch schreiben würde. Wahrscheinlich wollte ich mir selbst gegenüber die viele Zeit rechtfertigen, die ich bisher damit verbracht hatte. Ich schrieb Stoltze, dass mein Mann mich nach Bornholm begleite und wir am Samstag die Möglichkeit hätten, einen Ausflug über die Insel zu machen. Ob wir ihn besuchen dürften, um uns ein paar Schmetterlinge in seinem Garten anzusehen, und ihm ein paar Fragen zu seinem Verhältnis zu ebendiesen Tieren stellen dürften? Wir seien herzlich willkommen, antwortete er mir und lud uns ein, ihn im Haus seiner Freundin Mona zu besuchen. Dort würde er sich an diesem Tag aufhalten.

Wir verbrachten den Großteil der Nacht damit, in unserem Zeltlager Bier zu trinken, und genossen die wilde und ausgelassene Stimmung nach einem langen Tag voller politischer Debatten und Reden über die Pandemie, die Unzufriedenheit der Jugend und den Krieg in der Ukraine. Als wir uns am nächsten Tag auf den Weg zu Monas Haus machten, war ich matt vor Müdigkeit. Die Navigation meines Handys führte uns an eine Stelle zwischen Feldern und Bäumen, wo aber kein Haus stand.

»Bieg mal hier ab«, sagte ich.

Rasmus lenkte den Wagen auf einen Schotterweg, der in einer großen Kurve um einen Hügel herumführte und uns auf die andere Seite brachte. Am Ende der Straße konnte man die Umrisse eines grauen Hauses erahnen.

»Ist das hier?«, fragte Rasmus.

»Ich glaube schon«, sagte ich und lehnte mich vor und kniff die Augen zusammen, die Sonne blendete.

Je näher wir kamen, desto mehr konnten wir vom Haus sehen. Es war aus Beton und hatte ein Dach aus schwarzen Platten. Das Grundstück war voller Gerümpel, alte Reifen, eine umgestürzte Tonne, ein Stacheldrahtzaun, der lose zwischen schiefen Pfosten hing. Das Gras wucherte wild.

»Bist du dir sicher, dass es hier ist?«, fragte Rasmus.

Ich entdeckte ein Schild am Briefkasten, auf dem stand: »Mit Absicht wild«. Dann waren wir wohl richtig.

»Sie lassen alles wild wachsen, um so eine größere Biodiversität zu erzeugen«, erklärte ich.

Was war das für ein sonderbarer Ort?

Rasmus hielt in der Einfahrt. Eine magere Katze saß vor dem Tor einer verfallenen Garage, eine weitere schlängelte sich zwischen den Bergen aus Gerümpel, die sich neben dem

Gebäude stapelten: Dachpappe, Eimer, ein ausgedienter Sessel – es sah aus, als wären die Gegenstände mit ihrer Umgebung verwachsen. In der Ferne bellte ein Hund, dann öffnete sich die Eingangstür. Eine Frau in Unterhosen und einem lila T-Shirt kam mit einem Kaffeebecher in der Hand nach draußen und sah zu uns rüber.

Ich streckte den Kopf aus dem Beifahrerfenster. »Bist du Mona?«, fragte ich. »Die Freundin von Michael Stoltze?«

»Nein«, antwortete sie, drehte sich um und schrie den Hund an.

»Weißt du, wo sie wohnt?«

»Nein«, lautete die Antwort erneut. Sie sah uns hinterher, während Rasmus den Wagen wendete.

Er lachte, während er den Weg zurück auf die asphaltierte Straße fuhr. »Das war ja das Mekka der Biodiversität«, sagte er.

»Naja«, entgegnete ich. »Wer weiß denn schon, wie so ein Schmetterlingsexperte lebt?«

Meine Kiefer waren verspannt, ich merkte, wie nervös ich war. Mit jeder Stunde, in der ich keinen Schmetterling sah, wuchs die Anzahl der Schmetterlinge, die ich im verbliebenen Zeitrahmen finden musste. Rasmus hörte nicht auf zu lachen. Mir war dieser Luxus nicht vergönnt. Ich hatte Kopfschmerzen.

Dreimal lotste ich uns an einen falschen Ort, bis wir vor einem gelben Fachwerkhaus mit kleinen Sprossenfenstern und einer flatternden Fahne am Mast anhielten. Eine Frau und ein Mann kamen um die Ecke des Hauses auf uns zu. Sie trug ein graubraunes Kleid, ihr rotes Haar war zu einem dicken Zopf geflochten. Ihm hing eine Kamera um den Hals, er trug ein kariertes, kurzärmeliges Hemd und praktisches Schuhwerk. Ich erkannte ihn von dem Foto auf seinen Büchern. Mittlerweile war er allerdings grauhaarig geworden.

Wir stiegen aus. Mona begrüßte uns. Sie hatte einen norwegischen Akzent, dadurch klang ihr Dänisch wie gesungen. Michaels Ausstrahlung war jungenhaft, die Andeutung eines Lächelns umspielte die ganze Zeit seine Lippen. Mich überkamen schlagartig Scham und Verlegenheit, weil mir bewusst wurde, dass ich mich auf diese Begegnung nicht vorbereitet hatte. Sie erwarteten bestimmt eine Journalistin, die sich in ihrem Notizblock Fragen notiert hatte und genau wusste, was sie wollte.

Michael Stoltze war einer der führenden Entomologen Dänemarks, der nicht nur das Standardwerk über dänische Schmetterlinge geschrieben hatte, mit dem ich meine Liste erstellt hatte, sondern zusammen mit Mona hatte er mehrere Bücher über Biodiversität und das Leben der Schmetterlinge geschrieben. Er war bei der erstmaligen Kartierung aller dänischen Schmetterlinge federführend, einem umfangreichen Projekt, an dem Hunderte von Freiwilligen beteiligt waren. Er war es auch, der in den Achtzigern in einer Arbeitsgruppe saß, die allen heimischen Schmetterlingen offizielle dänische Namen geben sollte.

Was sollte ich ihn bloß fragen? Ich fragte, ob er damit einverstanden wäre, wenn ich unser Gespräch aufzeichne.

Als wäre es das Natürlichste auf der Welt, führten uns Mona und Michael durch den Garten. Große Erleichterung. Damit kenne ich mich aus. Das sei Monas Garten, bemerkte Michael, sie seien zwar ein Paar, würden aber nicht zusammenwohnen. Sein Haus habe zwar auch einen Garten, aber dort würde er das Gras wild wachsen lassen.

Die Sonne brannte vom Himmel, während wir hinters Haus gingen. Hier herrschte eine Ruhe, die man am besten mit »vollkommen« beschreiben kann. Wir hatten auf dem Demokratiefest gerade Lärm und hitzige Debatten, viel Bier und viele Menschen erlebt, hier aber gab es nichts davon. Man hörte auch nicht das Grundrauschen der Autobahn, das wie ein andauernder Klangteppich über allem lag. Hier hörte man nur das Zwitschern der Vögel.

Der Garten war voller Pflanzen und geheimer Winkel und Beete und Hecken, und dahinter gab es noch mehr Beete und Pflanzen und geheime Winkel. Es gab keine Rasenfläche, ein gewundener Pfad führte durch den Garten. Alles war üppig und in voller Blüte, die Blumen leuchteten zwischen dem vielen Grün, das sie umgab. Es waren duftende Skabiosen, violette Blüten des Fingerhuts, rosa Storchschnäbel und Wolken von flaumigem, hellgelbem Frauenmantel. Mona hatte einen kleinen See für die Frösche und Libellen angelegt. Sein Ufer war gesäumt von den gelben Büscheln des Gewöhnlichen Hornklees.

»Mona«, sagte Michael, die Nase tief in eines der Gewächse gesteckt. »Du hast ja Zittergras im Garten, wusstest du das?« Seine Stimme klang überrascht.

»Nein«, sagte sie und kniete sich neben ihn.

»Sieh doch«, sagte er.

Sie berührte sanft die kleinen Glöckchen, die an den Halmen hingen.

Ich fragte, ob diese Pflanze eine besondere Eigenschaft habe.

»Sie ist einfach nur wunderschön«, sagte Michael. »Ich habe das Glück, sehr kurzsichtig zu sein, deshalb sehe ich die vielen kleinen Details. Das hier sind winzige Herzen.«

Wir kamen in einen schattigen Bereich des Gartens. Dort hatte Mona einen Zaun aus Reisig für die Feldmäuse und Igel gebaut. Wir hörten den Gesang eines Vogels, und Michael erkannte sofort, dass es eine Nachtigall war. Sie hatte uns mit ihrem Ruf gewarnt, dass wir uns auf keinen Fall ihrem Nest nähern sollten.

»Sieh mal, Mona«, sagte er. »Der Wasserdost wächst jetzt auch.«

Sie erzählten uns, dass sie sich auf einer der Naturführungen kennengelernt hätten, die Michael fast jeden Montag das ganze Jahr über organisierte. Sie sei als Archäologin auf einer steinzeitlichen Grabungsstätte tätig gewesen und habe gelesen, dass eine der Führungen zu dem Fluss führte, der an der Ausgrabung vorbeifließt. Danach sei sie noch zu weiteren Führungen gekommen.

»Aber es dauerte, bis wir dann ein Paar wurden. Erst mal ging es in unserer Korrespondenz hauptsächlich um Käfer«, erzählte Michael. »Ich hätte es niemals für möglich gehalten, dass eine so schöne Norwegerin sich für so einen Nerd wie mich interessieren würde.«

Ich lächelte.

Mona verriet uns die Namen der Arten, während wir uns an den Pflanzen unterschiedlicher Höhe und Farbe vorbeischlängelten. Spornblumen, Habichtskräuter, Frühlingsthymian, Kleiner Sauerampfer, Gewöhnliche Nachtviole, Salbei, Wollziest und Katzenminze.

Mona hatte eine warme und starke Ausstrahlung und musste sich nicht anstrengen, freundlich zu sein. So wie das einige Menschen manchmal tun und dabei einen inneren Widerstand überwinden müssen. Sie besaß eine ganz besondere Würde, zeigte auf die Pflanzen in ihrem Garten, ging weiter und nannte die Namen weiterer Gewächse. Ruhig und selbstbewusst.

Die beiden waren ununterbrochen in einer Art stummem Kontakt. Als wären sie von unsichtbaren Seidenfäden verbunden, die auf die Geräusche und diskreten Bewegungen des anderen reagierten. Wenn Michael von Monas Garten sprach, klang es, als würde es sich um etwas Heiliges und Wundervolles handeln. Er lief durch den Garten – so wie er es bestimmt schon Hunderte Male getan hatte –, als würde er ihn zum ersten Mal sehen.

»Mona, hast du gesehen, wie schön sie da sitzen?«, sagte er und zeigte auf vier Raupen des Zitronenfalters, die auf einer Pflanze saßen.

Plötzlich blieb er stehen. »Ich muss kurz ein Foto machen«, sagte er wie zu sich selbst und zückte seine Kamera. »Das ist ja perfekt.«

Eine Biene summte vorbei.

»Besser geht's nicht.«

Mich berührte es, die beiden zu beobachten. Ich fragte nach den Namen der Pflanzen und gab bewundernde Laute von mir. Monas Augenbrauen lagen wie zwei dunkelblonde Bänder über ihren Augen. Für mich war sie wie ein Wesen aus der Mythologie.

In einem anderen Teil des Gartens stand ein Gewächshaus, in das mich Mona führte. Dort züchtete sie alle erdenklichen Tomatensorten, schwarze und gestreifte, kleine und riesig große. Michael und Rasmus verschwanden, ich bewunderte Monas Hochbeete. Dort wuchsen Ackerbohnen, grüne Bohnen, Schnittbohnen, es gab fusselige Köpfe des Gewöhnlichen Fenchels, Kürbisse und Palmkohl sowie lange Reihen von Erdbeerpflanzen, die mit Stroh bedeckt waren. Ich aß eine Erdbeere und konnte nicht umhin, daran zu denken, dass ich keine Lust hätte, an einem schönen Sommertag fremden Besuch in meinem Garten zu haben. Ich hätte Lust, allein dort zu sein.

Ich hörte Rasmus und Michaels Stimmen hinter einer Reihe von Knollenfenchel, Salat und Topinambur. Ich versuchte, ihr Gespräch zu belauschen, aber ich hörte nur die Melodien ihrer Stimmen. Rasmus Begeisterung und Michaels zurückhaltendere Suche nach Worten.

Kurz darauf schlossen die beiden sich uns wieder an, und Mona fragte, ob wir Lust auf ein Eis hätten. Wir setzten uns an den Tisch vor dem Haus im Schatten eines Baumes. Ich fragte Michael, woher seine Faszination für Schmetterlinge stamme. Das war eine biografische Frage, eine Frage, die eine richtige Journalistin stellen würde. Mir war keine andere eingefallen.

»Na ja, das ist eine ziemlich lange Geschichte«, sagte er und versprach, dass er sich kurzfassen würde.

Schon als Kind, erzählte er, habe er sich sehr für Pflanzen und Tiere interessiert, wie sie heißen und so. Seine Eltern seien beide Künstler gewesen und hätten ebenfalls ein großes Interesse für die Natur gehabt, was ihm den Einstieg in diese Welt sehr erleichtert habe. Später spielten weitere Personen eine wichtige Rolle in seinem Leben, die ihm Wissen über die Natur vermittelten und ihn dazu ermutigten, tiefer einzutauchen. Er habe zum Beispiel gute Lehrer an seiner kleinen Dorfschule gehabt. Und auf der weiterführenden Zentralschule habe er sich vor allem mit einem sehr strengen Lehrer gut verstanden. Der Hausarzt der Familie sei mit seinen Eltern befreundet gewesen und habe Nachtfalter gesammelt.

»Er stellte eine Lichtquelle auf und lockte sie damit an«, sagte Michael. »Das fand ich großartig. Und es waren so viele. Hunderte von Arten. Ich habe fast fünfhundert Arten Nachtfalter gefunden.«

Aber es gab noch weitere Menschen, die eine große Bedeutung für ihn hatten. Der ehemalige Direktor des Zoologischen Gartens Lars Trolle zum Beispiel. Von ihm erzählte Michael ausführlich und voller Zuneigung. Es war ebendieser Lars Trolle, der Michaels Interesse für Köcherfliegen weckte, gräuliche, mottenartige Verwandte des Schmetterlings, die im Wasser leben.

»Er war ein Experte auf dem Gebiet der Zikaden, davon haben wir in Dänemark etwa drei- bis vierhundert Arten. Er ist der Weltmeister. Ein wahnsinnig inspirierender Mensch«, sagte Michael. »Er sagte damals, alle beschäftigen sich mit Schmetterlingen. Warum suchst du dir nicht etwas anderes? Also stürzte ich mich auf die Köcherfliegen.«

Während er redete, suchte ich fieberhaft nach einem verbindenden Glied in den Informationen, die er mir gab. Wenn ich wirklich eines Tages über diesen Besuch bei ihm schreiben sollte, bräuchte ich einen Angelpunkt, an dem ich seine Geschichte aufhängen konnte. Ich wollte sie nicht einfach nur chronologisch nacherzählen. Leider bot seine Geschichte nicht unmittelbar diese Art von Ansatz und Narrativ, mit denen ich als Journalistin normalerweise arbeitete. Und auch Michael schien kein Interesse daran zu haben, mir eine in sich abgeschlossene Storyline zu liefern. Die Einzelheiten kamen unsortiert und alle mit derselben Gewichtung. Ich schämte mich bei dem Gedanken, dass die beiden sich so viel Zeit für uns genommen hatten und ich nicht in der Lage war, das für mich Wesentliche zu erfahren.

Köcherfliegen, so Michael weiter, seien so spannende Kreaturen. Sie bauen Netze wie Spinnen und kleine Häuser unter Wasser aus Steinen und Schneckenhäusern und umgeben sich mit einer Schutzhülle. Er schrieb seine Diplomarbeit darüber und reiste nach Afrika, wo er neue Arten fand und systematisierte. Das sei ganz klassische Forschungsarbeit gewesen.

»Das war aufregend«, erzählte er, »aber leider auch brotlose Kunst. Es gibt in dem Bereich kaum Stellen.«

»Ja«, sagte ich. »Das klingt tatsächlich wie Nischenwissen.«

»Das stimmt. Aber ich habe diese Reisen zusammen mit einem Kollegen gemacht. Nikolaj Scharff. Er ist einer meiner besten Freunde und Spinnenforscher, der seinen Weg knallhart durchgezogen hat. Mittlerweile ist er am Smithsonian in den USA und arbeitet dort von morgens bis abends. Er hat sich diese Nische richtig erobert.«

»Und er ist Professor für Spinnen?«, warf Rasmus ein.

»Ja. Professor und auch Leiter der Sammlung.«

»Wie viele Spinnen gibt es denn?«, fragte Rasmus weiter.

Ich warf ihm einen vielsagenden Blick zu. »Wartet mal kurz«, unterbrach ich und lehnte mich vor. »Ich muss erst mal wissen, wann wir uns über Schmetterlinge unterhalten?«

»Ja, sorry, aber jetzt bin ich neugierig geworden«, fuhr Rasmus fort und wandte sich an Michael. »Und, wie viele Spinnenarten gibt es?«

»Auf der Welt?«, fragte Michael.

»Nein, in Dänemark.«

»Sechshundert, glaube ich.«

Ich leckte geschmolzenes Schokoladeneis vom Stiel.

»Sechshundert Spinnenarten«, wiederholte Rasmus und sah mich an. »Wusstest du das?«

»Nein«, entgegnete ich und zog meine Oberlippe unter meine Schneidezähne.

»Weltweit gibt es natürlich wesentlich mehr«, sagte Michael. »Um die fünfzigtausend vielleicht.«

Ich sagte, dass ich mich mit Eis bekleckert hätte. Mona fragte, ob wir Durst hätten, und ging ins Haus. Michael sprach nach wie vor von Spinnen, als sie mit Wasser und einer Küchenrolle wieder nach draußen kam. Die Geschlechtsorgane der Spinne würden wie Boxhandschuhe aussehen und seien mit Sperma gefüllt.

»Das große, dicke Tier ist das Weibchen, die kleinen mit den Boxhandschuhen sind die Männchen. Wenn das Männchen der Kreuzspinnenart sich paaren will, nähert es sich dem Weibchen, was allerdings sehr unangenehm sein kann.«

»Inwiefern unangenehm?«, hakte Rasmus nach.

Ich räusperte mich.

»Sie frisst alles, was in ihre Nähe kommt«, sagte Michael. »Auch das Männchen, wenn es nicht aufpasst. Es nähert sich ihr, indem es eine bestimmte Melodie spielt. Es zupft sozusagen das Netz, in dem sie sitzt. Es muss ein ganz bestimmter Rhythmus sein. Sie kann diese Melodie hören und weiß dadurch, dass er keine Fliege ist, sondern eben das paarungswillige Männchen. Manchmal wird sie trotzdem aggressiv, dann muss es zurückweichen und es erneut versuchen, bis es den richtigen Ton trifft. Erst dann können sie sich paaren.«

Ich sah stumm auf meine Hände.

»In der Natur gibt es viele solcher Beispiele«, sagte Michael. »Viel Musik. Rhythmen. Tanz. Der Kaisermantel zum Beispiel hat einen speziellen Paarungstanz. Das Männchen fliegt über dem Weibchen und besprüht es mit einem Parfum aus seinen Schuppen. Wenn sie diesen chemischen Impuls durch das Parfum nicht bekommt, ist sie nicht paarungsbereit.«

Ich war erleichtert, dass es endlich um Schmetterlinge ging.

»Wir betrachten Tanz als Ausdruck unserer Kultur, aber er ist in Wirklichkeit eine Millionen Jahre alte Tradition«, sagte Mona. »Wir haben es uns von den Tieren abgeschaut. Alle Urvölker haben getanzt.« Das war das erste Mal, dass sich Mona mit ihrer dunklen Stimme in das Gespräch einbrachte.

»Vögel tanzen«, sagte Michael. »Kraniche tanzen. Lappentaucher tanzen. Tanz ist in der Natur von zentraler Bedeutung.«

Mona saß kerzengerade auf ihrem Stuhl.

»Tanzt du?«, fragte Rasmus.

»Nicht so oft«, antwortete Michael.

»Ich habe mich sehr viel mit Felsmalereien beschäftigt. Da findet man viele Tanzmotive«, sagte Mona. »Tanz ist älter als die Sprache. Er ist eine archaische Form der Kommunikation. Eine Kommunikation mit den Göttern.«

»Tanzt ihr?«, fragte Michael.

»Ich liebe es zu tanzen. Ich habe auch gestern auf dem Demokratiefest getanzt«, sagte ich.

»Dein Tanzstil ist crazy. Lustig, wenn man davon eine Felsenzeichnung machen würde«, sagte Rasmus. »Das ist eher eine Performance.« Er lachte.

Wenn wir es noch schaffen wollten, die Geschichte zu hören, wie es zu Michaels Begeisterung für Schmetterlinge kam, dann müssten wir bald damit anfangen, sagte ich.

»Ja«, erwiderte er.

Auf einmal veränderte sich seine Tonlage. Als er von den Spinnen erzählte, war er ins Detail gegangen und hatte lebhaft davon gesprochen. Jetzt aber berichtete er über eine Entscheidung in seinem Leben, die er getroffen hatte und die für seine Karriere ausschlaggebend gewesen war. Seine Worte aber waren nicht mehr leidenschaftlich, er legte lediglich die Fakten dar. Am liebsten hätte er seine Doktorarbeit über die afrikanischen Köcherfliegen geschrieben, aber das hätte keine Zukunft gehabt. In einem Gespräch mit seinen Kollegen aus der Biologie ging es um den signifikanten Rückgang der Schmetterlingsarten. Jemand müsste eigentlich das Ausmaß untersuchen. Warum nicht er? So sei es zu der ersten großen Kartierung der dänischen Schmetterlingsarten gekommen.

»Hast du noch Fragen?« Rasmus sah mich an.

Ich gab auf. Seine ständigen Unterbrechungen machten es mir unmöglich, mich auf das Gespräch zu konzentrieren. Gleichzeitig war ich ununterbrochen damit beschäftigt, herauszufinden, wonach ich eigentlich suchte. Was wollte ich erfahren?

Mona setzte sich anders hin.

»Okay, dann habe ich welche«, sagte Rasmus. »Du bist so optimistisch und fröhlich, obwohl du das alles erlebt hast.«

Wovon redete er da? Was meinte er damit?

»Weißt du, was ich meine?«

Er musste auf etwas Bezug nehmen, worüber die beiden gesprochen hatten, während ich mit Mona im Gewächshaus war.

Die Sonne fiel durch die Blätter des Baumes über uns. Hinter Monas Stuhl standen Büschel von Zierlauch, ihre violetten, kugeligen Blütenköpfe leuchteten.

»Die Natur ist meine Kirche«, sagte Michael da. »Das ist meine Religion.«

Ich sah ihn an.

»Ich fühle eine tiefe Verbundenheit mit der Natur, auch mit den Sternen und dem Himmel«, sagte er. »Wir sind die Natur. Wir teilen Gene mit allem. Ich bin eins mit allem. Wenn ich mir ein Leben nach dem Tod vorstelle, dann in Form einer solchen Verbundenheit mit der Natur.« Seine Antwort kam ganz spontan, ohne jede Einleitung. »So geht es mir auch mit den beiden Todesfällen, von denen ich dir vorhin erzählt habe«, fuhr er fort. »So habe ich schon immer gedacht.«

Rasmus nickte.

Ich verstand kein Wort.

Wir unterhielten uns noch eine Weile zu viert, dann brachen wir auf. Michaels Arm lag auf Monas Schultern, während sie uns hinterherwinkten. Ich setzte mich auf den Beifahrersitz, Rasmus wendete den Wagen und rollte langsam auf die Straße.

Wir fuhren durch ein Waldgebiet zu Michaels Haus. Er hatte uns erlaubt, auch seinen Garten zu besichtigen und nach den bornholmschen Perlmuttfaltern Ausschau zu halten. Das Haus war ein ehemaliges Forsthaus, das mitten im Almindingen steht, dem größten zusammenhängenden Waldgebiet Dänemarks. Sein Garten war ganz anders als Monas. Hier wuchsen hauptsächlich wogende Gräser, zwischen denen geschwungene Pfade aus Steinplatten verliefen. Nur eine kleine Ecke war angelegt. Dort wuchs Sandthymian auf ein paar warmen Steinen neben einem länglichen, spiralförmigen Beet mit Kräutern und Blumen. Ich machte ein paar Fotos von einem strahlend orangefarbenen Schmetterling mit graugrünen Unterflügeln, den ich später als den Großen Perlmuttfalter identifizierte. Das war auch die einzige Art, die ich auf Bornholm von meiner Liste streichen konnte. Ich ärgerte mich, wusste aber, dass ich die anderen Perlmuttfalterarten, die ich hatte sehen wollen, auch auf dem Festland würde finden können.

Ich fragte Rasmus nach den beiden Todesfällen, die Michael angesprochen hatte.

»Er hat seinen Sohn verloren«, sagte Rasmus. Er litt an Schizophrenie und hatte sich mit einundzwanzig das Leben genommen. Der zweite Todesfall war Michaels Zwillingsbruder, der als erwachsener Mann bei einem Badeausflug vor Nordbornholm ertrunken war. Eine starke Strömung hatte ihn erfasst und hinaus in die Brandung gezogen, wo er ertrank.

Rasmus war von Michaels Lebensmut beeindruckt. »Er ist wie ein kleiner Gasbrenner, dessen Flamme ständig brennt, findest du nicht?«

»Doch«, sagte ich und spürte einen Druck im Hals.

Auf dem Weg zur Fähre traf mich die Erkenntnis, dass Rasmus die einzig richtigen Fragen gestellt hatte. Er hatte intuitiv begriffen, dass alles, was wir in diesem Garten gesehen hatten, mit Liebe, Tod und Glauben zusammenhing. Er hatte diese Grundpfeiler in Michaels Leben gesehen, denen ich mich mit meinen journalistischen Fragen überhaupt nicht hatte nähern können.

Die Sonne brannte durch die Windschutzscheibe. Ich schloss die Augen und dachte an Monas weise Worte. Der Tanz, hatte sie gesagt, sei älter als die Sprache. Eine Kommunikation mit den Göttern.

*

Meine zweite Reise nach Nordjütland stand nur wenige Tage nach Bornholm auf dem Programm. Ich hatte am Mittwochnachmittag eine Vorstandssitzung in Aarhus, wenn ich also am Dienstag losfuhr, hätte ich einen Tag Zeit, um die verbleibenden Arten auf meiner Liste zu finden, bevor ich wieder nach Hause aufbrechen musste. Dieses Mal musste ich besser vorbereitet sein. Ich wollte mindestens zehn Arten sehen, von denen einige nur in diesem Teil des Landes und auch nur zu dieser Zeit flogen.

Ich ging in unseren Keller und wühlte in Bergen aus Schlafsäcken und alten Schuhen, Kanistern mit Scheibenwischwasser und Verkleidungskisten, Weihnachtsschmuck und alten Zeitschriften, bis ich endlich, in einer Kiste mit Schraubenziehern und Kabeln, eine Nikon-Kamera entdeckte, die ich mir damals in New York gekauft hatte. Das war lange vor Smartphones, ich hatte sie ewig nicht mehr benutzt, weil es mühsam war, die Aufnahmen von der Kamera auf den Computer zu übertragen. Außerdem war da, soweit ich mich erinnern konnte, ein Schleier am äußeren Rand der Linse, der auf alle Fotos einen dezenten Nebel in der rechten Ecke legte. Ich testete, ob sie noch funktionierte. Das tat sie. Ich musste die unscharfe Ecke einfach ignorieren, aber es war besser, als mit dem Handy zu fotografieren.

Ich wollte allein fahren. Die Jungs mussten zur Schule, Rasmus musste zur Abschlussfeier in Mads' Klasse. Da ich nur einen Tag hatte, würde ich konzentriert vorgehen und mir meine Zeit gut einteilen müssen. Ich erinnerte mich an die Plattform, die ich letztes Mal konsultiert hatte. Dort hatte ein Schmetterlingsliebhaber seine Reise nach Råbjerg Mose beschrieben. Ich erinnerte mich, dass er sich am Ende eines Textes bei einem Schmetterlingsexperten bedankt hatte, der ihm vor Ort mit wertvollen Tipps helfen konnte. Jørgen Kabel hieß er, und es dauerte nicht lange, bis ich im Netz eine Telefonnummer in Skagen gefunden hatte. Ich rief ihn an. Eine freundliche, zurückhaltende Stimme war am anderen Ende der Leitung.

Ob er der Jørgen Kabel sei, der sich mit den nordjütländischen Schmetterlingen auskannte?

Ja, das wäre er.

Jørgen war quasi auf dem Weg nach Schweden, seine Frau und er wollten den Schwarzen Apollo finden, und sie würden deshalb leider nicht im Lande sein. Aber er würde mir gerne helfen. Wir gingen meine Liste der Schmetterlinge durch, die ich sehen wollte, und er verriet mir, wo ich sie finden könnte. Den Rotklee-Bläuling in einem Graben in Skagen, den Baum-Weißling auf einer ganz bestimmten Wiese.

»Aber das Wetter«, sagte er, und in seiner Stimme schwang viel Mitgefühl. »Das sieht nicht gut aus.«

»Ja, ich weiß«, sagte ich. »Aber es ist jetzt oder nie.«

»Der Skabiosen-Scheckenfalter«, sagte er. »Der war in diesem Jahr sehr früh dran. Das ist auch fast vorbei.«

»Ja«, sagte ich und hatte Herzklopfen. »Drück mir die Daumen.«

»Und du hast nur einen Tag Zeit?«

Die Frage war keine Feststellung, er klang eher verwundert. Wer macht eine Schmetterlingsreise ans andere Ende des Landes, wenn er nur so wenig Zeit zur Verfügung hat?

»Ja«, sagte ich erneut und spürte ein Prickeln auf der Haut. »Ich habe nur einen Tag Zeit.«

Am nächsten Morgen stand ich sehr früh auf, die Sommernacht war voller Schatten und bleich. Die Wettervorhersage sah in der Tat nicht so aus, als wäre sie auf meiner Seite.

Ich schmierte die Schulbrote für die Jungs, schlich mich zu Rasmus ins Schlafzimmer und verabschiedete mich von ihm. Dann machte ich mir ein Glas mit Nescafé, das ich in den Halter im Auto steckte. Mein Handy verriet mir, dass es nicht nur bewölkt, sondern – viel schlimmer noch – auch windig sein würde. Ich startete den Motor, rollte leise aus der Einfahrt und war Minuten später auf der Autobahn. Erleichtert und angespannt zugleich.

Jørgen Kabel hatte mir eine ganze Reihe von Nachrichten geschickt mit Google-Maps-Links und Standorten, an denen ich eventuell die wichtigsten Arten seiner Heimat sehen könnte. Er hatte mir auch genauestens beschrieben, wo ich jeweils meinen Wagen parken konnte, sowie Anweisungen gegeben, worauf ich achten solle. »Den Mittleren Perlmuttfalter und den Rotklee-Bläuling solltest du hier finden können«, hatte er über eine Karte geschrieben. »Aber die können sich gut verstecken.«

»Riesige Hilfe! Vielen Dank!«, antwortete ich. »Und viel Erfolg bei der Schatzsuche in Schweden!«

Der Kaffee war kalt, als ich nördlich von Kopenhagen Richtung Westen abbog, um von dort die Fähre aufs Festland zu nehmen. An Bord setzte ich mich ins Café, legte meine Stirn an die dicken Plastikscheiben und starrte auf die Schaumkronen der grauen Wellen. Ich kaufte mir zwei Croissants und beantwortete ein paar Mails, bevor ich schließlich in Aarhus ankam, quer durch die Stadt fuhr und dann weiter gen Norden. Meinen ersten Halt machte ich erst fünf Stunden, nachdem ich von zu Hause aufgebrochen war. Südlich von Vendsyssel bei Hammer Bakker sollte ich den Wachtelweizen-Scheckenfalter sehen können. Ein weiterer Ort in meinem Land, von dem ich noch nie in meinem Leben gehört hatte.

Ich fuhr von der Autobahn ab vorbei an einem Supermarkt, einer Tankstelle und einer weiß gekalkten Kirche am Kreisverkehr. Kurz dahinter veränderte sich die Umgebung, der Abstand zwischen den Häusern wurde größer, und auch die Hügel zu beiden Seiten der Straße wurden markanter. Ich durchquerte einen kleinen Wald und parkte den Wagen so nah an Jørgen Kabels Standortnadel wie möglich. Vor mir lag ein Schotterweg, auf der einen Seite erstreckten sich Wiesen, auf der anderen Seite ein Wald.

Ich hängte mir die Kamera über die Schulter und machte mich auf den Weg. Ich kannte dieses Flattern in meiner Brust, ein Zustand der Anspannung und Vorfreude.

Auf der Wiese grasten Kühe und Pferde. Hinter einem Dornenbusch am Waldrand stand ein weißes Kalb und starrte mich an. Ein Schimmel schlug mit seinem Schweif. Ich ging zügig weiter, vorbei an mehreren Wiesen, bis ich an eine Böschung kam. Dort sollte ich die Wachtelweizen-Scheckenfalter sehen können. Der Himmel war weiß mit blauen Flecken. Winzige weiße Blütenköpfe und glänzende Butterblumen wuchsen zwischen den Grashalmen. Hier und da braunroter Sauerampfer. Ich hatte lange Hosen an und bewegte mich langsam voran. Es dauerte nicht lange, und ich entdeckte das Tier, für das ich unter anderem diese Reise unternommen hatte. Mich durchfuhr ein Schauer, und ich hielt die Luft an. Auf einer pudrigblauen Blume saß ein vierflügeliges Geschöpf. Auf seinen Flügeln waren orangefarbene Felder umgeben von einem kaffeebraunen Netz. Die Spitzen seiner Fühler waren golden.

Ich hatte gelesen, dass dieses Tier früher einmal in großen Beständen im Norden von Seeland zu finden war. Dort, von wo ich am selben Morgen aufgebrochen war. Mittlerweile war die Zahl dieser Schmetterlingsart stark rückläufig, auf Seeland war sie nicht mehr zu sehen, sondern nur noch in Jütland, und dort auch an viel weniger Standorten als früher. Ich hob meine Kamera und stellte scharf. Sie gab ein lautes Geräusch von sich, als ich das Foto machte.

Reglos blieb ich eine Weile stehen. Ich war umgeben von Vogelgezwitscher.

Konnte ich jetzt schon wieder gehen? Einfach so? Es fühlte sich irgendwie falsch an. War das in Ordnung, diesen Ort gleich wieder zu verlassen, nachdem ich gerade erst angekommen war? Ich hatte mein Foto im Kasten, aber war das der einzige Grund, warum ich hier war?

Fakt war, ich musste mich beeilen – richtig beeilen –, wenn ich eine Chance haben wollte, auch die anderen Arten noch zu sehen. Ich drückte den Deckel aufs Objektiv und lief den Weg zurück, den ich gekommen war. Vorbei an den großen, grasenden Tieren. Ich setzte mich in den Wagen, warf die Kamera auf den Beifahrersitz und lachte vor mich hin. Das klang seltsam laut und hallend.

Mein nächster Halt war Råbjerg Mose, etwa eine Stunde weiter nördlich. Durch diese sowohl feuchte als auch trockene Wildnis war ich vor knapp zwei Monaten mit Mads gestapft. Damals hatte ich keine Ahnung gehabt, an was für einem Ort ich gelandet war.

Später erfuhr ich, dass dieses Gebiet als eine atlantische Dünenlandschaft bezeichnet wird und zu den seltenen Naturräumen Europas gehört. Die mit Heidekraut bewachsenen Hügel und die tiefergelegenen, sumpfigen Gebiete, in denen Mads und ich herumirrten, sind Überreste von Sandbänken, die sich in der Steinzeit vor vier- bis fünftausend Jahren auf dem Meeresgrund gebildet hatten. Wir sind sozusagen auf dem damaligen Meeresboden herumgelaufen. Als der sich hob, wurde er zu einem Strand, bevor kolossale Kräfte die Landmassen verschoben und das Gebiet Teil des Festlandes wurde, das wir heute Dänemark nennen. Die trockenen Hügelkuppen und die feuchten Senken hatten spezifische Bezeichnungen, sie heißen »Rimmer« und »Dopper«.

Heute steht dieses Gebiet unter Naturschutz und ist Heimat vieler seltener Arten, darunter auch Pflanzen, die nur an diesem Ort wachsen. Hier gibt es Vögel mit klingenden Namen wie der Bruchwasserläufer, die Sumpfohreule und der Neuntöter. Und Pflanzen wie Arnika und Kleines Wintergrün. Es ist auch der einzige Ort im ganzen Land, an dem der Sumpfporst wächst, ein blütenreicher Strauch mit würzig duftenden Blättern. Hier findet man den Gewöhnlichen Teufelsabbiss – eine Pflanze mit langen Stängeln, auf denen kugelige, violette Blütenköpfe sitzen. Sie ist in der Region durchaus weit verbreitet, aber hier wächst sie frei, nicht umgeben von höheren Pflanzen, die ihr Schatten spenden und somit die Wärme abhalten. Deshalb können auf eben diesen Gewöhnlichen Teufelsabbissen die Raupen des seltenen Skabiosen-Scheckenfalters leben. Und diesen Schmetterling wollte ich finden. Ich warf einen Blick auf meine Liste, denn hier würde ich auch den Vogelwicken-Bläuling und den Baum-Weißling sehen können.

Ich folgte penibel Jørgens Anweisungen, die mir einen Standort anzeigten, der sich am anderen Ende vom Råbjerg Mose befand, wo Mads und ich damals geparkt hatten. Ich hielt am Straßenrand an. Ein schmaler Pfad führte zwischen Büschen und Bäumen hindurch, die eine Pforte bildeten. Dahinter konnte ich die Wiese sehen, die mir Jørgen genannt hatte. Diese Landschaft sah so anders aus als die, in der Mads und ich gewesen waren. Sie hatte nichts Fremdes, sie war üppig und grün. Die Wolken zogen in großen Fetzen über den Himmel, es sah aus wie ein ganz gewöhnlicher Ort.

War ich hier richtig?

Zögernd machte ich ein paar Schritte. Vor mir auf dem Boden krabbelte ein weißer Schmetterling, langsam wie ein alter Mann. Ich kniete mich hin, um ihn mir genauer anzusehen. Er war tatsächlich alt, sah ziemlich mitgenommen aus und hatte tiefe Kerben in den Flügeln. Vielleicht hatte ihn ein Vogel attackiert? Es war kein Kohlweißling, denn seine Flügel waren von schwarzen Adern durchzogen. Und das bedeutete, dass es sich um einen Baum-Weißling handelte. Ich war am richtigen Ort. Mit schnellen Schritten ließ ich das Insekt am Boden zurück. Die Wiese hatte die Größe eines Fußballfeldes und war an den Seiten mit hohen Bäumen und Büschen gesäumt, während in der Fläche dazwischen nur Gräser in den verschiedensten Farbschattierungen wuchsen. Es sah eher aus wie ein langweiliges Feld statt einer fruchtbaren Wiese. Es wirkte erschreckend gewöhnlich. Eine Art Un-Ort. Ich warf einen nervösen Blick in den Himmel. Wie schrecklich wäre es, wenn das ramponierte, schwarzadrige Geschöpf mein einziger Schmetterling sein würde, den ich hier zu Gesicht bekäme. Ich zog mir eine langärmlige Bluse über und setzte meinen Weg fort. Schon wenige Minuten später hatte sich alles verändert.

Das Erste, was mir ins Auge fiel, war eine kleine Ansammlung von Knospen mit winzigen weißen Staubblättern, die wie ein Rock um einen Bauch abstanden, der auf einem dünnen Stängel steckte. Sie waren unscheinbar, aber wunderschön, wie sie sich von dem vielen Grün abhoben, das sie umgab. Ich kniete mich hin, um sie zu fotografieren.

Bei diesem geringen Abstand zu allem, was auf der Wiese wuchs, konnte ich das Grüne im Detail sehen und erkennen, dass es nicht nur Grün war und die Gräser nicht nur Gräser. Ich befand mich in einer vor Leben nur so wimmelnden, farbenprächtigen Welt. Es war so üppig, alle meine Sinne richteten sich auf das, was ich sah. Raue und glatte Oberflächen, filzige, dornige und behaarte Pflanzen. Meine Schritte wurden ganz automatisch langsamer, ich kam an gelben Blütenköpfen und bläulich violetten Disteln vorbei, an weißen Kissen aus kleinen Blüten, an violetten, glockenförmigen Blütenständen, einer vereinzelten, orchideenartigen Pflanze mit violetten Flecken auf rosa Blütenblättern. Ich achtete darauf, wohin ich trat, jeder meiner Schritte würde etwas Bedeutsames zertreten können. Auf einmal sah ich auch überall Tiere fliegen und krabbeln. Einen Käfer mit rotem Panzer, der ein Blatt fraß, und eine winzige Motte mit hauchdünnen schwarzen Zeichnungen auf ihren grauen Flügeln. Ein Tier mit schimmernden blauschwarzen Flügeln und roten Punkten krabbelte an einem Grashalm hoch. Daneben war eine dicke, krumme Raupe, sie war hellblau und bernsteinfarben, ihre rötlichen Härchen sahen aus wie winzige Dornen. An den Wurzeln einiger Grasbüschel klebten große glänzende Klumpen, die wie Spucke aussahen.

Ich ließ meinen Blick über die Landschaft wandern. Es fühlte sich an, als wäre mir ein wunderbares Geheimnis anvertraut worden. Das hier war keine gewöhnliche Wiese, sondern ein ganz besonderer Ort, dessen Wunder aber nur Eingeweihte kannten. Hier konnte man die Grashalme an den Hosenbeinen spüren und alles Leben bewundern. Aber nur, wenn man das Losungswort wusste.

Ich sah viele Schmetterlinge. Einen schwarzbraunen mit mehreren Augenflecken, die jeweils von einem hellen Kranz umgeben waren. Ich entdeckte noch einen Baum-Weißling, dieses Exemplar aber war frisch geschlüpft und unversehrt. Er saß auf einer Distel und bewegte seine großen schwarzadrigen Flügel hin und her. Sein Körper war schwarz. Ich fand auch einen kleinen, mottenartigen Dickkopffalter, goldbraun war er mit dunklen Flecken. Auf einer gelben Blüte saß ein orangefarbener Schmetterling. Der gehörte sehr wahrscheinlich zu den Perlmuttfaltern, wie ich später erfuhr; da ich aber kein Foto von seinen Flügelunterseiten machen konnte, war eine genaue Bestimmung nicht mehr möglich. Auf einem Halm direkt vor mir landete ein kleiner Lilagold-Feuerfalter, dessen Körperhärchen türkis schimmerten. Ich ging bis ans andere Ende der Wiese und hielt die Luft an, als ich von einem Schmetterling mit eisblauen Flügeln und einem behaarten Körper in derselben intensiven Farbe ein Foto machte.

Ich sah auf meine Uhr. Ich wollte diesen Ort nicht verlassen, mir fehlte auch noch der Skabiosen-Scheckenfalter, der nur in dieser Gegend vorkam – und explizit auf dieser Wiese den geeignetsten Lebensraum hatte. Ich sah in den Himmel.

Jørgen Kabel hatte am Telefon eher verhalten geklungen. Die Saison der Skabiosen-Scheckenfalter sei eigentlich fast schon vorbei, hatte er gesagt. Aber wenn ich jetzt aufgab, würde mein Projekt scheitern. Dann würde ich es nicht schaffen, alle dänischen Schmetterlingsarten in einer einzigen Saison zu sehen.

Hatte er nicht gesagt, man könnte ihn auch noch an einer anderen Stelle sehen, nicht weit von hier? Ich entschied mich, vorerst aufzugeben und darauf zu hoffen, dass der Himmel aufreißen und die Sonne zum Vorschein kommen würde. Dann könnte ich auch später zu einem der anderen Punkte fahren. Wenn ich mein Ziel erreichen wollte, musste ich mich von diesem besonderen Ort losreißen. Ganz vorsichtig und wachsam kehrte ich um, schlich mich davon wie aus einer Kathedrale.

Die nächste Art, die auf meiner Liste stand, sollte sich ganz in der Nähe aufhalten. Nur etwa zwanzig Minuten entfernt, an der Küste, die weiter draußen zum Skagerrak führte. Es war der Große Sonnenröschen-Bläuling, über den ich schon einiges gelesen hatte. Genauso wie beim Skabiosen-Scheckenfalter hatte ich nur diese eine Chance, ihn zu sehen. An diesem Ort, zu dieser Jahreszeit.

»Du parkst am besten bei den Tverstedseen und gehst von dort Richtung Østerklit, bis zur äußeren Dünenreihe«, lauteten Jørgen Kabels Anweisungen. »Die Wirtspflanze ist der blutrote Storchschnabel.«

Ich tat, wie mir geheißen. Es war vier Uhr, der Himmel war verhangen. Ich hängte mir die Kamera über die Schulter und begab mich zum dritten Mal an diesem Tag in eine mir unbekannte Landschaft. Diese war trocken und karg, graugrüne Nadelbäume standen zwischen kahlen, zerfurchten Stämmen. Es roch nach Salz, Sand und Kiefern. Der Weg führte schließlich wieder aus dem Wald heraus auf eine offene Fläche mit Gräsern, die rote Spitzen hatten. In der Ferne sah ich das Reetdach eines Hauses mit alten Windmühlenrädern auf dem Dach. Ich lief durch einen Hain aus niedrigen Eichen und musste an die riesigen Eichenbäume bei mir zu Hause denken. Das war dieselbe Baumart, und doch wuchs sie so anders, kleiner und vom Wind gekrümmt. Auf der anderen Seite entdeckte ich eine Gruppe von blutroten Storchschnäbeln, nach denen ich Ausschau halten sollte, weil auf ihnen der Große Sonnenröschen-Bläuling seine Eier legte. Leider saß dort kein einziger Schmetterling, darum setzte ich meinen Weg auf einem Dünenkamm fort. Zu meiner Linken sah ich das graugrüne Meer, dessen Brandung mit weißen Schaumkronen auf die Küste zurollte. Über mir erstreckten sich die grauen und weißen Wolkenformationen wie riesige Flächen, und vor mir breitete sich eine gewaltige Dünenlandschaft aus. Dort wuchsen nicht nur vereinzelte Storchschnäbel. Tausende und Abertausende der blutroten Blüten standen zwischen sich wogenden Feldern aus Strandhafer.

Mich durchfuhr ein freudiger und ängstlicher Schauder.

Früher liebte ich den Wind an der dänischen Westküste, nirgendwo sonst im Land war er so rau und unerbittlich wie hier. Aber jetzt verfluchte ich ihn, denn er riss an den Blüten und Grashalmen. Ich wusste, dass Schmetterlinge Wärme brauchten und bei Wind Schutz suchten. Den Großen Sonnenröschen-Bläuling gab es an mehreren Orten auf der Welt, aber die Unterart mit dem langen lateinischen Namen Aricia artaxerxes vandalica lebte nur hier. Genau an diesem Küstenabschnitt. Nirgendwo sonst gab es diese Unterart. Weder in einer anderen Dünenlandschaft noch in einem anderen Land, auch nicht auf einem anderen Kontinent, an keinem anderen Ort auf der ganzen Welt, auf keinem anderen Planeten, an keinem anderen Ort unserer riesigen Galaxie. Nur an diesem Küstenabschnitt, an dem ich mich gerade befand.

Ich wollte unbedingt ein Exemplar sehen. Ich folgte einem schmalen Pfad, der zwischen den leuchtenden Blumen hindurchführte. Wie kleine Farbtupfer schmückten sie die Düne, in den kleinen Senken, auf den Kämmen, an den Böschungen. Ich bemerkte einen ockerfarbenen Schmetterling mit dem dunklen Augenfleck, den ich auch im Råbjerg Mose gesehen hatte. Ich entdeckte einen, der auf den Flügelunterseiten ein schachbrettartiges Muster hatte und mich an einen erinnerte, den ich im Melby Overdrev auf Seeland gesehen hatte. Aber weit und breit keine Bläulinge.

Nachdem ich etwa eine halbe Stunde lang herumgelaufen war, schrieb ich Jørgen Kabel eine SMS und erzählte ihm, dass ich vergeblich nach dem Großen Sonnenröschen-Bläuling Ausschau gehalten habe. Ob er noch ein Ass im Ärmel habe?

Die Antwort kam relativ prompt. »Nein«, stand dort. »Ich habe keinen guten Rat. Sie sollten eigentlich auf den Blumen sitzen, dort, wo es windgeschützt ist.«

Windgeschützt? Es wurde immer windiger.

Ich ging weiter, inspizierte Blütenkopf um Blütenkopf, suchte in den Dünen nach windgeschützten Stellen. Dahinter rauschte das Meer, ich fuhr mir mit der Hand durch mein vom Wind zerzaustes Haar. Und spürte den unwiderstehlichen Drang zu weinen.

Nach einer weiteren Stunde beschloss ich, jetzt abzubrechen und dafür am nächsten Morgen früh aufzustehen und es erneut zu versuchen. Sowohl der Skabiosen-Scheckenfalter als auch der Große Sonnenröschen-Bläuling mussten also bis zum nächsten Tag warten. Die Wettervorhersage klang doch auch viel optimistischer? Außerdem hatte ich noch etwas zu erledigen, und es war schon spät geworden. Ich wollte einen Rotklee-Bläuling sehen, der ebenfalls zu den Arten gehörte, die ich dieses Jahr nicht mehr finden würde, wenn mir das nicht hier in Nordjütland gelingen sollte.

Jørgen Kabel hatte mir zwei mögliche Standorte genannt. Der eine befand sich an der Straße Richtung Skagen, aber außer einer Herde von Kühen und einem Mann in einem roten Hemd, der einen Abendspaziergang machte, sah ich nichts. Deshalb fuhr ich weiter zum zweiten Standort, einem Graben in einer Kurve in Skagen. Ich fand eine halbe Flasche Weißwein, eine Coladose, eine Bierdose und einen verrosteten Grillrost. Aber keinen einzigen Bläuling.

Es war spät geworden. Mein Blick in den Himmel sagte mir, dass ich jetzt nichts mehr ausrichten konnte. Ich stieg wieder in den Wagen, fuhr durch die Stadt mit ihren blassgelben Häusern und entdeckte ein Hotel in einem schönen, alten Backsteingebäude mit weißen Sprossenfenstern. Als ich das Foyer betrat, schlug mir ein wohltuender Geruch entgegen. Es roch angenehm altmodisch.

Eine junge Frau tauchte hinter dem kleinen Fenster an der Rezeption auf und lächelte mich an. »Waren Sie schon einmal Gast bei uns?«, fragte sie.

Ich sah sie verwundert an. Warum siezte sie mich, das war so ungewöhnlich für mich als Dänin? »Nein«, antwortete ich und erwiderte ihr Lächeln.

Mein Zimmer war unterm Dach, es war klein und hatte hellgraue Tapeten. An der Wand über meinem Bett hingen Fotos von Hotelgästen in goldenen Rahmen, die schätzungsweise aus den Dreißiger- und Vierzigerjahren stammten. Die Menschen saßen am Strand und trugen weiße Kleider und Strohhüte. Auf einem der Fotos saß ein Mann auf einem Pferd. Er war gekleidet wie eine Frau und hielt ein Weinglas in der Hand. Ich rief meine Jungs an und zeigte ihnen das Foto via FaceTime.

»Hast du alle gefunden?«, fragte Mads.

»Noch nicht alle, nur ein paar«, sagte ich. »Das ist ganz schön hart.«

Eine halbe Stunde später lag ich im Bett. Mein Handy gab ein Zeichen von sich, dass ich eine SMS bekommen hatte.

»Ich wage gar nicht nachzufragen«, schrieb Jørgen Kabel. »Wie lief es heute mit dem Großen Sonnenröschen-Bläuling?«

Ich antwortete ihm, dass ich weder mit dem Großen Sonnenröschen-Bläuling noch mit dem Skabiosen-Scheckenfalter Glück gehabt hätte, aber immerhin sechs weitere Arten von meiner Liste streichen konnte. Ich hatte den Wachtelweizen-Scheckenfalter, den Baum-Weißling, den Braunen Waldvogel, den Rostfarbigen Dickkopffalter, den Lilagold-Feuerfalter und den Vogelwicken-Bläuling gesehen. Ich schickte ihm ein Foto vom Vogelwicken-Bläuling, einem leuchtend blauen Schmetterling.

Seine Antwort ließ nicht lange auf sich warten. Den Großen Sonnenröschen-Bläuling würde ich ganz bestimmt noch sehen, schrieb er. Der Skabiosen-Scheckenfalter allerdings könnte wirklich zu einer Herausforderung werden. Er schickte mir einen weiteren Standort, an dem ich vielleicht mehr Glück haben könnte. Er schrieb auch, dass er sich gerade mit seiner Frau nördlich von Stockholm aufhalte und dort ein Traum von ihm in Erfüllung gegangen sei. Er habe endlich einen Schwarzen Apollo gesehen. Diese Schmetterlingsart sei eine »fast märchenhafte Erscheinung mit zarten, durchsichtigen Flügeln, die leider schon vor vielen Jahren in Dänemark ausgestorben ist.«

Er schickte mir zwei Fotos. Der Schmetterling saß auf einer Blume in strahlendem Sonnenschein, wie ein Stück Seidenpapier.

Ich sah aus dem Fenster. Die Nacht war weiß, wie Kieselsteine. Ich war vor nicht einmal vierundzwanzig Stunden aufgebrochen. Jetzt lag ich in einem Bett in einer anderen Welt, zwar noch in meinem Heimatland, aber die Zeit hatte sich verschoben. Es fühlte sich an, als hätte ich mir vor einem Jahr den Nescafé gemacht und den Jungs die Schulbrote geschmiert. Ich war allein, und die Einsamkeit war übermächtig und von einer einzigen quälenden Frage beherrscht, die meine Gedanken und mein Herz beschäftigte. Würde es mir gelingen, den Skabiosen-Scheckenfalter und den Großen Sonnenröschen-Bläuling auf einer der blutroten Blumen zu sehen?

*

Bei meiner Lektüre über die Schmetterlingsjäger, die im Lauf der Zeit enorme Sammlungen getöteter Schmetterlinge angelegt hatten, fiel es mir schwer, ihre Begeisterung und Liebe zu diesen Lebewesen mit dem Töten der Tiere zu vereinbaren. Hermann Hesse, der Literaturnobelpreisträger, verteidigte seine Sammlung in einem schönen Essay, in dem er es als »Unsinn« bezeichnete, das Töten von Schmetterlingen mit roher Grausamkeit gleichzusetzen. Denn, so schrieb er, sogar die rücksichtslosesten Sammler »tragen dazu bei, dass man die Falter nicht vergißt, dass sich da und dort in manchem Bezirk ihre alten, wunderbaren Namen erhalten, und sie tragen je und je auch dazu bei, dass die lieben Schmetterlinge überhaupt noch bei uns vorhanden sind«. Später in seinem Leben aber hörte er mit dem Sammeln auf und pflanzte stattdessen bestimmte Blumen in seinem Garten, die von den Schmetterlingen bevorzugt wurden. In einem Brief an seine Schwester schrieb er, dass seine »Bedenken zu töten schwerer wogen als die Lust zu jagen«.

Hesse hörte vor mehr als hundert Jahren auf zu sammeln, aber es ist erst seit Beginn des neuen Jahrtausends nicht mehr comme il faut, seltene Schmetterlingsarten zu fangen und zu töten. Aber es gibt nach wie vor Menschen, die das tun. 1973 schlossen mehrere Länder weltweit ein Abkommen zur Kontrolle des internationalen Handels mit gefährdeten Tier- und Pflanzenarten: das Washingtoner Artenschutzabkommen. Durch dieses Abkommen wurde der kommerzielle Handel mit 33.000 Pflanzenarten sowie 6600 Tierarten, darunter mehrere Schmetterlingsarten, erheblich erschwert oder ganz verboten. Zu diesem Zeitpunkt aber war es in Dänemark nach wie vor erlaubt, jeden beliebigen Schmetterling zu töten, indem man ihn zu den anderen Trophäen in ein Glas mit Äther legte, das in der Jackentasche steckte.

Zu einem Zeitpunkt, als ich mehr über Schmetterlinge erfahren wollte, nicht nur über ihre Lebensräume, sondern auch über ihre Geschichte, wandte ich mich an den aktivsten unter den Hobby-Lepidopterologen des Landes, Lars Andersen. Ich besuchte ihn in einer Reha-Klinik, in der er sich von einem Schlaganfall erholte. Der typische Krankenhausgeruch schlug mir entgegen. Andersen saß dort die meiste Zeit an seinem Laptop, um seine beeindruckende Webseite zu pflegen. Sie war ein weitverzweigtes Röntgenbild seines enzyklopädischen Wissens über die dänischen Schmetterlingsarten. Er erzählte mir, dass er bereits als junger Mann in den Siebzigerjahren mit dem Sammeln von Schmetterlingen aufgehört hätte. Er hätte festgestellt, dass es ihm größere Freude bereitete, die Tiere lebend und in ihrer natürlichen Umgebung zu beobachten, als sie tot in einer Schachtel liegen zu sehen.

»Ich schäme mich dafür, dass mein Hobby Leben ausgelöscht hat«, sagte er. »Sammler sind keine besonders poetischen Menschen. Sie sammeln Leichen in Glaskästen.«

Als Lars Andersen mit dem aktiven Sammeln aufhörte, war das noch eine Seltenheit. Erst als immer mehr Menschen erkannten, dass der weltweite Bestand an Schmetterlingen zurückging, wuchs in der Community der Widerstand gegen das Sammeln. 2016 wurde in einer Plantage in Westjütland eine Raupe des Schwalbenschwanzes gefunden, was eine Sensation war, denn die Art galt zu diesem Zeitpunkt in Dänemark seit vierzig Jahren als ausgestorben. Als sich kurz darauf herausstellte, dass jemand den Schierling ausgerissen hatte, auf dem die Raupe gesessen hatte, brach in den sozialen Medien unter den Naturinteressierten ein Sturm der Entrüstung aus. Die Geschichte bekam den klingenden Namen »Schwalbenschwanzskandal«, und die darauffolgende Debatte für und gegen das Sammeln von Schmetterlingen war hitzig und giftig. Die eine Fraktion bezeichnete das Sammeln als »Terrorismus«, die andere wies darauf hin, dass das Sammeln nicht verboten sei. Die Entomologie, so lautete das immer wiederkehrende Argument dieser Seite, sei schließlich auf private Sammler angewiesen. Und damit hatten sie auch gewissermaßen recht. Würden stattdessen hochdotierte Insektenforscher herumlaufen und die Insekten für ihre Forschungszwecke einsammeln, wäre das eine kostspielige, nicht umsetzbare Angelegenheit. Daher war das Sammeln ein wichtiger Teil dieser sich lohnenden Symbiose, die über Jahrhunderte zwischen privaten Sammlern und Fachleuten entstanden war – ohne diese Sammlungen wüssten wir heute viel weniger. Trotzdem wurden 2021 vierunddreißig dänische Schmetterlingsarten unter Naturschutz gestellt. Nach jahrzehntelangem Kampf war es endlich verboten, diese Arten zu sammeln und zu töten, außer man hatte eine Genehmigung dafür.

Zwei Jahre vor Inkrafttreten wurden zwei Männer auf einem Berg in Norwegen verhaftet, die einem örtlichen Aufseher verdächtig vorgekommen waren. Die Männer hatten dreißig tote Exemplare des Schwarzen Apollo bei sich, die seit dem Washingtoner Artenschutzabkommen unter Naturschutz standen, so wie Tigerfelle und Elfenbein. Die norwegische Polizei nahm mit den Kollegen in Aalborg Kontakt auf, wo einer der Männer gemeldet war. Die Abteilung für Wildtierkriminalität (eine Abteilung, die sich hauptsächlich mit Fällen von Wilderei und dem Handel mit illegalen Kampfhunderassen befasste) erwirkte noch am selben Tag einen Durchsuchungsbefehl. Die Männer bekamen hohe Geldstrafen, weil sie insgesamt hundertachtzig geschützte Schmetterlingsarten transportiert und gelagert hatten – zweiundzwanzig korsische Schwalbenschwänze und hundertsechzig Exemplare des Schwarzen Apollos.

Als ich von dem Fall hörte, platzte ich förmlich vor Neugierde. Ich wollte herausfinden, was einen Hobby-Lepidopterologen im 21. Jahrhundert dazu bewegte, tote Exemplare der Tiere zu sammeln, für die er sich begeisterte. Die Namen der Verurteilten gingen nicht aus der kurzen Beschreibung in den Medien hervor. Aber ich zählte eins und eins zusammen, bekam die Mailadresse des einen heraus und schickte ihm eine Anfrage. Ob er sich mit mir treffen würde, um über diesen Fall zu sprechen?

Er antwortete sehr freundlich, lehnte aber ab. Er habe sich dazu entschieden, keine Stellungnahme abzugeben, fügte allerdings ein Interview bei, das er einer Regionalzeitung vor der Beschlagnahmung der Tiere gegeben hatte. Vielleicht hätte ich dafür Verwendung.

Ich wollte keinen weiteren Druck ausüben und bat deshalb um Akteneinsicht in die Polizeiberichte, die ich mir kurz darauf in einem winzigen Raum in der Polizeidirektion Aalborg ansehen durfte. Ich ging die Dokumente durch, als würde ich einen Krimi lesen, und verschlang die Seiten förmlich. Neben mir saß eine junge Polizeibeamtin mit Pferdeschwanz und großem Interesse. Sie sollte dafür sorgen, dass ich keine der Akten entwendete, in denen unter anderem auch Fotos von der Durchsuchung der kleinen, zweigeschossigen Wohnung des Mannes lagen. Systematisch arbeitete ich das Material durch, es hatte etwas Voyeuristisches und Intimes, sich die Privatsphäre eines anderen Menschen anzusehen, aber die Wohnung war ungeheuer faszinierend. Sie war geradezu klinisch sauber, als die Polizei unangekündigt bei ihm auftauchte. Hinter dieser peniblen Ordentlichkeit verbargen sich überall Schmetterlinge oder Material über Schmetterlinge. In seinem Büro im ersten Stock standen breite, dunkle Schränke an den Wänden, in denen die Polizei insgesamt zweihundert Rahmen mit präparierten Schmetterlingen fand. Die Beamten transportierten fünfundzwanzig Umzugskartons mit solchen Rahmen ab. Der Bericht enthielt auch Aufnahmen von acht dieser Kartons, in denen sich die schönen, seidigen Schwarzen Apollos mit dem charakteristischen roten Augenfleck auf den Flügeln befanden. Auf einem Regal standen weiße Ringordner und schwarze Hefter mit maschinengeschriebenen Rückenetiketten, in denen der Verhaftete die Korrespondenz mit anderen Lepidopterologen aufbewahrt hatte. Und in der untersten Schublade des Tiefkühlschranks entdeckten die Beamten zwei Pakete mit gefrorenen Schmetterlingen.

Der Pferdeschwanz neben mir konnte sich nicht länger zurückhalten und fragte mich, warum ich mich dafür interessierte. Ich erzählte ihr von meinem Projekt und fragte dann, ob die Strafen der beiden Männer für Wildtierkriminalität in Höhe von zwölf und zehntausend Kronen hoch bemessen seien.

»Ja«, antwortete sie mir und hob die Augenbrauen. »Es kommt wirklich selten vor, dass so hohe Strafen verhängt werden.«

Aus den Akten ging hervor, dass es zwischen der Polizei und dem Verurteilten zu einer Auseinandersetzung gekommen war. Als der Sammler nämlich den Teil seiner riesigen Sammlung abholen wollte, der keine seltenen Arten enthielt, stellte er fest, dass der Inhalt von zehn bis elf Umzugskartons durch die Behandlung der Polizei beschädigt worden war. Mehreren Schmetterlingen waren die Fühler abgebrochen. Der Sammler wurde darüber in Kenntnis gesetzt, dass er eine Beschwerde einreichen könne, aber soweit ich das sehen konnte, hatte er davon Abstand genommen. Dafür aber ließ er mitteilen, dass er »versuchen will, die Fühler wieder anzukleben, aber das wird sehr viele Stunden, wenn nicht Tage in Anspruch nehmen«.

Nach der Durchsicht der Akten bedankte ich mich für die Geduld der jungen Beamtin und machte mich noch mal auf die Suche im Netz. Ich fand einen Artikel, in dem sich der Sammler doch zu dem Fall geäußert hatte. Er gab zu, dass es »verkehrt und dumm« gewesen sei, die geschützten Tiere zu fangen. »Aber ein paar Exemplare zu fangen, hat keine große Auswirkung. Die Zerstörung ihrer Lebensräume, die Stickstoffemissionen der Landwirtschaft und der Straßenbau sind weitaus größere Bedrohungen. Genauso wie der Klimawandel«, sagte er. In dem Interview, das er mir gemailt hatte, vertrat er dieselbe Haltung. Er erzählte von seinem Wunsch nach mehr Renaturierung, um die Lebensräume der Schmetterlinge zu sichern, und wechselte dann quasi ohne Überleitung zu einem anderen Thema und beschrieb seine Methode, wie er die Tiere tötete. Die kleineren Insekten würde er in ein Glas mit Gift stecken, den größeren gab er eine Spritze mit Essigester.

Auf seiner Webseite brachte er ebenfalls seine Empörung über den Umgang des Menschen mit unserem Planeten und dem Leben zum Ausdruck. Seiner Ansicht nach ging die Umstellung auf nachhaltige Energien viel zu langsam voran. »Wie kann man das zulassen?«, schrieb er. »Das globale Klima ist eine ernste Angelegenheit, man sollte keine Sekunde länger zögern.«

Der Sammler hatte eine Straftat begangen, er hatte bedrohte und seltene Arten getötet und seine Strafe verdient. Aber er habe keine Sünde begangen, betonte er. Stattdessen hielt er der Gesellschaft den Spiegel vor, die seine Taten verurteile. Wir alle hätten Schuld auf uns geladen.

Jeder Mensch, dessen Lebensstil zur brutalen Zerstörung der Erde beitrug. Nicht allein der Sammler war der Sünder. Ich war die Sünderin.

*

Am nächsten Morgen wachte ich früh auf, frühstückte auf feinstem Porzellan und brach auf. Ich wollte so schnell wie möglich zurück in die Dünen mit ihren Tausenden blutroten

Blütenköpfen, um endlich die dänische Variante des Großen Sonnenröschen-Bläulings zu finden.

Als ich den Weg am Waldrand betrat, der hinunter zum Meer führte, sah ich die schwere Wolkendecke, die am Himmel hing. Es war Sommer, aber die Landschaft wirkte dunkel und feucht. Ich lief stundenlang durch die Dünen, unermüdlich, vorbei an den Teppichen aus blutroten Storchschnäbeln. Ich wollte dieses kleine geflügelte Wesen unbedingt sehen. Meine Gedanken waren mit nichts anderem beschäftigt, nur mit diesem gierigen Verlangen.

Jørgen Kabel hatte mir noch einen Tipp geschickt. Wenn ich mich auf der Plattform Naturbasen einloggte, könnte ich unter den jeweiligen Arten sehen, ob jemand den Großen Sonnenröschen-Bläuling vor Kurzem gesichtet hatte. In der Regel würden die genauen Koordinaten angegeben, wo die Art gesehen wurde. Vielleicht könnte ich die Hilfsmittel der richtigen Amateure für mich nutzen? Ich sah nach und stellte fest, dass der Große Sonnenröschen-Bläuling tatsächlich vor Kurzem in der blühenden Dünenlandschaft gesichtet worden war, allerdings ein paar Kilometer von meinem Standort entfernt, in Tversted. Diesen Ort kannte ich sogar. Wir hatten dort vor ein paar Jahren mit den Kindern eine Radtour durch Nordjütland gemacht und in Tversted ein Eis gegessen.

Ich lief, so schnell ich konnte, zurück zum Wagen, der Schweiß klebte mir unter den Achseln. Ich parkte in der Nähe des Eisladens. Ein großer Bagger war dabei, eine Hagenbuttenhecke zu zerstören, eine invasive Pflanze, die drohte, die empfindlicheren Pflanzen der Westküste zu verschlingen. Der Lärm der Maschine und ihre Größe hatten in der Dünenlandschaft etwas Monströses.

Ich hob den Blick. Die Sonne war herausgekommen, der Himmel war mächtig und blau, nur mit vereinzelten Wolkenfetzen. Der Anblick machte mich froh.

Ich verglich die Angaben von der Plattform mit der Karten-App auf meinem Handy. Einer der Nutzer hatte angegeben, dass er einen Großen Sonnenröschen-Bläuling gesehen habe. Und zwar, laut Karte, unmittelbar hinter dem Bagger und dem Hagebuttengestrüpp. Ich ging durch ein Gatter, das auf einen Pfad führte, der sich durch ein Gebüsch schlängelte und in eine Landschaft mit Feldern aus blutroten Storchschnäbeln überging. Das Brummen des Baggers wurde zu einem leisen Summen.

Es dauerte nicht lange, da hatte ich ihn entdeckt. Das war er doch? Ich biss mir auf die Lippe und hielt die Luft an. Doch, das war er. Ich kniete mich hin. An einem Grashalm neben einer Kleeblüte saß ein kleines Insekt mit braunschwarzen Flügeln und orangefarbenen Flecken entlang des weißen Flügelsaums. Seine Fühler waren schwarz-weiß gestreift. Und auf seinem Körper wuchsen mitternachtsblaue Härchen. Mich durchfuhren Wehmut und Erregung. Wie groß und schwer mein Körper war im Vergleich zu seinem kleinen, leichten.

Ich legte mich ganz vorsichtig auf den Boden. Die Grashalme kitzelten mich am Hals und im Nacken. Ich stützte meinen Kopf mit der Hand ab. Der Schmetterling klappte seine Flügel zusammen. Seine Flügelunterseite sah anders aus als die Oberseite, die Härchen waren taubenblau und die Flügel graubraun mit einem Muster aus schwarzen und goldenen Farbflecken. Seine Artgenossen auf Seeland, Bornholm und Jütland waren fast ausgestorben. Ihr Lebensraum war verschwunden, von Rapsfeldern oder Sommerhaussiedlungen verschlungen. Und von der Straße drangen die Hagebuttensträucher in die Felder mit den Storchschnäbeln, der Pflanze, von der das Überleben dieser Schmetterlingsart abhing. Auch die Lebensräume weiter unten an der nordjütländischen Küste gab es nicht mehr. Diese Unterart kam nur noch an fünf Standorten an dieser jütländischen Meeresbucht vor. Wie lange würde sie noch überleben?

Ich stützte mich auf meine Ellenbogen, hob die Kamera und machte ein Foto. Still lag ich da und genoss den Anblick.

Was gab es noch zu erledigen?

Ich schrieb Jørgen Kabel eine SMS. »HABE DEN GROSSEN SONNENRÖSCHEN-BLÄULING GEFUNDEN!«

Es war ein seltsamer Gedanke, dass dieser Ort nicht weit von der Stelle entfernt war, an der ich vor ein paar Jahren mit Rasmus und den Kindern gewesen bin und Eis gegessen habe. Keine dreißig, vierzig Meter entfernt. Damals hatte ich etwas anderes gesehen. Eine gewöhnliche Dünenlandschaft mit Touristen, die mit ihren Crocs Richtung Strand schlurften, Sand und Gräser, geparkte Autos. Ich war ahnungslos, dass hinter dem kleinen Gatter beim Eisladen Tiere lebten, die es nur dort gab, eine einzigartige Seltenheit. Sollte die Art aussterben, wäre sie unwiederbringlich verloren. Jetzt wusste ich, dass es ein großer Verlust für unser Universum wäre, denn sie würde dieser Dünenlandschaft fehlen. Vor einem Jahr noch wusste ich nicht, dass dieses Tier überhaupt existierte, und der Gedanke, dass die Artenvielfalt auf der ganzen Welt mit rasanter Geschwindigkeit abnimmt, war eher abstrakt. Ich wusste um den Ernst der Lage, weil ich darüber aus Büchern und Nachrichten erfahren hatte. Aber der Ernst der Lage hatte sich nicht in der Erkenntnis verankern können, die aus Erfahrung entsteht. Jetzt machte mich der Gedanke daran innerlich ganz kalt.

Ich ging den Weg zurück, durchs Gatter und vorbei an dem Bagger, neben dem sich ein riesiger Berg aus ausgerissenen Hagebuttenzweigen türmte.

Es war nicht vorgesehen, dass mein Vorhaben so schwierig sein würde. Die Freude, ein seltenes Tier gesichtet zu haben, hatte sich nicht eingestellt. Das Insekt war selten, weil es bedroht war, und zwar von mir, von meiner Spezies.

Ich setzte mich in den Wagen. Mir fehlten noch der Rotklee-Bläuling und der Skabiosen-Scheckenfalter. Wenn ich sie jetzt nicht fand, würde mir das in diesem Sommer auch nicht mehr gelingen, die Gelegenheit wäre dann unwiderruflich vorbei.

Jørgen Kabel hatte mir einen alternativen Standort für den Skabiosen-Scheckenfalter geschickt. Ich fuhr dorthin, fand aber nichts. Dann konsultierte ich ein zweites Mal meine neue Geheimwaffe auf der Naturbasen. Jemand hatte den Falter am Jerup Strand gesehen. Auch dorthin begab ich mich umgehend, und auch dort entdeckte ich ihn nicht. Ich sah, dass jemand den Rotklee-Bläuling auf einem verlassenen Militärgelände in der Nähe von Aalborg gesichtet hatte, also machte ich mich auf den Weg dorthin. Statt des Rotklee-Bläulings sah ich aber nur das Große Ochsenauge, mein sechsunddreißigster Schmetterling und der häufigste unter den dänischen Arten.

Meine Vorstandssitzung rückte näher, ich musste aufbrechen. Die Zeit lief mir davon. Ich musste aufgeben. Ich würde weder den Skabiosen-Scheckenfalter noch den Rotklee-Bläuling finden.

In Gedanken versunken trat ich den Rückweg an.

Was sollte das Ganze? Mir war es aus naheliegenden Gründen nicht gelungen, diese beiden Arten zu sehen. Ich war bei schlechtem Wetter aufgebrochen, hatte nur einen Tag Zeit gehabt und war eine erbärmliche Anfängerin, die außerdem viel zu spät dran war. Aber das waren nur äußere Umstände, die eine viel gewichtigere Tatsache verschleierten. In Wirklichkeit sollte es hier nämlich unzählige Schmetterlinge geben. Dieser Planet sollte vor Skabiosen-Scheckenfaltern und Rotklee-Bläulingen nur so wimmeln, sie sollten die Wasserpfützen in Beschlag nehmen und die Luft mit bunten Punkten versehen, soweit das Auge reichte.

Nach der Sitzung fuhr ich auf die Fähre, die mich zurück nach Seeland brachte. Mein Wagen hatte so weit vorne am Bug gestanden, dass das Salzwasser während der Überfahrt auf die Windschutzscheibe gespritzt war und Spuren hinterlassen hatte. Einer der Mitarbeiter an Bord hatte einen Wasserschlauch in der Hand und spritzte die Front meines Autos ab. Ich lauschte dem Geräusch des Wassers, das gegen das Metall und den harten Kunststoff prasselte. Die Knöchel meiner Hände, mit denen ich das Lenkrad umklammerte, ragten wie weiße Felsen empor. Die Tropfen erzeugten weiße Lichtblitze, die durch den Innenraum schossen. Mein Projekt war gescheitert, in mir tat sich ein Abgrund auf, karg und felsig.

Warum gab es uns Menschen auf diesem Planeten? Was war unsere Aufgabe, was hatten wir daraus gemacht?

Mir würde es nicht gelingen, alle dänischen Schmetterlingsarten bis Ende des Jahres zu sehen, weil ich den Skabiosen-Scheckenfalter und den Rotklee-Bläuling nicht von meiner Liste würde streichen können.

Ich rollte die Rampe herunter. Wir hatten Autos und Asphalt erfunden, Räder und Motoren, aber wohin hatten uns die gebracht? Es war nicht bedeutungsvoll, das war es nie gewesen, wir waren nichts als Materie, Geschwindigkeit, Masse, sonst nichts, es gab keinen tieferen Sinn, keinen Wert an sich, der über allem stand. Wir hatten Komfort und Glück erreicht, aber am Ende war das alles nur eine Betäubung, die verhinderte, die Zivilisation lediglich als eine Art Hülle zu sehen, wenn wir morgens aufstanden, zur Arbeit gingen, Kinder bekamen und abends in der Dunkelheit ins Bett gingen. Wir bewohnten eine sich drehende Kugel irgendwo in der dunklen Weite des Universums, in einer unendlichen Leere, und über uns brannte eine Sternenkugel aus Plasma. Mehr gab es dazu nicht zu sagen. Es gab keine Wahrheit. Es gab keine Schönheit. Denn direkt unter der Oberfläche war alles im Fluss – Straßen, Wasser, Geschichte –, aber nichts davon hatte ein Ziel. Die Informationen strömten, die Gedanken strömten, Flüsse und Blut strömten, aber all das ohne Konsequenzen.

Früher hatten die Menschen getanzt, um mit ihren Göttern in Verbindung zu treten.

Die Ampel war rot, ich hielt an.

Was hatten sie ausdrücken wollen?

Ein schwarzer, glänzender Wagen vor mir blinkte rechts.

Vielleicht würde ich die beiden Arten niemals sehen. Vielleicht starben sie vor mir aus.

# ZWEITER TEIL

# IMMER NOCH JUNI

Als die Börse, das älteste Gebäude in Kopenhagen, an einem Aprilmorgen 2024 in Flammen stand, sahen die Menschen fassungslos, ungläubig und mit großer Trauer auf das lodernde Feuer. Es verschlang ein Zeugnis unschätzbarer Kulturgeschichte, während die Mitarbeiter in zerknitterten eleganten Anzügen einzigartige Gemälde heraustrugen. Das meiste aber konnte nicht gerettet werden. Wir Dänen wussten, dass wir Zeugen einer Tragödie geworden waren, als die berühmte Bleispitze des Gebäudes, die aus vier verschlungenen Drachenschwänzen geformt war, in sich zusammenbrach. So erging es auch den Franzosen mit ihrer Notre-Dame. In einer Aprilnacht 2019 entstand ein Brand unter dem Dach der imposanten, mittelalterlichen Kathedrale, erfasste schnell die Dachkonstruktion und erzeugte eine riesige Rauchsäule, die sich über dem Himmel von Paris ausbreitete. Die ganze Welt sah zu. Wir alle wussten intuitiv, dass das ein großer Verlust für die Menschheit war.

In beiden Fällen kamen Wünsche und Vorschläge für den Wiederaufbau auf, noch während die Feuer wüteten. Brian Mikkelsen ist Direktor der Organisation Dansk Erhverv, einem Unternehmerverband, der seinen Sitz in der Börse gehabt hatte. Er erklärte, dass man das Gebäude – no matter what – wieder aufbauen müsse. Und zwar unabhängig von

Kosten und Aufwand. Und in Frankreich verkündete Emmanuel Macron unmittelbar nach der Tragödie, dass die Notre-Dame in fünf Jahren wieder stehen sollte. Die Bauarbeiten in Kopenhagen sollten mehr als fünf Milliarden Kronen kosten, aber diese Summe schien immer der Sache untergeordnet zu sein. Es stand etwas Größeres auf dem Spiel, der Verlust war so immens, dass eine Alternative gar nicht zur Debatte stand. Wir konnten unmöglich etwas so Wertvolles für unsere Kultur und unser Vermächtnis einfach verkohlen lassen. Die Verantwortung, das zu bewahren, lag bei uns.

Was unsere Natur angeht, steht sie seit hundert Jahren in Flammen. Das Ausmaß der Verluste ist unvorstellbar groß. Der Artenschwund geht schneller voran als jemals zuvor in der Erdgeschichte. Seit dem Aussterben der Dinosaurier waren Tiere und Pflanzen keiner vergleichbaren Vernichtung ausgesetzt. Wir sind mittendrin, im sogenannten sechsten Massenaussterben. Man geht davon aus, dass es zirka acht Millionen Tier- und Pflanzenarten auf der Erde gibt, von denen etwa eine Million vom Aussterben bedroht sind – eine Zahl in einer Größenordnung, die kaum zu greifen ist. Anders ausgedrückt könnte man sagen, dass jede achte Art auf der Erde bis zum Jahr 2100 verschwunden sein wird. Vielleicht aber fühlt es sich richtiger an, es so zu formulieren: Eine Million und eine Art sind vom Aussterben bedroht. Indem wir diese astronomische Zahl nämlich um eins erhöhen, erinnern wir uns daran, dass es sich nicht nur um eine abstrakte Zahl handelt, sondern um Lebewesen – um Hunderttausende von Reptilien, Spinnen, Vögeln, Muscheln, Fischen, Schnecken, Säugetieren und Käfern, die Namen haben wie Steinkauz, Haselmaus, Kegelrobbe und Wolf.

Das letzte, noch lebende Exemplar einer Art wird von einigen als Endling bezeichnet. Das klingt wie ein Wort aus einem Märchen der Gebrüder Grimm und hat ein trauriges, einsames Echo. Die letzte Wandertaube, die 1914 starb, war ein solcher Endling. Ihr wurde sogar ein Name gegeben, Martha. Der letzte tasmanische Beutelwolf, der 1936 starb, war ebenfalls ein Endling, und das trifft auch auf Lonesome George zu, die letzte bekannte Pinta-Island-Schildkröte, die im Juni 2012 auf den Galapagosinseln starb. Wenn ein Endling stirbt, ist es unwiderruflich vorbei. Es werden nie wieder Wandertauben über unsere Köpfe fliegen, kein tasmanischer Beutelwolf wird sich an seine Beute heranschleichen, nie wieder wird eine Riesenschildkröte am Strand Eier legen.

Es ist vorbei – für immer.

Wenn wir vom sechsten Massensterben sprechen, meinen wir damit nicht nur das enorme Ausmaß der vom Aussterben bedrohten Arten, sondern auch eine weitaus größere Anzahl von Arten, die dabei ist, massiv zurückzugehen. Die Biomasse der wilden Säugetiere, also Anzahl und Körpergewicht der wildlebenden Tiere, nimmt jährlich weiter ab. Heute machen sie nur noch etwa vier Prozent des Gesamtgewichts aller Tiere auf der Erde aus. Den Rest, sechsundneunzig Prozent, stellen domestizierte Tiere dar, Tiere in Gefangenschaft und Menschen. Man geht davon aus, dass es heute im Vergleich zu den Siebzigerjahren, als ich geboren wurde, siebzig Prozent weniger Säugetiere, Vögel, Reptilien, Fische und Amphibien gibt. Bei Süßwasserarten ist diese Zahl sogar noch höher, nämlich fünfundachtzig Prozent. Der Rückgang variiert je nach Region, am schlimmsten sind Lateinamerika und die Karibik betroffen, wo die Wildtierpopulation um schwindelerregende fünfundneunzig Prozent zurückgegangen ist.

Auch jetzt, während ich an einem Herbsttag in meinem dunklen, nach Norden gerichteten Büro sitze und schreibe und mein Hund neben mir auf dem Boden liegt und schläft, findet das Massensterben statt. Das Massensterben der Korallenriffe ist im vollen Gange, es droht der Kollaps des Polareises, die tropischen Regenwälder werden abgeholzt, und die Ökosysteme der Weltmeere verändern sich dramatisch. Das bedeutet, dass es weniger Fische im Atlantik, weniger Käfer in Asien, weniger Vögel in Europa und weniger Schlangen in Amerika gibt. Allein der weltweite Verlust an Insekten ist in seinem Ausmaß ungeheuerlich. Seit 1970 – neun Jahre vor meiner Geburt – sind sie um dreiundsiebzig Prozent zurückgegangen. Die Mücken und Schnaken verschwinden, es gibt immer weniger Spinnen. Als ich ein Kind war, musste mein Vater auf einer Autofahrt häufig die Windschutzscheibe säubern, weil so viele Insekten dagegengeklatscht sind und man nichts mehr sehen konnte. Wenn ich heute mit dem Auto unterwegs bin, muss ich die Windschutzscheibe nicht zwischendurch wischen. Es fliegen nicht mehr genug Insekten durch die Gegend, um gegen meine Scheibe zu prallen und mir die Sicht zu versperren.

Die Tiere und Pflanzen verschwinden aber nicht von einem Tag auf den anderen. Wenn ich schreibe, dass die Natur in Flammen steht, meine ich das größtenteils symbolisch, weil wir bei dem Verlust nicht so unmittelbar zusehen können wie bei den brennenden Gebäuden. Trotzdem finde ich es bedenklich, dass wir nicht kollektiv reagieren, so wie wir es tun, wenn einzigartige Wahrzeichen in einem Flammenmeer versinken und wir ihre Wiederherstellung fordern, no matter what. »Den Regenwald für einen wirtschaftlichen Gewinn zu zerstören«, sagte der amerikanische Entomologe und Ameisenexperte E.O. Wilson, »das ist, als würde man ein Renaissance-Gemälde verbrennen, um mit der Hitze eine Mahlzeit zuzubereiten.« Aber wir spüren diesen Verlust nicht. Es gibt Gesetze, Absichtserklärungen und globale Biodiversitätsgipfel, es gibt NGOs, die sich dieser Sache verschrieben haben, und Wähler, die grün wählen. Aber es gibt kein kollektives, intuitives Bewusstsein für das Ausmaß dieser Brutalität. Wir haben keine gemeinsame, vorsprachliche Trauer darüber, was wir da verlieren.

Mir ging es genauso, bevor ich mich auf meine Schmetterlingsjagd begeben habe. Kognitiv hatte ich das verstanden und konnte es in Worte fassen, die aus der Statistik und der Welt der Fakten stammten. Aber es war keine Tatsache, die Teil meines Alltags war, die ich spürte, wenn ich zur Arbeit fuhr, fernsah oder mit Aske zum Einkaufen in den Supermarkt fuhr. Sie war da, aber eigentlich auch wieder nicht. Das änderte sich erst, als sich erste Risse zeigten. Eines Tages beispielsweise durchlief mich ein eiskalter Schauer. Ich war in meinem Garten und spürte Panik in mir aufsteigen. Sekunden später hatte sich der Abgrund wieder geschlossen, und der Garten war derselbe wie zuvor, mit seinem Gewächshaus und der Schubkarre. Ganz ruhig, fast abwartend. Erst mit den Schmetterlingen kamen der Aspekt der Zeit und die Welt der Dinge dazu. Als ich erkannte, dass die Zeit der Schmetterlinge auf dieser Erde mit meiner eigenen Zeit zusammenhing, wurde es leichter, die Realität zu begreifen.

Als ich geboren wurde, gab es viel mehr Schmetterlinge als heute. Als ich zehn war und allein mit meinem Rad zu den Hünengräbern durch die Rapsfelder fuhr, konnte man überall im Wald den Veilchen-Perlmuttfalter fliegen sehen.

Heute gab es ihn nicht mehr. So schnell war das gegangen. Dieser Gedanke ließ mich nicht los, während ich alte Aufzeichnungen über Schmetterlinge las. Das Tempo dieser Entwicklung war so absurd hoch und verlief parallel zu meinem eigenen Leben.

Ich stieß bei meiner Recherche beispielsweise auf ein Buch, das Torben W. Langer, der bekannteste Schmetterlingsexperte Dänemarks, 1963 veröffentlicht hatte – sechzehn Jahre vor meiner Geburt. Darin beschreibt er die dänischen Arten mit unbeschwerter Selbstverständlichkeit, darunter »unseren heimischen Schwarzen Apollo« und »den dänischen Schwalbenschwanz«. Zwar bemerkte er, dass die Zahlen des Schwarzen Apollos rückläufig waren, aber es gab keinen Zweifel daran, dass es sich um dänische, heimische Schmetterlingsarten handelte. Die großen exotischen Schwalbenschwänze – die den freudschen Wolfsmann zu Tode erschreckt hatten – waren zwar schwer zu fangen, aber nicht selten. Langer hatte selbst welche gefangen, einen in Lyngby Mose in den Wäldern bei Rungsted und einige Exemplare an der Køge Bugt. Etwa ein Vierteljahrhundert zuvor, im Jahr 1938, hatten Skat Hoffmeyer und Sigfred Knudsen in ihrer Übersicht aller dänischer Schmetterlinge festgestellt, dass der Schwalbenschwanz »in ganz Jütland, auch in den Dünen, verbreitet« war. Aber schon 1978, ein Jahr vor meiner Geburt, war das nicht mehr der Fall. Die Tiere hatten aufgehört, sich zu vermehren, weil die letzten Lebensräume in Jütland trockengelegt worden waren. Als dann im Sommer 2024 auf Bornholm Raupen des Schwalbenschwanzes entdeckt wurden, glich das einer Sensation. Als hätten Fabelwesen aus einer mythologischen Welt ihren Weg in die Realität zurückgefunden.

Emil, mein hilfsbereiter Schmetterlingsexperte, veröffentlichte 2023 einen wissenschaftlichen Artikel, in dem er dokumentierte, dass seit 1993 zweiundsiebzig Prozent der Lebensräume der zweiundzwanzig seltensten Arten auf Seeland und in der Dänischen Südsee verschwunden waren. 1993 war das Jahr, in dem ich konfirmiert wurde. Innerhalb von gerade einmal dreißig Jahren hatten die seltenen Schmetterlingsarten demnach drei Viertel ihrer Lebensräume verloren. Die Daten, auf denen der Artikel basierte, hatte Emil seit seinem sechzehnten Lebensjahr mit seinem Freund Magnus zusammengetragen. Sie hatten damals beschlossen, alle Standorte auf Seeland, Lolland, Falster und Møn einmal im Jahr zu besuchen, und das über einen Zeitraum von fünf Jahren. Da sie noch zu jung waren und keinen Führerschein hatten, fuhren sie mit dem Rad oder nahmen den Bus. Auf diesem Weg lernte Emil nicht nur die absurdesten Buslinien und winzigen Ortschaften auf Seeland kennen, sondern sammelte dabei wichtige Daten über die Lebensräume der Arten. Jedes Jahr stellten Emil und Magnus fest, dass es immer weniger Exemplare der verschiedenen Arten gab und auch die Lebensräume schwanden. Obwohl ich weiter oben geschrieben habe, dass wir bei dem Verlust, dem Artensterben, nicht wirklich zusehen können wie bei einem brennenden Gebäude, stimmt das nicht ganz. Emil hat es dokumentiert und auch selbst beobachtet, das war sehr konkret. Letztes Jahr gab es mehr Schmetterlinge als dieses Jahr. Und nächstes Jahr fliegen noch weniger als in diesem Jahr.

Gleichzeitig wurde mir bewusst, dass hier noch eine weitere Zeitdimension im Spiel war. Denn während ein Großteil in unfassbar kurzer Zeit verloren ging – also, seit ich auf der Welt bin –, existiert die Kenntnis über den Verlust schon wesentlich länger. Lange bevor ich geboren wurde, hat es unzählige Menschen gegeben, die von der Zerstörung der Natur und der Ausrottung der Arten gewusst haben. Die Meeresbiologin und Zoologin Rachel Carson schrieb 1962 – sieben Jahre vor meiner Geburt – den Ökoklassiker *Der stumme Frühling*, in dem sie unter anderem die Folgen des Einsatzes von Pestiziden in der Landwirtschaft dokumentierte. »Wenn der Frühling naht, wird er nun in den Vereinigten Staaten in immer größeren Gebieten nicht mehr von seinen Vorboten, den zurückkehrenden Vögeln, angekündigt«, schrieb sie. »Wo einst am frühen Morgen der herrliche Gesang der Vögel erschallte, ist es merkwürdig still geworden.« 1925, fünfundvierzig Jahre vor meiner Geburt, wies der dänische Zoologe C. Wesenberg-Lund auf alle Anzeichen hin, die er als Belege dafür sah, dass die moderne Forstwirtschaft das Leben der Tiere bedrohte. »Die besten und bekanntesten Schmetterlingssammler des Landes klagen darüber, dass die relativ reiche Fauna an großen, schönen Schmetterlingen Jahr für Jahr abnimmt«, schrieb er. »Die kleinen Schwärme von Schwalbenschwänzen auf den Waldlichtungen im Gribskov gehören der Vergangenheit an.« Hundertfünfzehn Jahre vor meiner Geburt schrieb der amerikanische Diplomat und Umweltaktivist George Perkins Marsh 1864 sein Buch *Man and Nature*. Die Menschheit sei, so argumentierte er, in katastrophaler Weise im Begriff, das empfindliche Gleichgewicht der Natur zu zerstören. Chemikalien verschmutzten das Wasser, den Lebensraum der Fische. Die natürlichen Lebensräume der Tiere verschwanden, weil die Fleischproduktion stieg und immer mehr Felder für das Vieh und Viehfutter angelegt wurden. Wegen der Rodung der Wälder, so Marsh, verlor der Boden seinen Schutz durch die Bäume und blieb kahl und unfruchtbar zurück. Wir Menschen zerstören die Natur, unser einziges Zuhause. »Wir reißen den Boden in unserem Heim auf«, schrieb er, »entfernen die Wandverkleidung, die Türen und Fensterrahmen.« In einem noch älteren Zeugnis aus dem Jahr 1799 – fast zweihundert Jahre vor meiner Geburt – mahnte der deutsche Naturwissenschaftler Alexander Humboldt die Folgen der Umweltzerstörung an, die durch unsere Ausbeutung der Natur entstanden sind. Auf seinen Entdeckungsreisen auf mehreren Kontinenten beobachtete er, wie große Waldflächen gerodet wurden, um beispielsweise Platz für die Zuckerrohrplantagen in Kuba und für den Silberbergbau in Mexiko zu schaffen. Er sah, wie Bäume in Spanien, Italien, Peru und Russland gefällt wurden, um Flächen für den Getreideanbau zu gewinnen. Und er warnte prophetisch, dass der Verlust der Wälder – neben einer erhöhten Erzeugung von »großen Mengen Dampf und Gas« – das Klima beeinflussen würde. Humboldt erkannte, dass in der Natur alles miteinander verbunden ist. Wir sollten jede einzelne Amphibie oder jede einzelne Pflanze studieren, um ihre Verbindung zu ihrer Umgebung zu verstehen. Wenn wir roden und verbrennen, anbauen und abbauen, hat das nicht nur Konsequenzen für die gefällten Bäume, die bebauten Felder und die trockengelegten Sümpfe, sondern auch für das riesige Netz von Verbindungen, zu dem alles gehört, was auf der Erde ist, die Bäume und das Wasser. »In dieser großen Kette von Ursachen und Wirkungen«, schrieb Humboldt, »kann kein einzelnes Ereignis isoliert betrachtet werden. Alles ist Wechselwirkung.«

Diejenigen, die konnten und wollten, sahen die Zerstörungen bereits vor vielen, vielen Jahren. Lange vor dem ersten Traktor, dem ersten Wolkenkratzer, dem ersten Hotelresort mit Golfplatz und All-you-can-eat-Buffet. Für jeden einzelnen Wissenschaftler und jede Wissenschaftlerin, die ich hier erwähne, könnte ich hundert andere nennen, wenn nicht sogar Tausende. 1992 veröffentlichten 1700 von ihnen eine Warnung der Wissenschaftler der Welt an die Menschheit und mahnten den gefährlichen Kurs an, auf den wir den Planeten gebracht hätten. 2017 folgte die zweite Mitteilung, dieses Mal waren es 15.000 Unterzeichner und Unterzeichnerinnen. »Bald«, schrieben sie, »wird es zu spät sein, um den eingeschlagenen falschen Kurs zu ändern.« Das Wissen des modernen Menschen über die Folgen der Umweltzerstörung ist genauso alt wie die Umweltzerstörung durch den modernen Menschen.

Nach den konkreten und lokalen Ursachen für das massive Artensterben wird nach wie vor geforscht, aber wir verfügen seit mehreren Hundert Jahren über das notwendige Grundwissen. Und die Essenz dieses Wissens lautet: Wir sind es, die das Leben der anderen Arten auf diesem Planeten bedrohen.

Wenn Pflanzen aussterben und die Anzahl wilder Tiere zurückgeht, geschieht dies im Wesentlichen aus vier Gründen: Erstens zerstören wir die Lebensräume der Tiere, um Holzspäne für unsere Verbrennungsanlagen herzustellen oder Platz für unsere Felder, Häuser, Rasenflächen und Schwimmbäder zu gewinnen. Zweitens zerstören wir durch Umweltverschmutzung das Ökosystem, zu dem die Tiere gehören, wenn wir die Felder mit Unmengen an Stickstoff vollpumpen oder Straßenlaternen aufstellen und so Helligkeit in der Nacht erzeugen, wodurch der Tagesrhythmus der Insekten zerstört wird. Drittens führen die Klimaveränderungen zu Gleichgewichtsstörungen in der Natur, wenn die

Lebensräume der Tiere innerhalb weniger Jahre wärmer, feuchter oder trockener werden. Viertens überfischen wir die Meere und Fjorde.

Es gibt lange Diskussionen und ebenso umfangreiche Analysen darüber, welche Konsequenzen es für uns hat – also für unser Leben, die Lebensmittelsicherheit, die Gesundheit und die Wirtschaft –, dass es immer weniger Tiere und Pflanzen gibt. Allein die Diskussion darüber, was der Rückgang der Insekten beinhaltet, ist weitverzweigt und deutet auf unüberwindbare Auswirkungen hin. Können wir unsere Nutzpflanzen noch bestäuben, wenn die Bienen verschwinden? Was für Folgen hat der Rückgang der Insekten für die achtzig Prozent der Weltbevölkerung, bei denen Insekten einen großen Teil ihrer Ernährung ausmachen? Was für Folgen hat es für die Fischindustrie, dass die Lachse und Forellen weniger Nahrung finden? Was entgeht uns, wenn die Pharmaindustrie nicht mehr die Möglichkeit hat, die chemischen Komponenten zu nutzen, die noch unerforschte – und vielleicht bald ausgestorbene – Insekten produzieren? Und doch scheinen alle diese Fragen neben der einen zu verblassen: Welches Recht haben wir, das zuzulassen? Was gibt uns das Recht, nicht nur tatenlos dabei zuzusehen, wie das Gebäude vom Feuer verschlungen wird und mit ihm seine Gemälde, die schönen Möbel und Holzverzierungen, sondern uns auch noch am Feuer zu wärmen und auf den glühenden Kohlen zu tanzen?

*

Rasmus war der Meinung, ich solle mich zusammenreißen. Mir war es nicht gelungen, den Skabiosen-Scheckenfalter und den Rotklee-Bläuling zu sehen. Ja, und?

»Du kannst doch deswegen nicht einfach aufgeben«, sagte er an einem der längsten Tage des Jahres. Der Abend hatte sich seidig grau auf die Felder gelegt. »Wäre es nicht auch viel zu perfekt, wenn alles auf Anhieb klappen würde?«

Ich murmelte, dass man bei einer Schatzsuche auch alle Stationen finden müsse. Aber schon zwei Tage später brach ich erneut nach Heatherhill auf, um den Geißklee-Bläuling zu finden. Der Gedanke, mein Projekt abzubrechen, kam mir noch falscher vor, als einfach weiterzumachen. Wenn ich jetzt aufhörte, würde meine lange Liste mit Schmetterlingen so schwer wie ein Grabstein in der Schublade liegen. Diese Vorstellung war unerträglich.

Ich hatte erkannt, dass der Tod und die Vergänglichkeit in meinem Projekt eine wichtige Rolle spielten. Vielleicht war das meine einzige Chance, jemals alle dänischen Schmetterlingsarten zu sehen. Wenn ich die Gelegenheit nicht ergreifen würde, könnte es schon bald zu spät sein. Würde ich jetzt aufgeben, müsste ich ohne die Erfahrung weiterleben, dass der Ulmen-Zipfelfalter, der Dukatenfalter und der Spiegelfleck-Dickkopffalter existierten und ihnen ein Platz auf diesem Planeten zustand.

Eines Samstagmorgens wachte ich auf und konnte nur an Schmetterlinge denken. Ich schob Aske und Bjørn ins Auto und versprach ihnen, dass sie auf dem Rückweg Süßigkeiten bekämen, wenn sie unterwegs nicht meckerten. Wir fuhren in ein Waldstück außerhalb von Lejre, im Westen von Kopenhagen, um den einzigen verbliebenen Bestand des Hochmoor-Perlmuttfalters auf Seeland zu sehen. Die Tiere flogen in großen orangefarbenen Schwärmen tief über das feuchte Moor, während grauweiße Motten wie Aschestaub um unsere Beine schwirrten. Danach ging es weiter südwestlich nach

Bidstrup Skovene. Wir stapften tief in den Wald hinein, an eine ganz bestimmte Stelle, an der die Mädesüß-Perlmuttfalter auf den fransigen rosa Blüten der Kuckucks-Lichtnelke saßen. Danach fuhren wir nach Holmegård Mose bei Næstved im Süden von Seeland, wo ich erneut von der Fremdartigkeit der Landschaft überrascht wurde. Das flache, weitläufige Moorgebiet war mit Büscheln von baumwollartigen weißen Blütenständen übersät. Wie ich später herausfand, war das Scheiden-Wollgras. Es sah aus, als hätte der Wind flauschiges weißes Haar auf den Gräsern verteilt.

Ich war außer Atem, besessen davon, das zu finden, wofür ich gekommen war. Bjørn zeigte auf eine Pflanze, auf der ein violettblauer Hochmoor-Bläuling saß und leuchtete. Und kurz darauf sahen wir einen Idas-Bläuling.

»Gut gemacht, Jungs«, sagte ich.

Sie hatten sich auf einen Weg aus Steinplatten gesetzt, Bjørn zog sich das T-Shirt aus. Seine roten Fußballshorts hoben sich vom Grün der Umgebung ab. »Das macht keinen Spaß, wenn man das nicht so toll findet«, sagte er, ohne mich anzusehen.

Aske kratzte sich am Kopf und fragte, wie lange es noch dauern würde.

»Nicht mehr lange«, versprach ich und zog mir die Sandalen aus, um barfuß durch den Sumpf zu gehen. Ich wusste, dass dieser Ort meine einzige Chance war, auf Seeland das Große Wiesenvögelchen zu sehen. Ich stieß einen Schrei aus, als ich etwa zwanzig Minuten später ein Wesen sah, das ihm ähnelte. Der Schmetterling hatte mit seinen ockergelben Flügeln und dem Augenfleck an der oberen Flügelspitze Ähnlichkeit mit dem Großen Ochsenauge. Aber als er sich niederließ und ich mich langsam heranschlich, sah ich an der

Unterseite seiner Flügel am Saum ein Band mit kleinen schwarzen Augenflecken und darüber einen gekräuselten Streifen in Creme.

Es war ein Großes Wiesenvögelchen.

Oder?

Meine Zehen versanken im Matsch. Ich fotografierte meinen Fund. Als ich mich wieder aufrichtete, sah ich einen Mann auf mich zukommen. Er war sehr groß, elegant gekleidet, trug hohe Gummistiefel und eine Barbourjacke. Auch er hatte eine Kamera in der Hand, grüßte mich und fragte, was ich fotografiert hätte. Ich erzählte ihm, dass ich das Große Wiesenvögelchen gesehen hatte, aber es stellte sich heraus, dass er von dieser Art noch nie gehört hatte. Er interessiere sich erst seit Kurzem für Libellen und würde sich mit Schmetterlingen nicht so auskennen.

»Sie sollten ein Foto davon machen«, sagte ich. »Diese Art ist selten geworden.«

»Ja, wirklich?«

»Aber Sie müssen sich langsam annähern. Schleichen Sie wie eine Katze.«

»Aha«, sagte er.

Als wir uns umdrehten, war das Große Wiesenvögelchen weggeflogen. Ich half ihm, es wiederzufinden, und ging dann zurück zu den Jungs. Bjørn hob den Blick, er hatte einen roten Fleck auf der Nase. Dann schloss er die Augen und legte die Hände auf seine Knie wie ein buddhistischer Mönch.

»Ohhhhhhhmmmmm«, sang er.

»Schon gut«, sagte ich. »Komm, wir gehen.«

In der Nähe von Ringsted machten wir eine Pause, um etwas zu essen. Ich überschlug im Kopf, dass wir insgesamt

Geißklee-Bläuling,
Heatherhill,
24. Juni

Hochmoor-Perlmuttfalter,
Kirkemose,
25. Juni

Mädesüß-Perlmuttfalter,
Ravnsholte Skov,
25. Juni

Großes Wiesenvögelchen,
Holmegård Mose,
25. Juni

Hochmoor-Bläuling,
Holmegård Mose,
25. Juni

Idas-Bläuling,
Holmegård Mose,
25. Juni

etwa zweihundertvierzig Kilometer gefahren waren. Ich lud ein Foto des Großen Wiesenvögelchens auf Naturbasen hoch und hoffte, von meiner Community die Bestätigung zu bekommen, dass es die richtige Art war. Ich musste nicht lange auf eine Antwort warten. Ein Mann namens Anton schrieb: »Jupp! Glückwunsch!« Er fügte noch ein Daumen-hoch-Emoji hinzu und eins mit einem breiten Grinsen. Ich nahm einen Schluck von meiner Cola und sah aus dem Fenster. Es hatte angefangen zu regnen, vielleicht würden wir auf dem Nachhauseweg ein Gewitter erleben. Ich musste an den Libellenliebhaber denken. War es ihm noch gelungen, ein Foto zu machen?

Ich hatte jetzt zweiundvierzig Arten gesehen. Wir würden bald in die Ferien nach Frankreich aufbrechen. Die Jungs hatten bisher noch keine große Reise gemacht, weil wir den Urlaub immer in Dänemark oder im Sommerhaus meiner Familie in Schweden verbracht hatten. Wir hatten ihnen versprochen, dass wir dieses Jahr Dänemark gen Süden verlassen würden. Wir befanden uns in der Hochsaison der Schmetterlinge. Wieder zu Hause, fiel mein Blick auf die Liste am Kühlschrank. Ich durfte auf keinen Fall noch mehr Arten verpassen, das war mir sehr wichtig, aber mit großer Disziplin und viel Sorgfalt würde ich von dieser Reise doch noch profitieren können. Am einfachsten wäre es, wenn wir uns ein Wohnmobil auf Seeland mieten würden, um dann mit der Fähre nach Deutschland zu fahren. Aber wenn wir den Wohnwagen in der Nähe von Skive auf Jütland abholen würden, könnte ich das mit der Suche nach dem Mittleren Perlmuttfalter kombinieren. Das würde uns zwar einen halben bis einen ganzen Tag kosten, aber es war ja trotzdem schon Urlaub.

Rasmus willigte ein.

Am Tag vor unserer Abreise konsultierte ich noch mal Naturbasen und las, dass eine Pia am Limfjord eine Stelle markiert hatte, wo sie zehn Mittlere Perlmuttfalter gesehen hatte.

Es war Ende Juni und die Sonne schien, als wir unser Gepäck ins Auto luden, um einmal quer durchs Land zum Vermieter zu fahren. Dort wurde alles in den riesigen Wagen umgeladen, Taschen, Bettdecken, IKEA-Tüten mit Boxen, Büchern und Spielen. Die Jungs waren begeistert, setzten sich nach hinten an den Tisch, während Rasmus hinterm Steuer Platz nahm und ich auf meinem Handy die Navigation startete. Los ging's. Uns überholte ein offener Lastwagen mit tanzenden Abiturienten, sie hatten ein Transparent daran befestigt, auf dem ein behaarter Penis zu sehen war, der auf zwei große Brüste ejakulierte. Die Kinder lachten und winkten. Rasmus sagte, dass Dänemark schon ein seltsames Land sei. Wir hielten in Skive an und aßen vor einem Supermarkt Schwarzbrot und Bananen, bevor wir weiterfuhren. Von der Umgehungsstraße ging es auf eine Asphaltstraße, von dort auf eine Schotterstraße.

Ich wollte unbedingt den Mittleren Perlmuttfalter sehen.

»Bist du sicher, dass wir hier richtig sind?«, fragte Rasmus.

»Ja.«

Wir hielten vor einem großen Bauernhof. In der Einfahrt lag feiner Kies, und das Gras an der Scheune war frisch gemäht.

»Weiter können wir nicht fahren«, sagte Rasmus und legte den Leerlauf ein.

Ich lehnte mich vor, spähte durch die Windschutzscheibe. Kurzerhand suchte ich Pias Nummer heraus und rief sie an. Sie klang schüchtern und verwundert, als ich ihr mein Anliegen schilderte. Ich hätte ihren Eintrag auf Naturbasen gesehen. Sie hätte am Limfjord mehrere Mittlere Perlmuttfalter gesehen. Ich würde mich an diesem Standort befinden, aber vor einem großen Bauernhof stehen. Ob sie mir sagen könnte, wo ich hingehen müsste?

Sie schwieg. Eine ganze Weile. »Das ist Privatgelände«, sagte sie schließlich.

»Okay«, sagte ich und zupfte mir an der Unterlippe.

»Du kannst da nicht einfach reingehen.«

»Aber du hast sie hier doch gesehen?«

Sie antwortete nicht.

»Oder nicht?«

»Man kann da nicht einfach reingehen, das ist privat.«

Ich entschuldigte mich für die Störung und legte auf.

»Man kann eine Aufgabe nicht gleich beim ersten Mal schaffen«, sagte Mads und sah von seinem Donald-Duck-Heft auf.

Aske sagte, dass ihm das gelinge, beim Handball.

»Das machst du aber auch schon seit einem Jahr«, erklärte Mads. »Mama hat eben erst damit angefangen.«

Bjørn fragte, wann wir endlich nach Frankreich fahren. Rasmus sah mich mit hochgezogenen Augenbrauen an. »Können wir los? Bist du fertig?«, fragte er.

»Bist du finnisch?«, schob Bjørn hinterher.

Zwei Minuten später rollten wir auf die Landstraße Richtung Süden. Mich überkam das intensive Gefühl, eine Niederlage erlitten zu haben. Als hätte ich etwas Großes und Wichtiges versäumt.

# JULI

Worauf bewegen wir uns zu? Aristoteles hatte in der Natur eine Richtung ausmachen können. Die Richtung des Eies ist hin zur Raupe, die der Raupe zur Puppe und die der Puppe zum fertigen Geschöpf, dem perfekten, fliegenden Schmetterling. Ähnlich blickten auch Paulus, Kant, Hegel, Condorcet und Marx auf die Geschichte der Menschheit. Die Richtung nahm dadurch die Form einer Treppe an, die uns zu einem endgültigen, vollendeten Stadium führte. Sie waren der Überzeugung, dass wir das Ziel bald erreichen würden.

Im Laufe meiner Recherche habe ich eine ganze Sammlung von Beispielen zusammengetragen, von Menschen und Kulturen, in denen die Vorstellung vorherrschte, dass die Geschichte der Menschheit eine einzige große Metamorphose sei. Mein Vater erzählte mir, dass Grundtvig, ein Pfarrer und Reformator, der gesellschaftsverändernde Aufklärung begrüßte, der Auffassung war, das Christentum entfalte sich in sieben historischen Stufen – oder Gemeinden, wie er sie nannte. Da er im Norden Europas im 18. Jahrhundert lebe, befände er sich in der sechsten Gemeinde. Die siebte und letzte Gemeinde würde in Indien am Ganges Wurzeln schlagen, so Grundtvig. Mein Kollege Mahamad erzählte mir, dass es auch in den islamischen Schriften eine Liste mit Entwicklungsstufen gäbe, die der Mensch absolvieren müsse, bevor der Erlöser al-Mahdi kommen und ein letztes, goldenes – gerechtes und friedliches – Zeitalter einläuten wird.

Auch die Vorstellung der ersten Wirtschaftswissenschaftler von der Entwicklung der marktorientierten Wirtschaft könnte man als eine Treppe darstellen. Bis zu Beginn des 16. Jahrhunderts gab es kein globales Wirtschaftswachstum und auch keine Erwartung, dass es so etwas geben sollte. Als aber die Industriegesellschaft langsam Form annahm, ging man davon aus, dass diese Entwicklung auch irgendwann einen Endzustand erreichen würde. Im 18. Jahrhundert vertrat Adam Smith die Ansicht, dass die Wirtschaft am Ende der Entwicklung in einem »stationären Zustand« verharren würde. Im 19. Jahrhundert schrieb John Stuart Mill, dass das Wachstum von Vermögen nicht »unbegrenzt« fortgesetzt werden könne, sondern der stationäre Zustand der Wirtschaft, den Adam Smith proklamiert habe, zur Verwirklichung des menschlichen Potenzials führen würde. Er meinte, dass wir irgendwann nicht mehr kämpfen müssten, um Essen auf den Tisch zu bekommen und ein sicheres Bett zum Schlafen zu haben. Denn dann hätte die Wirtschaft ihr Ziel erreicht, und wir wären in der Lage, unsere Energie und Aufmerksamkeit auf andere Dinge richten zu können. Und zwar auf das wirklich Wichtige: die spirituelle Entwicklung. Wenn die »bloße Zunahme der Produktion und Kapitalansammlung« abgeschlossen seien, schrieb Mill, hätte der Mensch die besten Voraussetzungen für eine »geistige Entwicklung« und »moralischen und sozialen Fortschritt« geschaffen. Der größte Ökonom des 20. Jahrhunderts, John M. Keynes, stimmte seinen Vorgängern zu. Er war sogar der Überzeugung, dass der Tag tatsächlich in naher Zukunft liege, an dem das Wirtschaftswachstum seine letzte Stufe erreicht habe, und dann ganz andere, weitaus wichtigere Dinge als Geld in den Mittelpunkt rücken würden. Er schrieb:

»Der Tag ist nicht mehr weit, an dem das ökonomische Problem auf den Rücksitz verbannt werden wird, wohin es gehört, und die Arenen des Herzens und des Verstandes von unseren wahren Problemen besetzt oder wiederbesetzt werden – von den Problemen des Lebens und der menschlichen Beziehungen, der Schöpfung, des Verhaltens und der Religion.«

Es kommt einem vor, als hätten sich die ersten großen Ökonomen ganz intuitiv an das bestehende Modell für Veränderungen gehalten: Wir haben eine Richtung. Wir wollen das Ziel erreichen, und das Ziel ist perfekt.

Heute scheint es diese Art von Intuition nicht mehr zu geben. In der vorherrschenden Denkweise des 21. Jahrhunderts haben sich die Stufen der Treppe geglättet, und die Darstellung der wirtschaftlichen Entwicklung nimmt die Form einer Kurve an, die in den Himmel steigt. Sie beschreibt die Entwicklung des Bruttosozialproduktes, das sich seit den Fünfzigerjahren verfünffacht hat. Im Vergleich zu den anderen Ansätzen, die unsere Geschichte als Treppe verstehen, zeichnet sie sich dadurch aus, dass es keinen Endzustand gibt. Sie endet nie. Die Ökonomin Kate Raworth beschrieb in ihrem Buch *Die Donut-Ökonomie* ganz treffend, was passiert, wenn man Mainstream-Ökonomen einen Stift in die Hand drückt und sie bittet, zu zeichnen, wie sich voraussichtlich die Kurve des Bruttosozialprodukts langfristig entwickeln wird. »Die obere Spitze würden die Ökonomen jedoch irgendwo mitten in der Luft hängen lassen«, schrieb sie, »wie in einer suspendierten Animation.«

Während wir auf der Autobahn durch Deutschland fuhren, kam mir der Gedanke, dass sich die Folgen des modernen Wirtschaftsdenkens unmittelbar an den Beständen der Schmetterlingsarten ablesen ließen, nach denen ich so verzweifelt suchte. Unsere Vorstellung vom unendlichen Wachstum hat Milliarden von Menschen im Süden aus der Armut befreit und im Norden eine historisch einzigartige Konsumgesellschaft mit einer endlosen Reihe von Waren und Dienstleistungen ermöglicht – Meersalz in Dosen, Streamingdienste, ein neues Hemd, Stühle, Tische, Haargummis, Laubbläser, tiefenreinigende Nasenstrips, Thermoskannen, Schuhe, Hundebekleidung. Diese Produkte stammen alle aus der Natur, aus Mineralien, aus Pflanzen, aus Bäumen, aus Tieren, aus Steinen, und wir haben diese Ressourcen verwendet, als wären sie unerschöpflich. Der Glaube an das Beständige und Unendliche stellt das größte Problem der modernen Ökonomie dar, denn die Wirtschaft lebt von unserem unstillbaren Verlangen nach Neuem. Dadurch aber haben wir die Verbindung zur Vergangenheit und zur Zukunft verloren, wir sind nicht in der Lage, Bedeutung zu finden, einen Ort, an dem wir innehalten können, einen Ort, zu dem wir hinstreben können, für den wir uns zu opfern bereit sind. Was ist für uns wirklich wertvoll? Was empfinden wir als einzigartig? Was zwingt uns in die Knie?

Auch der Camper, in dem wir durch die Gegend fuhren, war aus Natur entstanden. Obwohl es sich nicht so anfühlte. Wir fuhren mit neunzig Stundenkilometern über die Autobahn, während die Autofahrer mit deutschen Kennzeichen an uns vorbeirasten. Aske las einen Comic. Bjørn beschwerte sich über Langeweile. Seine roten Haare standen ihm wie ein wilder Kranz vom Kopf ab. Mads sagte, dass er allein in dem Alkoven über der Fahrerkabine schlafen wolle. Rasmus verkündete, dass er heute Abend auf jeden Fall ein Schnitzel essen werde.

Ich zog meine Sandalen aus und legte die Füße auf das Armaturenbrett, sodass sie die Scheibe berührten. Ich brauchte immer ein paar Tage, bis mein Körper im Ferienmodus war und sich entspannte. Vor uns lag der hellblaue Himmel mit gewaltigen Wolkenformationen. Die Wolken warfen dunkle Schatten auf die Landschaft. Darüber stand die Sonne, der große brennende Stern, der uns Lebensenergie spendet.

Alles Leben, jede Weiterentwicklung auf dieser Erde verdankte seine Existenz diesem Stern. Fast die gesamte Energie, die wir im Laufe der Menschheitsgeschichte zum Bauen, Erweitern, Erfinden und Erobern verbraucht haben, stammt von der Sonne und tut das nach wie vor. Sie entsteht, indem die Pflanzen die Energie des Sonnenlichts nutzen, um Kohlendioxid und Wasser in Sauerstoff und Zucker umzuwandeln. Die Tiere und wir essen diese Pflanzen und wandeln die Energie in Muskelkraft, Gehirnaktivität, Baumaterialien und weitere Nahrung um. Es ist die Sonne, die uns satt macht, die Sonne, die uns Kleidung gibt, die Sonne, die uns das Dach über unserem Kopf ermöglicht. Es ist die Sonne, die unsere Armee ernährt, die Sonne, die es möglich macht, dass wir Informationen untereinander austauschen. Ohne die Sonne gäbe es keine Sicherheit, keine Entwicklung und kein Leben.

Es war schon immer die Aufgabe der globalen Zivilisation, sowohl der, in der wir heute leben, als auch jener, die vor uns da war, die Energie der Sonne besser zu nutzen. Genau genommen dreht sich die Entwicklung der Menschheit um die

Nutzung von Energie. Als das Römische Reich größer und zu einer komplexen Gesellschaft wurde, stieg auch der Energiebedarf, um ebendiese Komplexität aufrechtzuerhalten. Die Beamten mussten mit Lebensmitteln versorgt werden, dasselbe galt für die Soldaten, und die wachsende Elite wollte bedient werden, es gab einen größeren Bedarf an Gebäuden, Waffen, Infrastruktur und Luxus. Die Solarenergie konnte damals nur aus einer Quelle kommen, aus der Landwirtschaft, wo mithilfe der Sonnenenergie Nahrung und Holz gewonnen wurden, aus denen wiederum Schiffe, Waffen, Häuser und Arbeitskraft gewonnen werden konnten. Deshalb war das Römische Reich gezwungen, laufend neue Gebiete zu erobern, um auf diesem Weg Zugang zu mehr Energie in Form von weiterem Holz, noch mehr bewirtschafteten Feldern und menschlicher Arbeitskraft zu erhalten. Der amerikanische Historiker Joseph Tainter schrieb, dass die Eroberung neuer Gebiete im Römischen Reich als Eroberung von Sonnenenergie betrachtet werden könne.

Ähnlich verhält es sich mit der Industriegesellschaft, die vor etwa zweihundertfünfzig Jahren in England entstand. Je komplexer eine Gesellschaft wurde, desto mehr Energie wurde benötigt. Mehr als durch Bäume, Pflanzen und Tiere gewonnen werden konnte. Essen musste zubereitet werden, Wohnraum beheizt und Schiffe und Waren hergestellt. Aber es gab nicht genug Holz und Brennstoff, um das System ausreichend zu versorgen. Dafür aber gab es Kohle, tief unten in der Erde, die aus Pflanzenresten entstanden war, nachdem sie lange einem hohen Druck ausgesetzt waren. Und diese Kohle konnte abgebaut und verbrannt werden, um wiederum enorme Mengen an Energie freizusetzen. Die Kohleindustrie veränderte das Leben in Europa, genau genommen auf der ganzen Welt, und legte den Grundstein für unsere heutige Lebensweise. Unser gesamtes Gesellschaftssystem ist eng mit Öl und Gas verwoben, das wir aus den Tiefen fördern, um gespeicherte Energie freizusetzen, die im Laufe von Millionen von Jahren entstanden ist. Fossile Brennstoffe sind in Wirklichkeit nur ein anderes Wort für sehr, sehr alte Sonnenstrahlen. Die gesamte hochkomplexe Zivilisation unseres Planeten basiert auf den Überresten von Pflanzen, die vor Millionen von Jahren dank der Sonne wachsen konnten.

Wenn man bedenkt, wie wichtig die Sonne für unser Leben ist, liegt es nahe, dass in vielen Kulturen vor unserer Zeit die Verehrung von Göttern mit der Verehrung der Sonne verbunden war. Im alten Ägypten, um 1350 v. Chr., kamen ein neuer Pharao und seine Frau an die Macht, die den Sonnengott Aton verehrten. Sie bauten einen nagelneuen Regierungssitz, eine riesige Anlage mit Tempeln, Palästen und Wohnhäusern, und überall wurde die Verehrung dieses einen, allgegenwärtigen und lebensspendenden Gottes betont. Bei dem Besuch einer Ausstellung über diese Königsstadt kam mir der Gedanke, dass sie eine Erkenntnis zeigt, die der modernen Weltanschauung weit vorausging – eine Art Intuition. Dieser Pharao hatte den Blick gehoben und über die einfache und schwindelerregende Wahrheit nachgedacht, dass alles dieser glühenden Kugel am Himmel zu verdanken ist. An der Wand eines Grabes stand in Hieroglyphen eine Hymne an die Sonne: »Du bist aufgegangen im Osthorizont und hast jedes Land mit deiner Schönheit erfüllt. Schön bist du, groß und strahlend, hoch über allem Land«, stand dort. »Du schaffst Millionen von Gestalten aus dir allein – Städte, Dörfer und Äcker, Wege und Strom.«

Auch in der christlichen Schöpfungsgeschichte ist es das Licht, das am Anfang von allem steht. Zuerst schuf Gott Himmel und Erde, aber die Erde war leer und öde, und Finsternis lag über der Urflut, bis das Wunder geschah: »Gott sprach: ›Es werde Licht!‹ Und es ward Licht. Gott sah, dass das Licht gut war.« Das Licht war die Voraussetzung, die Grundlage für all das, was Gott dem Mythos zufolge in den darauffolgenden sechs Tagen tat: Er schuf das Meer und die Erde, die Pflanzen, die Samen trugen, und die Bäume, die Früchte trugen, er ließ Vögel am Himmel fliegen und das Wasser von Lebewesen wimmeln. Er schuf Vieh und Reptilien und wilde Tiere, und jedes Mal geschah dasselbe: »Gott sah, dass es gut war.« Schließlich schuf er den Menschen. Und hier, an dieser bedeutungsvollen, zentralen Stelle der christlichen Schöpfungsgeschichte, geschah nun etwas, das für die Entwicklung der westlichen Weltanschauung und der gesamten globalen Zivilisation von kolossaler Bedeutung sein sollte. Denn Gott schenkte den Menschen alle Fische des Meeres, alle Vögel des Himmels, alles Vieh und die wilden Tiere und sagte zu den Menschen, sie sollten über alles »herrschen«. Der Mensch erhielt also einen Auftrag. Einen Herrschaftsauftrag, nannte es der dänische Theologe Ole Jensen. Der Mensch sollte sich zum Herrn über alles Lebende machen, und die Tiere und Pflanzen wurden dem Menschen hierarchisch untergeordnet.

Die christliche Kirche hat sich in den ersten Jahrhunderten ihrer Existenz darum bemüht, die Natur von allem Göttlichen abzugrenzen. Nicht nur, um den Schöpfer von seinem Werk zu trennen und den christlichen Gott als den einzigen Gott zu etablieren, ohne Konkurrenz durch die heidnischen Waldgötter und die Naturmagie. Sie stellte auch den Geist über die Materie, als logische Konsequenz, weil der Mensch Herrscher über die Natur sein sollte. In der Schöpfungsgeschichte stand, dass die Natur uns unterworfen ist. Sie gehört uns. Wir verfügen über sie, herrschen über sie. Deshalb kann sie gar nicht göttlich sein.

Der französische Wissenschaftler René Descartes, der unter anderem Jan Swammerdam zu seinen Studien über die Seidenraupen inspiriert hat, bestätigte dieses Prinzip in seinem berühmten philosophischen Werk aus dem Jahr 1637, das einen ausschlaggebenden Einfluss auf die Ideengeschichte haben sollte. In seiner Abhandlung über die Methode, richtig zu denken und Wahrheit in den Wissenschaften zu suchen, argumentierte Descartes, dass die Natur nicht nur als eine von Gott geschaffene Maschine betrachtet werden sollte, sondern dass der Mensch geradezu die Pflicht habe, sie zu zähmen und zu beherrschen. Der Mensch, so Descartes, sollte sich zum »Herren und Eigentümer« der Natur machen. Tiere und Pflanzen seien, dieser Logik folgend, das Eigentum des Menschen. Und wir hätten folglich das Recht, sie zu töten und auszubeuten, und dieses Recht sei durch das Göttliche selbst legitimiert.

Diese neuen Machtverhältnisse zwischen Mensch und Natur brachten unverkennbare Vorteile mit sich. Mehr Nahrung. Bekämpfung von Krankheiten. Die Möglichkeit, Leiden zu verhindern. Aber mit der Dampfmaschine und den Kohlekraftwerken und Fabriken und den optimierten und effizienten Werkzeugen der Industrialisierung, mit denen wir die Kräfte der Natur zähmen und ihre Vorräte an Öl, Holz, Phosphor, Kupfer, Eisen, Mineralien, Steinen, Wasser und Gas ausbeuten konnten, waren wir nicht nur in der Lage, die Ausbreitung unserer eigenen mächtigen Spezies zu sichern, sondern auch die Elemente zu beeinflussen. Jetzt waren wir es und nicht mehr Gott, die die Weltmeere, die Erde und den Himmel berührten. Wir waren es, die Kontrolle hatten über die Strömungen des Wassers, den Regen und die Dürre auf den Feldern. Wir bestimmten die Zusammensetzung der Atmosphäre.

Nichts davon wurde als moralisch falsch, verwerflich oder im Widerspruch zum Göttlichen angesehen. Gott hatte uns das Recht zugeteilt, und die Natur war ihres Geistes beraubt worden. Genau genommen führte das derart ausgelegte Christentum zu der Katastrophe, in der wir uns heute befinden. Einer der größten Theologen Dänemarks, K. E. Løgstrup, schrieb 1962 einen Artikel, in dem er sich dafür aussprach, dass die Entwicklung der westlichen Kultur zu »Vandalismus und Vernichtung« geführt habe. Die Auslegung des christlichen Herrschaftsauftrages reduziere die Natur auf den Rohstoff, so Løgstrup. Wir hätten aber vergessen, dass die Welt nicht nur unsere Umgebung, sondern unser Ursprung sei. Er war noch Professor der Theologie, als er schrieb, dass »das Christentum zum Fluch der westlichen Kultur« geworden ist.

Wir hielten an einer Autobahnraststätte. Rasmus kaufte den Kindern eine Tüte Süßigkeiten. Ich musste an Ole Jensen denken, einen Schüler von K. E. Løgstrup, den ich kennenlernte, als er bereits ein alter Mann war. Er hatte den größten Teil seines Lebens damit verbracht, sich mit den Gedanken seines Lehrmeisters über das gescheiterte Christentum zu beschäftigen. Während Løgstrup das Problem identifiziert hatte, wollte Ole Jensen verstehen, wie es entstanden war und wie man es lösen könnte. Ole Jensen war Theologieprofessor und Dompropst gewesen und in dieser Funktion an der Højskole eingeladen worden, an der Rasmus Rektor war. Ich hatte vorher noch nie von ihm gehört. Seine Hand war groß und kalt, er hatte nur noch wenige Haare auf dem Kopf und eine Ader, die sich wie ein Gebirgsfluss unter der Haut vom Ohr bis zur Stirn schlängelte. Das Alter habe ihn schrumpfen lassen, sagte er, er müsse den Vortrag deshalb im Sitzen halten.

Jeder Satz von ihm schien aus alten Inschriften oder von Runentafeln zu stammen, er sprach mit einer Klarheit und Souveränität, die ich selten erlebt habe. Im Laufe der europäischen Geschichte habe sich ein Fehler eingeschlichen, so Jensen. Wir hätten die Schöpfungsgeschichte missverstanden. Nur in einer sehr wörtlichen Auslegung würde dort stehen, dass der Mensch den Auftrag erhalten habe, über alles Lebendige zu herrschen.

Ole Jensen hat diesen Gedanken bereits 1976 – drei Jahre vor meiner Geburt – in einem Buch geäußert. Seine Argumentation hatte mir die ganze Zeit zur Verfügung gestanden, er hatte den größten Teil seines Lebens damit verbracht, sie zu wiederholen, aber ich war bisher nicht darauf gestoßen. Ich hatte weder gewusst, dass diese Gedanken existieren, noch wie relevant sie für unser Leben sind. Unsere Sicht auf die Natur sei das Ergebnis einer einseitigen Auslegung der Bibel, so Jensen. Es gäbe andere Auslegungen, die uns einen neuen, anderen Blick auf die Natur anbieten als den vorherrschenden. Und dadurch auch eine andere Verpflichtung. Was haben sich die alten Hebräer vor mehreren Tausend Jahren einander von Gott erzählt, der die Sonne und das Meer, die Pflanzen und Tiere und Menschen erschaffen hat? Wie lautete die Wahrheit, die die jüdischen Gelehrten vermitteln und bewahren wollten, als sie viele Jahrhunderte vor der Geburt Jesu Christi die Schöpfungsgeschichte in dem Werk zusammentrugen, das heute als Bibel bekannt ist?

Es war mucksmäuschenstill im Raum, während er sprach. Er hatte seinen Vortrag in der Hand, warf aber nur selten einen Blick darauf. Wir hätten etwas Entscheidendes übersehen, sagte Ole Jensen. Wir hätten die Worte ignoriert, die in der Schöpfungsgeschichte immer wieder auftauchten. Worte nämlich, die in der Erzählung fast die Funktion eines Refrains haben: »Und Gott sah, dass es gut war.« Wir hätten die Bedeutung dieser Worte vergessen, obwohl sie sich, so Ole Jensen, von allen anderen abheben. Denn sie weisen uns auf eine Aufgabe hin: Bevor wir uns die Natur zunutze machen, müssen wir ihre Schönheit bewundern.

Der Vortrag löste etwas in mir aus. Ich hatte für einen kurzen Moment Zugang zu einem mystischen Raum in mir, in dem man nur sein eigener Gast sein kann. Ich glaube, dass der Drang, der mich später in die Natur schickte, um Schmetterlinge zu finden, dort seinen Ursprung hatte.

Ein paar Monate nach diesem Vortrag fuhr ich nach Aarhus, um Ole Jensen zu interviewen. Er trug ein kariertes Hemd und schlurfte gebückt und mit schweren Schritten zu einem Wegner-Sofa, der kaffeebraune Blazer hing wie ein schwerer Umhang auf seinen Schultern.

Wir haben die Schöpfungsgeschichte falsch gelesen, wiederholte er vom Sofa aus, wenn man sich ansieht, was tatsächlich in der Bibel stehe. »Es werde Licht, und es ward Licht«, heißt es dort gleich zu Anfang. Es sei der Versuch der alten Hebräer, das auszudrücken, was uns immer noch schwerfällt: Das Wunder besteht darin, dass etwas existiert. Es gibt keine Leere! Dass etwas diese Fülle erzeugt, das ist das Wunder! Der Schritt von der Leere zur Fülle ist alles. Und das löst Ehrfurcht aus.

Der Gott, der »sah, dass es gut war«, sei ein fühlender Gott. Ein Gott, der die Schönheit und Herrlichkeit der Natur schätze. Wir seien es nicht gewohnt, den christlichen Gott so zu sehen – sinnlich verbunden mit seiner Schöpfung –, aber es stehe unverkennbar im Schöpfungsbericht, sagt Ole Jensen, dass wir so über die Kraft denken sollten, die für die Schöpfung verantwortlich ist. Man könne den Schöpfungsbericht auch so lesen, dass Gott den Menschen auffordere, nicht nur über die Natur zu herrschen, sondern auch für sie zu sorgen.

»Bevor wir den Herrschaftsauftrag erhalten, wird uns die Pflicht zur Bewunderung und Fürsorge zugewiesen«, fuhr er fort. »Wir dürfen die Natur zu einer Ressource machen, wenn wir gleichzeitig so viel Respekt vor ihrer Schönheit, ihrer Herrlichkeit und ihrer Großzügigkeit haben, dass wir unsere Nutzung durch Ehrfurcht ausgleichen.«

Ich fragte ihn, was er mit Ehrfurcht meinte.

»Fürsorge«, antwortete er. »Zurückhaltung. Umsicht. Vielleicht sogar Zärtlichkeit, Mitgefühl mit dem leidenden Planeten, seinen Arten, den Tieren. Das wäre eine ganz neue Wendung, die wir aber nicht vollziehen.« Er sah mich an. »Die wir noch nicht vollzogen haben.«

Ein Jahr später trafen wir uns erneut, seine Memoiren waren gerade erschienen. Ich war vom Verlag zu einem Symposium über sein Buch eingeladen worden. Er war kleiner geworden und musste sich auf einen Stock stützen. Er hatte etwas von einem Endling. Ein Jahr später starb er, nur wenige Wochen bevor ich mich entschloss, alle dänischen Schmetterlinge zu sehen.

*

Zwei Wochen später hatten wir die Normandie erreicht und verbrachten fast einen Tag lang in der Gegend, in der die alliierten Truppen am D-Day 1944 gelandet waren. Wir besuchten ein Museum und liefen über einen Friedhof, auf dem fast 10.000 Soldaten in schnurgeraden Reihen begraben lagen. Der Himmel war weiß wie Milch, das Meer im Hintergrund blaugrau. Der Gedanke daran, wie diese Männer dort um ihr Leben und die Freiheit anderer gekämpft hatten, blitzte immer wieder zwischen all dem Alltäglichen und Friedlichen auf. Hier Touristen in weiten Shorts, da Aske, der ein Eis haben wollte.

Rasmus erzählte den Jungs, dass die Kanadier und Engländer an anderen Stellen an Land gegangen seien. »Die Soldaten waren nur ein paar Jahre älter als Mads«, sagte er. »Die kamen von der anderen Seite der Erde und hatten noch nie einen Franzosen gesehen, die meisten von ihnen waren noch nie in Europa gewesen. Und trotzdem sind sie gekommen.«

»Wie gut, dass sie gekommen sind«, sagte Bjørn.

»Ja, das war gut, dass sie gekommen sind.«

Auf dem Weg zurück zum Parkplatz am Museum kamen wir an einer Wiese vorbei, die von einem Stacheldrahtzaun umgeben war. Auf der Wiese standen zwischen wilden Gräsern die weißen Planeten der Pusteblume, violette Flockenblumen und glänzende Butterblumen. Der Anblick war nicht weiter ungewöhnlich, so etwas konnte ich auch bei uns zu Hause sehen, deshalb nahm ich es nur am Rande wahr. Plötzlich aber registrierte ich etwas aus dem Augenwinkel, was mir fremd vorkam. Ein schwarz-weißer Schmetterling flog träge über die Wiese. Ohne nachzudenken, ließ ich Rasmus' Hand los, war in wenigen Schritten am Zaun und kletterte unter dem Stacheldraht hindurch, um dem Schmetterling hinterherzujagen.

Er war schachbrettartig gemustert. Als er sich auf einen Blütenkopf setzte, konnte ich ihn mir von Nahem ansehen. Seine aschblaue Körperbehaarung, die rechtwinkligen Vorderbeine und seine Augen, die wie Stecknadelköpfe aussahen.

Aus einem mir unerfindlichen Grund war mir nicht der Gedanke gekommen, dass ich in Frankreich französische Schmetterlingsarten würde sehen können. Und diese vor allem anders aussehen würden als die dänischen. So wie dieser hier. Ich war mir sicher, dass es ihn in Dänemark nicht gab. Aber ich hatte keine Ahnung, wie er hieß.

Ich drehte mich um. Rasmus und die Jungs hatten sich im Kreis auf die gemähte Rasenfläche gesetzt, über die wir gerade gelaufen waren. Sie unterhielten sich. Auf dem Friedhof hatte sich die Natur dem Gestaltungswillen des Menschen unterworfen, das Gras war kurz gemäht, es gab keine fließenden Übergänge. Die Monumentalität des Ortes wurde durch einen imposanten Bogengang mit Marmorsäulen unterstrichen. Dort, wo ich stand, war aber die Natur zugegen, wenn auch nur begrenzt. Als ich zu Boden sah, fiel mein Blick auf die Fliegen, die herumschwirrten. Und der Schmetterling mit dem Schachbrettmuster flog von einer Blume zur nächsten. Ein weiterer kam hinzu, dann noch einer. Jetzt waren es drei.

Die Tatsache, dass ich erkannt hatte, dass es sich nicht um eine dänische Schmetterlingsart handelte, zeigte mir, dass ich gelernt hatte zu unterscheiden. Mein Blick war jetzt wissend, mit einer neuen Sprache ausgestattet, und das hinterließ ein gutes Gefühl in mir. Eine tiefe Zufriedenheit darüber, dass ich mehr sehen konnte. Mein wissender Blick machte die Welt größer. Die Augen eines Schmetterlings sind Facettenaugen und bestehen aus einer Unmenge vieler Einzelaugen. Ähnlich lässt sich auch das wissende Auge beschreiben. Es registriert mehr. Alles war deutlicher, die Konturen, Farben, die Beschaffenheit der Oberfläche. Etwas Zweidimensionales, Kulissenartiges, wurde auf einmal dreidimensional, räumlich.

Kaum saßen wir wieder im Wohnmobil, googelte ich und fand heraus, dass der Schmetterling zur Art Melanargia galathea gehörte und tatsächlich den lustigen Namen Schachbrett trug. Ich erfuhr, dass in den Neunzigern in Dänemark zwei Exemplare dieser Art gesichtet worden waren. Man ging damals davon aus, dass sie zu einer norddeutschen oder polnischen Population gehörten und an einem heißen Sommertag mit einem warmen Wind aus dem Süden ins Land geweht worden waren. Ich erfuhr aber auch, dass wir in Dänemark in Zukunft mehr Exemplare dieser Art zu Gast bekommen könnten. Vielleicht würde das Schachbrett sich dort sogar vermehren und eines Tages als dänische Art gelten. Die Schmetterlinge auf der Erde sind infolge des Klimawandels im Durchschnitt mehr als hundert Kilometer nach Norden gewandert. Das Schachbrett ist einer von denen, die wahrscheinlich noch weiter nach Norden ziehen werden, um in vertrauten Temperaturen zu leben.

Ein paar Tage zuvor hatten wir uns in Saint-Malo in eine kuriose Tierausstellung verirrt, die in der alten Burgmauer der Stadt beherbergt wurde. Es gab unzählige Vitrinen mit Schmetterlingen zu sehen. Ich musste an die Worte von Emil denken, als ich ihn in seinem kleinen Haus auf Lolland besuchte. Ich hatte ihn gefragt, ob er alle Schmetterlinge der

Welt sehen wollte, nachdem er alle europäischen gesehen hatte. Seine Antwort war ein deutliches Nein. Ihm gefielen nur die europäischen Arten. Sein Interesse würde an der Ostgrenze des Kontinents enden.

In den Vitrinen und Kästen waren einige der spektakulärsten Schmetterlinge der Welt aufgespießt. Es gab glänzende, kobaltblaue und handtellergroße Tiere aus Südamerika, Schwalbenschwänze mit großen, tropfenförmigen Hinterflügeln aus Ostasien, einen giftgrünen mit spitz zulaufenden Flügeln aus Australien und einen bräunlichen aus China mit Flügelschwänzen, die fünf bis sechs Zentimeter lang waren. Ich stellte fest, dass es mir genauso ging wie Emil. Meine Augen genossen den Anblick dieser Exemplare nicht so sehr wie den Anblick des Schachbrettes oder der dänischen Arten. Die Farbenpracht und enorme Größe dieser Insekten waren sehr auffällig, geradezu protzig. Das ergab auch Sinn, weil sie aus Gegenden mit voluminösen, bunten Blüten stammten, wo sie umgeben waren von leuchtenden Farben. Aber mich sprachen sie nicht an. Ich spürte auch keine Sehnsucht, diese Exemplare in ihrem natürlichen Habitat zu beobachten, so wie es mir erging, wenn ich Bücher über die nordischen Arten durchblätterte. Sie waren im Vergleich winzig, braun und matt, viel unauffälliger. Diese Tiere kamen aus der Dunkelheit, den Eichenwäldern, bleichen Sommernächten, dem Sand und dem grauen Meer. Sie wollte ich sehen. Sie fand ich am schönsten und anziehendsten.

Das erinnerte mich an den Moment, als sich mein Blick auf meinen Garten veränderte. Als ich zum Beispiel feststellte, dass die faustgroßen Blüten des Rhododendrons vollkommen nutzlos sind, weil die Insekten sich nicht dafür interessierten. Das Gleiche galt für viele üppige Rosensorten, die ich so liebte, und die funkelnden Stauden, die ich eingepflanzt hatte. Als ich erkannte, dass sich nicht alle Pflanzen dafür eigneten, der dänischen Fauna Lebensraum zurückzugeben, veränderte sich mein Blick auf den Garten fundamental. Im Gartencenter verliebte ich mich jetzt eher in bescheiden aussehende Stauden aus meiner geografischen Zone, die zähe, behaarte Schafgarbe, den fleischfarbenen, gefleckten Wasserdost, die zarte Vogel-Wicke, haufenweise Gräser, wie die Rasen-Schmiele und das Blaue Pfeifengras. Das war keine bewusste Entscheidung, meine Zuneigung zu den Pflanzen aus meiner Heimat wurde größer, während die Begeisterung für die anderen verblasste. Die Beobachtung, wie mein ästhetischer Sinn von einer Erkenntnis oder Lektion beeinflusst wurde, war sonderbar. Was ich vorher noch schön gefunden hatte, wirkte auf einmal geradezu vulgär. Mich verwunderte, dass ich erst jetzt die Schönheit der bescheidenen, einfachen Blumen sehen konnte.

Was hatte sich denn geändert? War Geschmack in Wirklichkeit nur die Folge von Kultur, wenn sich also die Kultur änderte und es modern wird, heimische Arten anzubauen, dann ändert sich auch der Geschmack? So wie ich früher Low-Waist-Jeans gut fand, heute aber lieber welche trage, die bis zur Taille gehen? Oder war vielleicht doch noch etwas anderes im Spiel?

Warum zog mich das Große Ochsenauge, ein trotz seines Namens gewöhnlicher, kleiner, graugelber Schmetterling, mehr an als ein fünfzehn Zentimeter großes, blau schimmerndes Exemplar vom anderen Ende der Welt? Lag es daran, dass ich den Zusammenhang zwischen den Formen und Farben des Großen Ochsenauges und der Natur, in der er zu Hause war, erkannt hatte und vor allem wusste, dass ich Teil dieser Natur war? Oder lag es an dem Ästhetischen, das der Kultur vorausging, eine besondere, intuitive Wahrnehmung von Schönheit, die mit dem Körper, der Geografie und der Landschaft verbunden war und mit dem Wissen, wo man hingehört? Ein Erleben von Schönheit, das mit dem Gefühl von Verankerung zu tun hatte?

In der westlichen Welt haben wir uns von unserem Geburtsort freigemacht, wir müssen nicht unser ganzes Leben lang an ein und demselben Ort bleiben, weil unser Überleben und unser Ansehen nicht mehr davon abhängen, dass wir zu einer bestimmten Region gehören. Heute haben viele Menschen bessere Lebensbedingungen, weil sie sich von ihrem Geburtsort gelöst haben, statt dortzubleiben. Aber mit der Befreiung davon ging auch die Befreiung von der Verantwortung einher. Vielleicht ist der Weg zurück zur Verantwortung derselbe wie der Weg zurück zur Schönheit. Oder besser gesagt: Verantwortung entsteht, wenn wir in der Lage sind, die Schönheit wahrzunehmen, die uns umgibt.

*

Als wir nach drei Wochen Ferien auf dem Rückweg die Grenze von Deutschland nach Dänemark überquerten, schnappte ich mir sofort mein Handy, um nachzusehen, ob es neue Einträge auf Naturbasen gab. Hatte jemand die Arten gesehen, mit denen ich noch im Rückstand war? Meine Hoffnung war, dass es Standorte entlang unserer Route nach Skive gab, wo wir unser Wohnmobil wieder abgeben mussten. Wir hielten in der Addit Hede. Von dieser Gegend hatte ich noch nie gehört, aber den Einträgen auf Naturbasen nach schien es eine sehr beliebte Stelle für Insektenliebhaber zu sein. Ich konnte buchstäblich in den Fußstapfen der anderen durchs Gras stapfen und fand den Dukatenfalter und auch endlich den Mittleren Perlmuttfalter. Die anderen waren im Wagen geblieben und hörten Tour de France im Radio.

Mir fehlte noch dringend der Braunkolbige Braun-Dickkopffalter. Im Westen des Landes war er weit verbreitet, aber in meinem Teil des Landes war er nur zweimal gesichtet worden. Ich war deshalb begeistert, als ein Jeppe auf Naturbasen schrieb, dass er zwanzig Exemplare auf einer Wiese in der Nähe von Silkeborg gesehen habe.

»Wir fahren kurz vorbei«, sagte ich zu Rasmus.

An einem Waldstück parkten wir das Wohnmobil, und ich versprach, in einer Stunde zurück zu sein. Im Radio lief noch Tour de France.

Der Himmel war voller weißer Wolkentupfen, es roch nach Regen und Waldboden. Vor mir lag eine Wiese, die zu allen Seiten von graugrünen Fichten eingerahmt war. Ich machte mich auf den Weg, der Karte auf meinem Handy folgend, einmal quer über die Wiese und weiter auf einen kleinen Hügel, auf dem eine Baumgruppe stand. Ich kroch unter einem rostigen Stacheldrahtzaun durch, dahinter ging es weiter durch goldene Gräser.

Ich war ganz außer Atem. Ich hatte damit gerechnet, dass es einen Weg geben würde. Aber es machte mir nichts aus, querfeldein zu gehen, ich war bereit, mich anzustrengen, um meine Schmetterlinge zu sehen. Das hier war unberührte Natur, und in der Natur war ich zu Hause. Ich sah auf die Uhr. Ich war seit etwas mehr als zehn Minuten unterwegs.

Am Ende der Wiese befand sich ein Band aus mannshohem Farn. Ich sah keine andere Möglichkeit, ich würde mich hindurchzwängen müssen. Brennnesseln schlugen gegen meine nackten Beine, es brannte. Ich fluchte und musste an Emil auf seinem Berg in Finnland denken, umgeben von Tausenden von Mücken. Ich war nicht auf einem Berg, und auch nicht seit sechzehn Stunden unterwegs, aber lange Stiele von stacheligen Kletten klebten in meinen Haaren, und kleine grüne Kugeln blieben überall auf meinem Fleecepulli hängen. Ich keuchte.

Das Band aus Farnen war mehrere Meter breit, es fühlte sich an, als wäre ich im Urwald. Meine Schritte machten sonderbare Geräusche, während ich mich vorwärtskämpfte. Eine Brennnessel schlug gegen meinen Handrücken.

»Verdammt noch mal«, rief ich. Meine Stimme klang seltsam gestelzt. Hier gab es nur Vögel, die zwitscherten.

Die blaugrünen Triebe der Farne wanden sich um meinen Körper, aber jetzt konnte ich wenigstens die Wiese dahinter erahnen. Die Pflanzen wurden allmählich niedriger. Ich kroch unter einem weiteren Stacheldrahtzaun durch und stand endlich auf der Wiese. In diesem Moment kam die Sonne hervor. Ich sah hoch in den Himmel. Sie hatte sich zwischen die Wolken geschoben und tauchte alles in ihr warmes Licht. Es war unbeschreiblich schön.

Dabei war es so normal. Es sah gewöhnlich aus, ein typischer Sommertag irgendwo in der dänischen Landschaft. Gräser neben anderen Gräsern, dazwischen Stiele mit violetten Disteln und gelbes Jakobskraut, das aus dem trockenen Strohteppich ragte. Aber die gesamte Wiese schien in Bewegung zu sein. Es wimmelte nur so vor Leben, flatternde Schatten, die von einem Blütenkopf zum nächsten flogen, kleine Fliegen, die wie winzige Blitze durch die Luft schossen. Wie ein Basston war das trommelnde Summen der unsichtbaren Heuschrecken zu hören und von oben stimmten die Vögel mit einem Chor aus zwitschernden Lauten ein.

Ich stand reglos da und war überwältigt von dem Eindruck. In diesem Moment schwebte etwas von rechts in mein Sichtfeld. Etwas Elegantes, ich nahm zuerst an, dass es ein Vogel war, vielleicht eine Schwalbe. Das Tier ließ sich auf der Spitze eines Farns nieder, und ich wusste sofort, dass es ein Kaisermantel war – der größte der orangefarbenen Perlmuttfalter. Er musste es einfach sein.

Er fehlte mir auch noch auf meiner Liste. Aufgeregt, aber langsam näherte ich mich ihm. Er war in seiner majestätischen Größe beeindruckend. Die Flügelunterseiten der Hinterflügel changierten in Grün, Weiß und Violett, die Vorderflügel waren braunorange und schwarz gemustert. Vielleicht war es ein Weibchen? Die waren doch größer als die Männchen?

Als ich mich endlich von dem Anblick losreißen konnte, setzte ich meinen Weg über die Wiese fort. Hier tobte das Leben. Auf fast jeder gelben Blüte saßen Schmetterlinge. Ich hatte noch nie so viele Schmetterlinge auf einmal gesehen. Auf einigen der Blüten saßen fünf, sechs, sieben verschiedene Arten, die ich wiedererkannte, weil ich sie schon einmal gesehen hatte. Ein wunderschönes Weibchen des Dukatenfalters, den ich gerade eben erst in der Addit Hede gesehen hatte, den Braunen Waldvogel, das Große Ochsenauge und das etwas größere Landkärtchen, das Emil mir im Frühling auf Lolland gezeigt hatte. Damals fehlte mir das Wissen, das ich heute habe: Im Frühling ist das Landkärtchen orange und schwarz, die Sommergeneration aber ist schwarz mit einem Band aus weißen und fast unscheinbaren roten Flecken. Als ihn der schwedische Botaniker Carl von Linné im 18. Jahrhundert beschrieb, ging er – nicht weiter überraschend – davon aus, dass es sich um zwei verschiedene Arten handelte. Vor mir saß ein nachtschwarzes Exemplar der Sommergeneration und saugte Nektar aus gelben Staubblättern.

Ich machte ein Foto. Ich hörte eine Fliege an meinem Ohr summen. Ich hatte die Zeit vergessen, wie lange war ich schon unterwegs?

Ich konnte nicht gehen, bevor ich den Braunkolbigen Braun-Dickkopffalter gesehen hatte. Vorsichtig strich ich weiter durchs Gras, suchend, die Hände hinterm Rücken verschränkt. Vier Schritte vor, dann scannte ich die Umgebung, dann wieder vier Schritte, dasselbe noch mal. Über den Spitzen der Farne sah ich eine Bewegung, seltsam hüpfend. Ich hatte gelernt, dass die Dickkopffalter sich so bewegten. Und tatsächlich waren es eine Handvoll bernsteinfarbener Dickkopffalter, die auf den Gräsern saßen. Aber war es auch der Braunkolbige Braun-Dickkopffalter?

Einer von ihnen setzte sich auf die Spitze eines bräunlich blassen Grashalms, und ich schlich mich vorsichtig heran, um mir seine Fühler genauer anzusehen. Der Braunkolbige Braun-Dickkopffalter war leicht mit dem Schwarzkolbigen Braun-Dickkopffalter zu verwechseln, der mir auch noch auf der Liste fehlte. Ich hatte gelesen, dass die Fühlerspitzen des Schwarzkolbigen Braun-Dickkopffalters an den Unterseiten schwarz sind, während die Unterseiten des Braunkolbigen Braun-Dickkopffalters, den ich unbedingt finden wollte, orange sind. Und das traf auf dieses Exemplar zu. Die nadeldünnen Fühler waren vorn an den Unterseiten orange.

In mir breitete sich ein warmes und zufriedenes Gefühl aus. Ich hatte gefunden, wonach ich gesucht hatte. Ich hatte heute vier neue Arten gesehen. Zum Abschluss ließ ich meinen Blick über die Wiese schweifen. Da brummte mein Handy. Rasmus hatte mir eine Nachricht mit einem Standort geschickt, wo sie mich aufsammeln würden.

Ich hätte mich also gar nicht durch die Farne kämpfen müssen? Offenbar gab es einen Weg, der außen um die Wiese herumführte. Das ärgerte mich. Es fühlte sich irgendwie albern und auch ein bisschen falsch an, dass ich nach wenigen Minuten wieder auf einer asphaltierten Straße stand. Die Wiese, auf der ich gestanden hatte, war ein Ort, dem man sich langsam nähern und den man auch wieder langsam verlassen sollte.

Ich kletterte ins Wohnmobil und verkündete, dass ich sehr erfolgreich und dieser Ort einfach fantastisch gewesen sei. Das klang so hohl, als würde ich über eine Serie auf Netflix sprechen. Und kurz darauf war es, als hätte ich das alles nur geträumt. Als gäbe es diese Wiese nur in meiner Fantasie. Wo war sie?

Würde ich eines Tages dorthin zurückfinden? Oder war sie für immer verloren, unzugänglich für all jene, die nicht in der Lage waren, ihren Schatz, die goldenen Farben, ihr großes Geheimnis zu bewahren?

# IMMER NOCH JULI

Ich hatte keine Zeit, mich in Details zu verlieren. Das war die ganze Wahrheit. Ich hatte zwar die große Freude erleben dürfen, auf einer blühenden Wiese zu stehen, aber ich hatte einen Plan, ein Ziel, und das würde ich niemals erreichen, wenn ich mich nicht aufraffte und endlich richtig loslegte. In mir wurde etwas Nüchternes, Instrumentelles aktiviert. Mir wurde bewusst, dass ich nicht nur dem Genuss Raum geben durfte, weil ich sonst keine Ergebnisse erzielte. Ich musste mich der Aufgabe mit mehr strenger Hingabe widmen. Auch Nabokovs Leidenschaft war weder schwärmerisch noch ziellos gewesen, sie hatte etwas äußerst Diszipliniertes, fast Asketisches in ihrer Kompromisslosigkeit. Diese Art von Disziplin musste ich in mir entdecken.

Ich hatte jetzt schon sechsundvierzig Schmetterlingsarten gesehen. Ich wusste, dass es mir definitiv unmöglich war, noch die beiden Arten zu sehen, nach denen ich in Nordjütland vergeblich gesucht hatte. Also blieben noch sechzehn übrig. Wenn ich mit Plan und Verstand weitermachte, würde auch bald der Gipfel des Berges sichtbar werden.

»Aber was soll das Ganze?«, fragte mich meine Freundin Silja bei einem gemeinsamen Abendessen. »Wenn das alles so schnell gehen soll?«

Ich nahm einen Schluck Wein. »Ich muss sie einfach sehen«, erwiderte ich, weil ich nicht wusste, was ich sonst sagen sollte. »Bevor es zu spät ist.«

Es dauerte nicht lange, und ich war in der Lage, die Schmetterlinge mit hoher Präzision zu finden. Mithilfe meiner Experten, wie Emil zum Beispiel, der mir Koordinaten und Kartenausschnitte mailte, sowie durch den Einsatz der Informationen von Naturbasen, wo die Nutzerinnen und Nutzer mit großer Genauigkeit ihre Funddaten angaben. Dadurch konnte ich meine Exkursionen so exakt planen, als würde ich beim Militär ein Manöver organisieren. Ich überprüfte die Wetterbedingungen, berücksichtigte den Stand der Sonne, berechnete den Zeitaufwand und notierte mir optionale Alternativen, falls mein erster Versuch keinen Erfolg haben sollte.

Ich stieß im Laufe meiner Recherche auf Geschichten von Menschen, die sich nicht nur für Insekten interessierten, sondern zeitgleich auch hohe Stellungen im Militär innehatten. Diese Überschneidung ergab für mich immer mehr Sinn. Der deutsche Schriftsteller Ernst Jünger, der vor allem über seine Erfahrung als Offizier im Ersten Weltkrieg geschrieben hatte, suchte auf dem Schlachtfeld Insekten für seine wachsende Sammlung. An der Schwelle zum Zweiten Weltkrieg nahm der britische Premierminister und Feldherr Winston Churchill seine Leidenschaft aus Kindheitstagen wieder auf und plante in den Tagen vor Ausbruch des Krieges die Errichtung eines Schmetterlingshauses. Der britische Offizier Robert Baden-Powell, der Anfang des 20. Jahrhunderts die Pfadfinderbewegung gründete, kombinierte sein Wissen über Insekten mit den Spionagemissionen, die er angeblich für die britische Regierung durchgeführt hatte. In seinem

1915 erschienenen Buch *Meine Abenteuer als Spion* erzählt er, wie er sich auf einer Mission in Kroatien als nichts ahnender Entomologe verkleidet habe. Mit Schmetterlingsnetz, Aquarellset und Skizzenbuch in der Tasche. In Letzterem befanden sich Zeichnungen vom Admiral und Distelfalter. Als er samt seiner Skizzen in die Hände des Feindes fiel und einer Inspektion unterzogen wurde, wurde nicht entdeckt, so Baden-Powell, »dass die zarten Linien auf den Flügeln die Umrisse ihres eigenen Forts darstellten und die Punkte darauf über Anzahl, Standort und Kaliber der Geschütze Auskunft gaben«. Die Schmetterlingsjagd, so zeigte es sich, ließ sich hervorragend mit der strengen Disziplin eines Offiziers vereinbaren.

Meine Freunde und Bekannten begannen, mir Fotos von Schmetterlingen zu schicken, die ich für sie bestimmen sollte. »Das ist ein Großes Ochsenauge«, schrieb ich meinem kleinen Bruder. »Der ist nicht selten, sondern gehört zu den Schmetterlingsarten, die in Dänemark am häufigsten vertreten sind.« »Das ist kein Schmetterling, das ist ein Nachtfalter«, schrieb ich Ane. »Ich glaube, das ist ein Grünes Blatt.«

Meine Mutter schenkte mir einen Blumentopf mit bunten Papierschmetterlingen an Drähten, die in Blumenerde steckten. Meine Nichte schenkte mir einen Becher mit Schmetterlingen darauf, die ihre Farbe veränderten, wenn man ihn mit heißem Wasser auffüllte. Ich bedankte mich, wusste aber nicht, was ich mit den Sachen anfangen sollte. Offenbar hatte ich die Ausstrahlung einer Katzenlady bekommen, die ihr Zuhause mit niedlichen Tellerchen und Nippes schmückte. Aber das hatte nichts mit dem Bild zu tun, das ich von mir hatte.

Ich war eine Jägerin. Ich wusste über Dinge Bescheid. Ich kannte Fachausdrücke wie Fouragieren, Rast und Imago.

An einem Nachmittag im Juli fuhr ich ein weiteres Mal nach Melby Overdrev, parkte den Wagen und lief über den blassen Grasstreifen zu der Reihe von Kiefern, die am Rand des Parkplatzes standen. Bereits dort sah ich ein Exemplar eines Ockerbindigen Samtfalters mit zusammengeklappten Flügeln sitzen, und mich durchströmte ein Gefühl von Glück und Sieg. An einem anderen Tag, frühmorgens, fuhr ich nach Kongelunden, einem Waldstück ganz im Süden von Amager, und sah dort den Ulmen-Zipfelfalter, der sich auf einer Kleeblüte sonnte. Eine halbe Stunde später entdeckte ich ein etwas ramponiertes Exemplar des Blauen Eichen-Zipfelfalters, der über den asphaltierten Weg humpelte. Und gleich darauf einen Kleinen Eisvogel, der von einer Brombeerblüte zur anderen flatterte. Ich hakte meine Liste ab und arbeitete mich methodisch vor. Eines Nachmittags las ich, dass ein paar Schwarzkolbige Braun-Dickkopffalter auf einer Wiese gesehen worden waren, die auf dem Schulweg meiner Kinder lag. Rasmus und ich nahmen den Hund mit und machten einen kleinen Spaziergang. Und ich bekam ein schönes Foto. Draußen im Kräutergarten sah ich einen Mauerfuchs, der schnell wie der Blitz flog. »Ich würde am liebsten den ganzen Tag nur Schmetterlinge beobachten«, schrieb ich in mein Tagebuch und konnte einen weiteren Schmetterling von meiner Liste haken.

Es war an der Zeit, meine beiden letzten größeren Exkursionen zu planen. Wenn alles glattlief und ich mich nicht ablenken ließ, würde ich in der Lage sein, auf einer Tagesreise sechs Arten zu sehen – zwei auf Amager, eine in Mittelseeland, eine auf Møn und zwei auf Falster. Danach warteten noch ein paar Arten auf meiner letzten Reise nach Nordjütland auf mich. Mein Plan war, über Westseeland zurückzufahren, um dort den Zweibrütigen Würfel-Dickkopffalter zu suchen, der wahrscheinlich die letzte Schmetterlingsart auf meiner Liste sein würde. Etwa zweitausend Kilometer lagen vor mir, bis ich mein Ziel erreicht hätte.

Ich rief meine Mutter an und fragte sie, ob sie Lust hätte, mich auf einer Rundreise durch den Osten von Dänemark zu begleiten. Sie freute sich und versprach, uns Proviant zu schmieren. Ich erwiderte, dass wir wahrscheinlich mit den Rädern unterwegs sein würden. Noch besser, wir könnten mit ihrem Auto fahren, sie hätte einen guten Fahrradanhänger.

»Das wird bestimmt toll«, sagte sie.

Wir vereinbarten, wann ich kommen sollte, und hinterher fragte ich mich, ob sie sich darüber im Klaren war, was es tatsächlich bedeutete, Schmetterlinge zu jagen.

Am Tag der Reise brach ich frühmorgens um sechs Uhr auf. Am Abend zuvor hatte ich aus einer Flasche billigem Rotwein und einem Kilo Zucker einen Hexentrank zubereitet. In diesen Sud hatte ich Streifen eines alten Bettlakens gelegt, die ich als Lockmittel verwenden wollte. Diese Methode, die Tiere mit einem solchen Schmetterlingscocktail anzulocken, setzten passionierte Schmetterlingsjäger ein. Die Tiere reagierten angeblich auf den vergorenen, süßen Geruch, der sie an überreife Früchte erinnerte.

Die Streifen hatte ich in einem Plastikbehälter verstaut. Auch mein Rucksack war gepackt, Wasserflaschen, Snacks, meine Kamera sowie ein neues Nachschlagewerk über alle nordischen Schmetterlinge, das ich mit Post-its bei den Arten versehen hatte, die ich finden wollte.

Dukatenfalter,
Addit Hede,
15. Juli

Mittlerer Perlmuttfalter,
Addit Hede,
15. Juli

Braunkolbiger
Braun-Dickkopffalter,
Ilddalshus,
15. Juli

Kaisermantel,
Ilddalshus,
15. Juli

Ockerbindiger Samtfalter,
Melby Overdrev,
19. Juli

Großer Schillerfalter,
Pinseskoven,
21. Juli

Kleiner Schillerfalter,
Pinseskoven,
21. Juli

Feuriger Perlmuttfalter,
Bidstrup, Skovene,
21. Juli

Spiegelfleck-Dickkopffalter,
Dickicht auf Bøtø,
21. Juli

Quendel-Ameisenbläuling,
Høvblege,
21. Juli

Blauer Eichen-Zipfelfalter,
Kongelunden,
25. Juli

Ulmen-Zipfelfalter,
Kongelunden,
25. Juli

Schwarzkolbiger
Braun-Dickkopffalter,
Feld bei Humlebaek,
25. Juli

Kleiner Eisvogel,
Kongelunden,
25. Juli

Mauerfuchs,
Kräutergarten zu Hause,
30. Juli

Es traf sich gut, dass ich auf dem Weg zu meiner Mutter am Pinseskoven auf Amager vorbeikam. Wenn alles gut ging, würde ich dort die beiden größten Schmetterlinge sehen können, den Großen und den Kleinen Schillerfalter.

Das Morgenlicht war hell und messingfarben. Die Sonne tauchte die Landschaft in ein warmes Licht, sie fiel mir auf den Rücken, und ich warf lange Schatten. Ich folgte dem Weg, der an einer Wiese vorbei in einen Wald führte. Die Hochhäuser von Kopenhagen waren eine blaugraue Silhouette in weiter Ferne am Horizont. Ich hörte das Geräusch eines Flugzeugs in dem gewaltigen Raum über mir, aber ich konnte es nicht sehen. Es war fast windstill. Das perfekte Wetter für Schmetterlinge, ich spürte eine große Freiheit und Unruhe in mir. Das kannte ich schon.

Was wird passieren? Was erwartet mich?

Ich betrat den Wald, der augenscheinlich ausschließlich aus Birken bestand. Sie standen dicht beieinander, Tausende von schmalen weißen Stämmen mit dunklen Kerben in der Rinde. Der Wald erstreckte sich zu beiden Seiten des Weges.

Vor gar nicht allzu langer Zeit stand diese Gegend noch unter Wasser. Das war die Meerenge zwischen den Inseln Amager und Seeland. Ich ging also auf einem Boden spazieren, der vor weniger als hundert Jahren noch Meeresboden war und unter Wasser lag. Während des Zweiten Weltkriegs wurden arbeitslose Männer damit beauftragt, das Gebiet mit Dämmen zu versehen, um zu verhindern, dass sie zur Zwangsarbeit nach Deutschland verschickt wurden. Mit Maschinen, Schaufeln und Schubkarren errichteten sie einen vierzehn Kilometer langen und vier Meter hohen Deich, sie gruben Kanäle und Gräben und pumpten das Wasser ab. Danach wurde das Gebiet viele Jahre lang als militärisches

Übungsgelände genutzt. Schon während der Arbeiten begann das Areal, viele verschiedene Vögel anzuziehen, da es an einer der wichtigsten Zugvogelrouten zwischen Südeuropa und Nordskandinavien lag. Der Wind trug Birkensamen aus Schweden ins Land, die sich selbst aussäten. Die Bäume wuchsen über Jahrzehnte hinweg, niemand mischte sich ein, und erst in den Achtzigerjahren erhielt die Öffentlichkeit Zugang.

Ich stellte fest, dass dies schon der fünfte ehemalige Truppenübungsplatz war, den ich auf meiner Schmetterlingsjagd aufsuchte. »Gefahr!« hatte auf einem gelben Schild oben bei Melby Overdrev gestanden. »Das Berühren, Aufnehmen oder Entwenden von Munition oder Munitionsteilen ist verboten. Es kann Lebensgefahr bestehen.« Mich machte das stutzig. Warum befanden sich die reichsten Schmetterlingsstandorte des Landes ausgerechnet auf Militärgelände? Wie passte die vibrierende, wimmelnde Insektenwelt mit den Soldaten und Waffen zusammen?

Die Erklärung war so einfach wie verblüffend. Schmetterlinge brauchen Sonnenlicht, weil ihnen die Sonne Wärme spendet. Auch die Pflanzen, von denen die Insekten leben, brauchen Sonne. Schmetterlinge sind abhängig von anderen, größeren Tieren, die für sie den Baumbestand ausdünnen. Tiere wie Pferde, Bisons, Rinder und Rehe, die bevorzugt die Triebe junger Bäume fressen und den Boden festtreten, darauf mit ihren Hufen schaben und so Flächen frei machen, auf die die Sonne ungestört scheinen kann. Dort wachsen Blumen, die Schmetterlingen Nahrung und einen Ort zum Fortpflanzen bieten. Auch die Pflanzen dort profitieren davon, wenn ab und zu ein Brand dafür sorgt, dass der Bewuchs niedrig bleibt und dadurch wenig Schatten entsteht.

Diese Art von lichtdurchfluteter, wilder Natur gibt es immer seltener, aber auf den Truppenübungsplätzen sind die Bedingungen optimal. Das Militär düngt nicht, was genügsamen, kleinen Pflanzen die Möglichkeit gibt, zu wachsen und sich über weite Flächen auszubreiten. Dort haben große, schwere Fahrzeuge jahrzehntelang den Boden aufgewühlt, so wie das früher große, grasende Tiere getan haben. Handgranaten haben Explosionen ausgelöst, und Maschinengewehre haben kleine Brände verursacht und dadurch Pflanzen zurückgedrängt, die mit ihren Schatten das Insektenleben bedroht hätten.

Angesichts des Mangels an Lebensräumen für bedrohte Arten sind die Flächen des Militärs ein friedlicher Zufluchtsort gewesen. Das gilt nicht nur für Dänemark, auch in Polen, Deutschland und England wird damit experimentiert, große Wildtiere auf Truppenübungsplätzen auszuwildern. In Tschechien gelang es Anfang 2010, einen solchen Übungsplatz zu einem Hotspot für bedrohte Schmetterlingsarten zu machen, nachdem Pferde, Rinder und Bisons dort angesiedelt wurden. Im skandinavischen Raum ist der Östliche Quendelbläuling nur an einem Standort zu finden, auf einem Truppenübungsgelände im Süden von Finnland. Und die Militärbasis Fort Bragg in North Carolina in den USA ist der einzige Standort weltweit, an dem der dunkelbraune Schmetterling der Art Saint Francis' Satyr vorkommt. Der Schmetterling wurde 1983 von einem neunzehnjährigen Soldaten entdeckt, der seit seiner Kindheit Schmetterlinge sammelte. Da die amerikanische Armee gesetzlich dazu verpflichtet ist, diese einzigartige Schmetterlingsart zu schützen, wandte sie sich an einen Experten der Naturschutzforschung, der ungläubig feststellen musste, dass dort, wo die Militärübungen am intensivsten waren, die Natur am artenreichsten war. »Sprengstoffe«, so schrieb er, »erzeugen keine weniger natürliche Welt. Im Gegenteil. Sie erzeugen eine natürlichere Welt.«

Diese Erkenntnis hat etwas unfassbar Tragisches. An den Orten, an denen Menschen üben, die eigene Spezies zu töten, herrscht ein größerer Einklang mit der Natur als dort, wo wir ein Ferienhaus bauen oder einen Acker düngen, um friedlich und angenehm zu leben.

Die zarte Verbindung zwischen Schmetterlingen und der positiven Auswirkung der Militärfahrzeuge und Explosionen deutet auf eine bedeutsame Koexistenz zwischen Insekten und Menschen hin. Damals – vor Tausenden von Jahren – war die Nutzung der Natur durch den Menschen eine Voraussetzung für ihren Fortbestand.

Nach dem Ende der letzten Eiszeit vor etwa zwölftausend Jahren breiteten sich die Wälder über weite Teile der Erde aus. Auf dem Teil, der später Nordeuropa wurde, grasten und wühlten wilde Tiere. Rentiere, Auerochsen, Wildschweine, Hirsche, Elche, Elefanten und Nashörner. Sie fraßen die jungen Triebe, trampelten über den Boden und erzeugten dadurch freie Flächen in dem dichten Waldbestand. Die Sonne konnte mit ihrem Licht und ihrer Wärme bis auf den Waldboden vordringen, wo Kräuter und andere Pflanzen wuchsen. Die Landschaft sah wie ein Mosaik aus, an einigen Stellen war der Bewuchs niedrig und voller Büsche, an anderen standen alte Eichen. Es gab Trockengebiete mit vielen Gräsern, in unmittelbarer Nachbarschaft zu Gebieten mit hohen Wasserständen und feuchtem Boden, alles in allem ideale Lebensbedingungen für Schmetterlinge. Der Weg zu Wärme, Schutz, Licht, Feuchtigkeit und Tausenden von Blumen, die ihren Nektar gaben, war nie weit.

Etwa zu dieser Zeit änderte sich auf der langen Reise der Erde um die Sonne die Neigung der Erdachse und sorgte für eine Stabilisierung des Klimas. Die Jahreszeiten wechselten sich regelmäßig ab, das Wetter wurde wärmer und vorhersehbarer. Es ist kein Zufall, dass wir in dieser Phase der Menschheitsgeschichte mit der Landwirtschaft begonnen haben. Die geologischen Bedingungen machten das möglich.

Etwa viertausend Jahre vor unserer Zeitrechnung – in der sogenannten Jungsteinzeit – veränderte sich die Landschaft erneut. Die Bevölkerungszahlen stiegen, die Menschen jagten große Wildtiere, deren Bestand zurückging. Nashörner und Elefanten verschwanden ganz aus Nordeuropa. Dafür begannen wir Nutztiere zu halten, deren Muskelkraft, Milch oder Fleisch wir verwendeten. Diese Tiere grasten in den Wäldern, Mooren und Heiden, auf Weiden – Schweine zum Beispiel, Rinder, Pferde, Schafe, Ziegen und Hirsche. Sie waren es, die jetzt für die Lichtungen in den Wäldern sorgten, damit diese Flächen offen und sonnengewärmt blieben. Sie hatten die Aufgabe der Wildtiere übernommen.

In den Epochen, die wir heute Steinzeit, Wikingerzeit und Mittelalter nennen, hatten die Menschen viel Landfläche gerodet. Auf den Feldern mischten sich Gräser und Blumen mit Getreide. Die Menschen fällten Bäume, um daraus Brennholz zu machen oder um daraus Hütten und Schiffe zu bauen. Die alten Eichen und Buchen ließen sie stehen, weil ihre Früchte zum Füttern der Schweine geeignet waren. Die Tiere mieden blühende, dornige Sträucher wie Weißdorn und Schlehe, und in den Mooren gruben die Menschen mit ihren Händen oder Schaufeln nach Torf. In diesen Löchern wuchsen später Gräser und Kräuter. Die Übergänge zwischen dem bebauten Land und dem Rest der Natur waren fließend, nach wie vor eher ein Mosaik. Das schuf hervorragende Bedingungen für eine große Artenvielfalt im Tierreich und in der Pflanzenwelt. In dieser Zeit flogen Schmetterlinge in großen Schwärmen durch Wälder, über Wiesen und Weiden. Die Bewirtschaftung des Bodens ergänzte in gewisser Weise die natürlichen Prozesse und sorgte bis zu einem gewissen Grad für den Erhalt der Vielfalt. Eine Zeitlang.

Ich lief durch den Birkenwald und kniff die Augen zusammen. Wie die Natur damals wohl ausgesehen haben mochte?

Damals wuchsen Orchideen auf dem Waldboden. Kleine Farbtupfer müssen den gesamten Boden bedeckt und sich um die großen Steine gruppiert haben. Hier gab es Wasserlöcher, Moore, sumpfige Waldböden, trockenes Grasland. Es wimmelte nur so vor Leben. Große Käfer und andere Insekten, Amphibien und Reptilien. Und Schmetterlinge, die über die Lichtungen flogen. Aber nicht nur zwei Schmetterlinge, die tänzerisch durch die Luft flatterten, sondern Tausende, Zehntausende, riesige Schwärme aus Kohlweißlingen, wie Sommerschnee.

Und die Geräusche? Wie klang die Natur damals?

Es gab Tausend und Abertausende von Vögeln, die sich von Insekten und kleinen Nagetieren ernährten. Kleine Vögel, kleiner als eine geballte Faust, und große Raubvögel, die weite Kreise am Himmel zogen. Diese Vögel müssen zusammen mit Fröschen, Zikaden und Heuschrecken, begleitet vom Plätschern des Wassers in vielen kleinen Bächen und vom Rauschen des Meeres, die Landschaft wie ein großes Symphonieorchester zum Klingen gebracht haben.

Aber das alles änderte sich innerhalb sehr kurzer Zeit dramatisch. Große Landgüter wurden gebaut, riesige Felder angelegt, nicht mehr im Einklang mit der Natur, der Boden wurde entwässert, Maschinen ernteten Torf in großen Mengen, Pestizide wurden eingesetzt, Monokulturen entstanden, die Fleischproduktion stieg beträchtlich, und die Bevölkerungszahl wuchs explosionsartig. Wir nahmen immer mehr Platz ein. 1769 lebten in Dänemark achthunderttausend Menschen, und mit Beginn des neuen Jahrtausends waren es bereits sechs Millionen. Was aber draußen in den Wäldern passierte, hatte wahrscheinlich eine weitaus größere Bedeutung als alles andere. Innerhalb weniger Jahrhunderte wurden die Bäume in einer so unglaublichen Menge und Geschwindigkeit gefällt oder verbrannt, dass zu Beginn des 19. Jahrhunderts nur noch etwa vier Prozent der Gesamtfläche Dänemarks mit Wald bedeckt waren. Die moderne Gesellschaft nahm Gestalt an, Holz wurde als Bau- und Brennstoff genutzt, Flächen wurden zu Ackerland. Und nach und nach führte der Mangel an Holz zu einem starken Anstieg der Holzpreise, worauf sich in der Politik Panik breitmachte. König Christian VII. erließ 1805 die sogenannte Friedenswaldverordnung, aber nicht etwa zum Schutz der Tiere und Pflanzen, sondern zum Schutz des Menschen. Das Gesetz sollte die Versorgung mit Brennstoff, Bauholz und sonstigen Produkten sicherstellen. Mit der Verordnung wurden alle Waldbesitzer verpflichtet, nach dem Fällen neu anzupflanzen, außerdem war es verboten, Tiere im Wald grasen zu lassen. Die dänischen Wälder veränderten sich vollkommen. Sie wurden zu Produktionswäldern, das heißt, sie wurden als Felder betrachtet, auf denen die Bäume als Nutzpflanzen wuchsen, die später zu Holz verarbeitet wurden.

Mit dem Verweis der grasenden Tiere wurden die Wälder wieder dunkel und undurchdringlich. An vielen Stellen wurde der Waldboden entwässert, und im Sommer bildeten die Baumkronen ein dichtes Dach, durch das kaum Sonnenstrahlen dringen konnten. Es wurde kühl dort unten. Im Frühling konnten am Boden noch Anemonen blühen, aber im Sommer war es für Kräuter und andere Blumen zu dunkel. Von den zwölf Schmetterlingsarten, die seit 1900 in Dänemark ausgestorben sind, lebten zehn im Wald. Die Friedenswaldverordnung war, wie es der Biologe Hans Henrik Bruun formuliert hat, »in der jüngsten Geschichte die größte Katastrophe für die Wildtiere im Wald«.

Diese Verordnung galt natürlich nur für das dänische Staatsgebiet, aber die Wälder auf der ganzen Welt veränderten sich im Gleichtakt. Das Vieh, Soja und Kaffee benötigten viel Platz. Auch für den Bau einer Mine oder einer Stadt musste Platz geschaffen werden. Bäume wurden gefällt und verbrannt, um neue Materialien und noch mehr Platz zu gewinnen. Als der amerikanische Dichter Henry David Thoreau im 19. Jahrhundert über die Wälder Neuenglands schrieb, dokumentierte er die massive Abholzung. »Jeder größere Baum, den ich kannte und bewunderte, wird nach und nach gefällt und zum Sägewerk transportiert«, schrieb er am 3. Dezember 1855 in sein Tagebuch. Er vermisse sie, schrieb er, »so sicher und mit demselben Gefühl« wie die ehemaligen Nachbarn in seinem Heimatort.

Es war kühl im Birkenwald. Ich zog den Reißverschluss meines Fleecepullovers hoch und sah auf die Uhr. Es war kurz nach sieben. Mich ließ ein Gedanke nicht los. Keine andere Spezies außer dem Menschen hatte auf diesem Planeten so massive Veränderungen bewirkt. Gleichzeitig verfügte keine andere Spezies über ein Bewusstsein, das in der Lage ist, diesen Umstand zu begreifen. Dieses Paradox war absurd.

Bevor die Zerstörung kolossale Ausmaße angenommen hatte, waren wir Teil des Kreislaufs der Natur. Wir Menschen waren keine zerstörerische Kraft, ohne Verbindung zu neuem Leben. Wir fällten einen Baum, um uns zu wärmen. Die Schmetterlinge hatten eine Lichtung, auf der sie fliegen konnten. Und an einer anderen Stelle wuchs ein neuer Baum. Ich will damit sagen, unsere Kräfte müssen nicht zerstörerisch sein. Sie können auf der Seite des Lebens stehen.

Es musste einen anderen Weg geben. Einen neuen Weg.

Ansonsten würde uns ein weitaus größerer Verlust an Menschenleben bevorstehen als der bereits eingetretene. Wir wären verloren, weil unsere Handlungen jeden Tag im Widerspruch zu den Tugenden stünden, auf denen wir angeblich unsere Zivilisation aufgebaut haben – Gerechtigkeit, Mut, Weisheit, Mäßigung, Glaube, Hoffnung und Liebe. Wir wären also Heuchler und müssten diese Erkenntnis betäuben, indem wir unsere Sinne betäuben und aufhören zu denken, denn die Sinne sind eine Grundlage, damit wir uns als Teil der Natur verstehen können, und das Denken ist die Grundlage dafür, zwischen richtig und falsch unterscheiden zu können. Wir müssen uns dumm stellen, weil die Wahrheit zu schmerzhaft ist, um damit weiterleben zu können. Oder wir geben auf und warten, bis sich ein Kilimandscharo aus Müll und Plastik und Lebensmitteln auftürmt, verdorben und ungenutzt. Dieses Mal würde Gott die Weltmeere nicht ansteigen und eine alles verschlingende Flut kommen lassen, dafür würden wir selbst sorgen. Das schlammige Wasser in den Kellern, in den Abwasserkanälen und den Flüssen würde steigen und Häuser und Autos, Menschen und Hunde und Katzen mit sich reißen. Dieses Wasser wäre unsere Verschwendung, unsere Gier, unsere Gedankenlosigkeit. Unsere

Grausamkeit besitzt keine starken Wurzeln, hat keine tiefen Motive, keine dunklen, dämonischen Kräfte in seinem Innersten. Unsere Grausamkeit ist unsere Oberflächlichkeit.

Früher hatten wir ein gemeinsames kulturelles Ziel. Zu Paulus' Zeiten hofften die Menschen auf die Wiederkunft Jesu und ein ewiges Leben im Himmel. Zu Zeiten der Philosophen der Aufklärung hofften die Menschen auf Vernunft und den endgültigen Sieg der Gerechtigkeit. Zu Zeiten der ersten Vordenker der modernen Wirtschaft hofften die Menschen auf einen endgültigen, »stationären Zustand«, in dem alle genug Geld haben, um sich auf das Wesentliche zu konzentrieren. Den Geist und die Liebe. Heute aber, im 21. Jahrhundert, haben wir die Idee aufgegeben, ein solches Ziel zu erreichen. Es gibt keinen wirksamen, kollektiven Traum von einer letzten Stufe. Einem endgültigen Plateau in unserer Entwicklung, das wir als Individuen und als Gemeinschaft anstreben. Das bedeutet aber auch, dass wir nichts haben, woran wir unsere Hoffnung knüpfen können. Es gibt kein endgültiges Paradies, das auf uns wartet. Keine vollendete Gesellschaft. Keinen letzten Klassenkampf. Keine Entspannung in der Wirtschaft, um sich dem Wesentlichen zuzuwenden. Wir haben den Glauben an ein schönes, gerechtes und friedliches Ende aufgegeben, und das schlägt sich in der Kultur als Resignation und rastloser Hedonismus nieder. Wir haben das Ziel aus den Augen verloren, und weil es nichts mehr gibt, wonach es sich zu streben lohnt, wird das Streben selbst zum Ziel. Früher träumte der Mensch vom ewigen Leben, heute träumt er von unendlichem Wachstum. In unserem modernen Glaubenssystem verläuft die Entwicklungskurve der Wirtschaft und Technologie immer weiter nach oben bis ins Unendliche. Wir stellen Ladestationen für

Elektroautos auf, bauen riesige Solarparks, wir trennen Müll und verabschieden auf Gipfeltreffen große Ziele und gehen dennoch davon aus, dass Wirtschaft und Produktion weltweit Jahr für Jahr wachsen werden. Das alles geschieht ohne Blick auf einen Horizont, aus einem Gefühl der Ohnmacht heraus. Was wollen wir wirklich erreichen? Was ist unser Ziel?

Ich sah mich um. Die Luft war kühl. Mein Kopf brummte. Es roch neu und frisch.

Es war seltsam, dass sich der Mensch im Laufe seiner Geschichte so intensiv mit dem Ende beschäftigt hat, wenn man bedenkt, dass unsere Spezies noch so neu ist auf diesem Planeten. Unsere Spezies hat sich erst vor etwa dreihunderttausend Jahren entwickelt. Haie hingegen gibt es seit vierhundert Millionen Jahren. Krokodile und Schmetterlinge gibt es seit etwa zweihundert Millionen Jahren. Wenn man einen Seestern im Meer findet, gehört er zu einer Art, die es seit fünfhundert Millionen Jahren gibt, als noch alle Kontinente in einer großen Landmasse vereint waren. Im Vergleich zu vielen anderen Tieren auf unserem Planeten sind wir gerade erst entstanden. Wir sind ganz neu hier. Wissenschaftler gehen davon aus, dass es zwischen ein bis zwei Milliarden Jahre dauern wird, bis die Sonne das Klima auf der Erde so dramatisch verändert, dass sie dann unbewohnbar ist. Wir haben also noch ewig Zeit.

Vielleicht könnten wir die Hoffnung wiederfinden, indem wir nicht nach einem neuen Ende, sondern nach einem Neuanfang suchen?

Ich blieb stehen.

Hier sollte es sein.

Ich bewegte mich nicht, war wie benommen.

Ein schmaler Pfad zweigte vom Hauptweg ab und führte zwischen die weißen Baumstämme. Meine Karte sagte mir, dass ich hier richtig war und weitergehen sollte.

Ich holte tief Luft. Mein Kopf war ganz leer, wie ausgeatmet. Es fühlte sich gut an, etwas vorzuhaben. Der innere Druck fand seinen Weg ins Außen, indem er sich in etwas Physisches verwandelte – in Schritte, Schweiß und schweren Atem.

Wo war ich hier?

Der Waldboden war mit grünen Gräsern bedeckt. Ihre Ähren schimmerten silbern, dort, wo die Sonne zwischen den Birkenstämmen hindurchfiel. Weiter hinten standen die Bäume mit größerem Abstand zueinander, dazwischen wuchsen Büsche. Hier war es heller und wärmer.

Der Wald war schon seit Langem als Brutplatz für den Großen Schillerfalter bekannt. Die Oberseite der Flügel des Männchens hatte – wenn man ihn in einem bestimmten Winkel betrachtete – einen leuchtend blauvioletten Schimmer. 2011 wurde hier auch der etwas kleinere, aber ebenfalls violett leuchtende Kleine Schillerfalter gesichtet. Der Mann, der ihn gesehen hatte, nahm zuerst an, dass er ein Foto vom Großen Schillerfalter gemacht hatte. Nachdem sich andere Schmetterlingskenner seine Aufnahmen angesehen hatten, wurde die Entdeckung aber bestätigt. Der Kleine Schillerfalter war zum ersten Mal in Dänemark gesichtet worden. Seitdem ist dieser Ort im Juli ein beliebtes Ziel für Schmetterlingsexperten.

Ich verließ den Weg und betrat eine kleine Lichtung. Das Morgenlicht fiel durch das Blätterdach. Es war vollkommen still. Das Gras an den Wurzeln der windschiefen Birken war platt getreten. Ich legte meinen Rucksack ab und stellte fest, dass ich mir keine Mühe mit dem Hexentrank hätte machen müssen. Andere waren mir zuvorgekommen. An einem der Stämme hatte der Rotwein einen dunklen Fleck hinterlassen. Jemand hatte einen mit der duftenden Flüssigkeit getränkten Scheuerschwamm zwischen zwei Äste geklemmt und ihn dort vergessen. Es roch intensiv, vergoren. Der Anblick war ein wenig ernüchternd und deprimierend. Aber darüber konnte ich nicht lange nachdenken, meine Aufmerksamkeit war bald von etwas anderem absorbiert. Es gab massenweise Schmetterlinge. An den Baumstämmen saß eine ganze Reihe von Admirälen mit ihren leuchtend roten Flügelspitzen, eine Schar von Waldbrettspielen zitterte in den schmalen Rissen der Rinde. Ein großer schwarzbrauner Schmetterling kam angeflogen, setzte sich und schloss die Flügel. Sein bernsteinfarbenes Auge starrte mich wie ein Tiger an. Als er seine Flügel öffnete, sah ich für den Bruchteil einer Sekunde den blauvioletten Schimmer. Es war ein Kleiner Schillerfalter. In einer weiteren Lichtung auf der anderen Seite des Weges gelang mir ein verschwommenes Foto von einem Großen Schillerfalter.

Eine halbe Stunde später saß ich wieder im Auto und fuhr Richtung Køge südlich von Kopenhagen. Die Landschaft sauste an mir vorbei, ich hatte das Gefühl, mit der Zeit um die Wette zu fahren. Als ich eine Stunde später vor der Wohnung meiner Eltern anhielt, hatte ich ein paar Minuten wieder gutgemacht.

In der Küche stand Kaffee bereit, aber ich sagte, dass wir keine Zeit hätten, wir müssten ihn mit auf die Fahrt nehmen. Wir hätten einen strammen Zeitplan. Mein Vater hantierte mit den Fahrrädern herum, um sie auf dem Anhänger festzuschnallen. Er fluchte vor sich hin, während ich mich auf den Beifahrersitz setzte und die Koordinaten ins Navi eingab. Meine Mutter warf ihren Sonnenhut und die Kühltasche auf den Rücksitz und stellte vorne zwei Becher mit Kaffee ab. Sie streckte sich, steif und verspannt, dann hielt sie sich an der Dachkante fest und schob sich hinters Steuer.

»Und?«, sagte sie. »Wo geht es hin?« Ihre Augen strahlten, frisch und neugierig.

»Wir fahren zuerst ins Landesinnere«, sagte ich und klemmte mein Handy in die Halterung.

Wir winkten meinem Vater zu und fuhren aus der Tiefgarage ins Licht. Vorbei am Hafen, an den großen Maschinen, den Kränen, über die Umgehungsstraße vorbei am Baumarkt, an McDonald's und der Tankstelle. Ich trank meinen Kaffee.

Meine Mutter erzählte von ihrer Tätigkeit im Vorstand der Eigentümergemeinschaft, dessen Mitglied sie war, das Amt aber ablegen wolle. Sie wäre bereit, im Terrassenausschuss zu bleiben, aber nicht im Vorstand. Sie hätte ihren Austritt bereits erklärt. »Nein!«, sagte sie und holte tief Luft. »Das kostet mich zu viel Energie.«

Das letzte Wort hatte sie besonders betont, als wollte sie die Endgültigkeit dieser Entscheidung unterstreichen. Ich kannte die Geschichte schon und gab Laute von mir, um ihr zu zeigen, dass ich zuhörte.

Danach berichtete sie von ihrem Besuch bei Lynge und Julie, meinem Bruder und meiner Schwägerin. Davon hatte ich auch schon gehört. Ich zupfte mir an der Oberlippe. Während sie weiterredete, warf ich heimlich einen Blick in das Schmetterlingsbuch auf meinem Schoß. Ab und zu blätterte ich darin. Der Große Perlmuttfalter lebte an blumenreichen Standorten, auf Lichtungen, an Wegrändern, auf gerodeten Flächen und unter Hochspannungsmasten in Waldgebieten.

»Bue liest pro Woche ein Buch«, sagte meine Mutter. »Mindestens.«

»Hmm«, machte ich.

Der Bestand dieser Art aber war in Dänemark stark rückläufig. Es gab mittlerweile nur noch drei verbleibende Standorte: Nordjütland, Bornholm und dieser eine Wald auf Seeland, zu dem wir unterwegs waren.

Sie erwähnte, dass die Fenster in unserem Sommerhaus in Schweden gestrichen werden müssten. Sie seien seit Jahren nicht mehr gestrichen worden. »Das ist mehr als überfällig«, sagte sie.

Wir kamen an einem Erdbeerfeld vorbei, das voller Pflücker war, deren Hintern in die Luft ragten. Ich unterdrückte einen Kommentar. Die Straße beschrieb eine Kurve, führte an einem weiß gekalkten Bauernhaus vorbei. Meine Mutter lehnte sich in die Richtung, in die sie auch das Steuer drehte. Glücklicherweise fuhr sie Auto, wie sie lief, als sie noch jünger war. Zügig und ohne Rücksicht auf die Umgebung. Der Kaffee war kalt, ich trank den letzten Schluck.

»Hier rein«, sagte ich und zeigte nach rechts.

Zu beiden Seiten des Weges standen Bäume, es war ein großer Wald. Hier war ich mit Aske und Bjørn auf der Suche nach dem Mädesüß-Perlmuttfalter. Heute aber wollte ich den Feurigen Perlmuttfalter sehen, der auf einer anderen Wiese fliegen sollte. An einer anderen Stelle im Wald, deshalb kamen wir auch von der anderen Seite.

Wir fuhren an einem Haus vorbei, das am Waldrand stand, weiter über einen unebenen Kiesweg, über den das Auto rumpelte.

»Sind wir hier richtig?«, fragte meine Mutter.

»Ich glaube schon«, sagte ich. »Bingo.«

»Und wir suchen nach einem orangefarbenen?«

»Ja. Seine Oberfläche ist fast fluoreszierend. Aber das kann nicht schiefgehen, er wurde hier an sehr vielen Stellen gesehen.«

Meine Mutter murmelte eine kleine Beschwörungsformel, als sie aus dem Auto stieg. Es war sehr warm draußen, das spürte ich erst, als ich das kühle Autoinnere verlassen hatte und hinaus ins Licht getreten war. Die Luft war schwer und heiß und still. Ich sah mich um.

Die Lichtung, an der wir gehalten hatten, lag versunken zwischen hohen Fichten und Laubbäumen. Sie sah nicht besonders aus, aber ein breiter Streifen aus hohem, blassrotem Wasserdost lief hindurch, und den liebten die Schmetterlinge. Wir näherten uns den Blüten, sie waren voller Schmetterlinge, die ich alle benennen konnte.

»Wie viele das sind!«, sagte ich begeistert.

»Ja«, erwiderte meine Mutter. »Aber ich kann mir nicht gleich fünf auf einmal merken. Wir konzentrieren uns auf den einen.«

Ich ließ meinen Blick über die Lichtung schweifen. Als plötzlich ein Hauch von Orange an mir vorbeiflog. »Da ist er!«, sagte ich. »Genau da!«

Ich zeigte auf den Feurigen Perlmuttfalter, der auf einem Blatt gesessen hatte und losflog. Ich drehte mich zu meiner Mutter um. Sie hatte die Hände auf dem Rücken verschränkt und sah wie eine Kapitänin über die Wiese. Sie trug eine geblümte Bluse und weite Hosen, ihr rotblonder Pagenkopf glänzte in der Sonne.

Als ich jünger war, hatte ihre Begeisterung manchmal die Qualität eines Buschfeuers. Ihr Wunsch, dass ihre Kinder ein glückliches Leben führen, war so groß, dass dieser Wunsch stärker strahlte als meine eigene Freude, und dadurch fühlte die sich viel kleiner an.

Auf dem Boden wuchsen kleine Grasbüschel und junge Buchentriebe.

Sie wirkte zurückhaltend, als wüsste sie nicht genau, welche Rolle sie auf meiner Exkursion spielen sollte. Oder hatte sie meine Irritation auf der Autofahrt doch wahrgenommen und unterdrückte deshalb ihren Impuls, um sie bloß nicht zu verstärken?

Auf der Lichtung wuchsen Farne und Disteln und mischten sich mit den kleinen leuchtenden Blütenköpfen der Butterblume. Es war absolut windstill. Wir setzten unseren Weg entlang des Streifens aus Wasserdost fort.

»Pass auf«, sagte meine Mutter. »Da ist ein Graben.« Sie machte vorsichtig einen großen Schritt. »Hier sitzt ein Kleiner.«

»Ja, der ist ganz schön blass.«

»Stirbt der?«, wollte sie wissen.

»Ja«, sagte ich. »Der ist ganz zerfleddert.«

Die Flügel waren fransig. Langsam hob ich meine Kamera ans Auge und kniete mich in das feuchte Gras und machte ein Foto von der Unterseite seiner Flügel.

»Du solltest so einen Apparat haben, mit dem man hundert Fotos in einer Sekunde machen kann«, sagte meine Mutter.

Zwanzig Minuten später standen wir neben dem Auto, und ich verglich meine Aufnahmen mit den Abbildungen im Buch über die Schmetterlingsarten des Nordens.

»Fantastisch«, sagte meine Mutter. Sie beugte sich zum Wegesrand, um eine Blume genauer zu betrachten. Ihre Hände waren nach wie vor auf dem Rücken verschränkt.

»Wir haben ihn erwischt«, sagte ich, und es klang wie eine Szene aus einem Kriegsfilm, entschlossen und autoritär. »Erledigt!«

»Das war es schon?«

»Ja.«

Sie richtete sich wieder auf, lächelte und setzte sich in Bewegung, als würde ihr Körper einen zusätzlichen Impuls benötigen, um loslaufen zu können. »Es ist brütend heiß«, sagte sie.

Wir stiegen wieder ins Auto.

»Bis zum nächsten Standort sind es zwei Stunden«, sagte ich. »Wir fahren nach Møn.«

»Zwei Stunden?«

»Ja.«

»Okay.«

»Eine Stunde und vierundvierzig Minuten.«

»Dann können wir ja was frühstücken, wenn wir dort angekommen sind.«

Ich zog die Riemen meines Rucksacks fest und zupfte an meiner Oberlippe.

Wir fuhren nach Süden, ins Licht, umgeben von der angenehmen Kühle der Klimaanlage. Sie erzählte mir, dass die Nachbarn unter ihnen ihre Küche ganz anders eingerichtet hatten, als sie das damals nach dem Kauf der Wohnung getan hatten. Und sie berichtete, dass mein ältester Bruder Lau die Planung der Sommerferien offenbar missverstanden habe. Er war davon ausgegangen, dass seine Kinder diese Woche mit ihren Großeltern nach Schweden sollten, und jetzt bräuchten sie jemanden, der auf Buster aufpasse.

Währenddessen musste ich an einen seltsamen Aspekt bei Schmetterlingsliebhabern denken. Die große Diskrepanz nämlich zwischen dem, was in ihrem Inneren tobte, und der kühlen Fassade, die sie nach außen zeigten. Vielleicht zogen es die meisten aus dem Grund vor, allein auf Schmetterlingsjagd zu gehen. Emil hatte mir erzählt, dass er manchmal mit anderen auf Expedition ging, aber am liebsten allein unterwegs war. »Zu Hause ist man ständig von anderen Menschen umgeben«, hatte er gesagt. »Da ist es ganz schön, mal eine Woche nur für sich allein zu haben.« Auch Vladimir Nabokov hatte die Einsamkeit geliebt und mit eigenen Worten »manische Angst« davor, auf seinen Ausflügen Gesellschaft zu haben. Als Kind hätte er einmal Besuch von einem Freund bekommen, wäre aber morgens aus dem Fenster geklettert, um allein in den Wald zu gehen. Ihn quälte die Scham, aber er war allein, so wie er es liebte, denn »jeder Begleiter, wie still er sich auch verhielt, dem konzentrierten Genuss meiner Manie im Wege stand«.

War es meinem Großvater in Wirklichkeit nicht auch so gegangen? Stand in seinen Tagebüchern nicht auch viel von dem Bedürfnis, allein zu sein? Einen Eintrag aus den Fünfzigerjahren schrieb er nach einem Tag am Strand mit seiner Familie und einer Gruppe von Freunden. Der Nachmittag sei mit Gesprächen über unwichtige Dinge verbracht worden. Worte, die nichts sagten, obwohl sie von Menschen gesagt wurden, die er mochte. »Leider irritieren mich die meisten Leute nur«, schrieb er. »Mich stört ihr Gerede und das Gerede, zu dem sie mich zwingen, die Halbwahrheiten und Unwahrheiten, ein sinnloses Geschwätz, das selten auch nur einen Millimeter unter die Oberfläche geht, nie das Wesentliche streift, kein Gewicht hat.« Er beherrschte einen Trick, um die Menschen dazu zu bringen, von ihren Interessen zu erzählen. Auch wenn es selten spannend war, so ging es wenigstens um Fakten, und Fakten waren bedeutsam. In seinen Predigten sprach er von Mitmenschlichkeit und Verantwortung, aber genau genommen sei auch das nur leeres Gerede. »Ich strebe nicht danach, meinen Mitmenschen zu begegnen«, schrieb er in sein Tagebuch. »Oder meinen Gleichgesinnten. Ich suche den über mir, die Stille, die Einsamkeit, ich suche Gott.«

Was bedeuteten solche Sätze heute? Was hieß es, Gott zu suchen? Ich sah aus dem Fenster. Wir fuhren über die Brücke nach Møn, ein Wimpel flatterte im Wind.

Bei unserem nächsten Halt setzte sich meine Mutter ihren Sonnenhut auf. Er war aus geflochtenem Stroh, ihre Haare lugten darunter hervor. Sie hängte sich die Kühltasche um und schrieb eine SMS, vermutlich an meinen Vater.

Diese Gegend trug den sonderbaren Namen Høvblege, was übersetzt so viel heißt wie »bleiches Heu«. Hinter uns befand sich die blauweiße Ostsee, vor uns die Böschung eines Hügelkamms, eine Weide, die vor etwa siebzig Millionen Jahren noch Meeresboden war. Dieser Meeresboden hatte sich im Laufe von Millionen von Jahren aus einer dicken Schicht Kreide und dem Kalk der Skelette mikroskopisch kleiner Algen gebildet. Während der Eiszeiten hatte sich der Meeresboden angehoben, die Eismassen hatten mit ihrer gewaltigen Kraft den Boden einfach abgeschält und damit Hügel und Klippen gebildet, die sich jetzt oberhalb der Meeresoberfläche befanden. Unter einer sehr dünnen Lehmschicht bestanden diese Hügel nach wie vor aus dem Kalk der Algenskelette. Dieser Boden enthält nicht viele Nährstoffe, deshalb ist er nicht für den Anbau von Nutzpflanzen geeignet. Stattdessen wird er seit mehr als hundert Jahren als Weideland genutzt und steht ebenso lange unter Naturschutz. Es ist eines der artenreichsten Gebiete des Landes und der einzige verbleibende Ort im Land, an dem der Quendel-Ameisenbläuling vorkommt. Und den wollten wir finden.

Ich hängte mir die Kamera über die Schulter und sah auf die Uhr. »Let's go«, sagte ich.

Ein ausgetretener Grasweg führte die Böschung hinauf. Auf der einen Seite war eine niedrige Hecke aus Sträuchern und kleinen Bäumen, auf der anderen Seite erstreckte sich eine Wiese mit Gräsern und Blumen. Weiße Blütenköpfe und Büschel aus gelben und mattlila Blüten.

»Wie wunderschön das hier ist«, sagte meine Mutter.

Sie hatte recht.

Der Himmel erhob sich weit über uns, blass sah er aus in der Hitze. Die lila Farbtupfer auf der Wiese waren wilder Thymian und Majoran, die gelben waren Jakobskraut und Echtes Labkraut. Ich roch daran. Es duftete nach Honig. Überall flogen Insekten. Wir sahen ein Blutströpfchen mit sechs leuchtend roten Flecken auf seinen Flügeln und ganz in der Nähe eine kleine Gruppe, die nur zwei Flecken hatten. Das könnten Thymian-Widderchen sein, die es angeblich nur hier auf Møn gab. Ein Tagpfauenauge mit kirschroten Flügeln und leuchtend blauen Augen setzte sich vor uns auf eine Blüte. Ein göttlicher Anblick, der mir den Atem verschlug.

Wir waren umgeben von großer Ernsthaftigkeit und unendlicher Schönheit. Die Zeit hatte hier eine andere Qualität als zu Hause im Alltag. Sie war in die Landschaft eingebettet wie etwas Uraltes. Sie steckte in dem skelettweißen Kalk aus den Tiefen der Urgeschichte, in den zarten Blütenknospen und dem schillernden Schmetterling vor mir. Wir bewegten uns auf Millionen und aber Millionen Jahre alter Erdgeschichte, eine Art versteinerter Zeit. Damals, als die Eismassen die Erdoberfläche veränderten und formten. Wir aber sahen hier die Tiere und Blumen, die gerade erst entstanden waren.

»Sieh mal«, sagte ich und zeigte meiner Mutter das Tagpfauenauge.

»Oh«, sagte sie und kam einen Schritt näher. »Wie schön der ist.«

Weiter oben war der Weg weiß, das Innere des Berges trat wie eine leuchtende Spur an die Oberfläche. Der Kalk hatte sich als eine hauchdünne Schicht auf die Blätter und Stängel der Glockenblumen gelegt.

Wir setzten uns auf eine Bank mit Blick auf die Hügelkette. Am Fuß des Hanges, auf der anderen Seite des Weges, konnten wir Felder mit reifem Getreide sehen, und dahinter lag das Meer.

Ich streckte meine Beine aus und zog die Fußspitzen kurz an, bevor ich mich wieder aufsetzte und die Füße in den hellen Staub unter der Bank stellte.

»Ah«, sagte meine Mutter. Sie holte zwei selbst gemachte Sandwiches und eine kleine Box mit Tomaten und Gurkenstücken aus der Kühltasche. Ich bekam eine Flasche Wasser in die Hand gedrückt. Erst jetzt bemerkte ich, wie hungrig ich war, und verschlang alles. Es schmeckte köstlich. Danach gab es Kaffee aus der Thermoskanne. Sie hatte bereits Milch hinzugegeben. Ihr Gesicht lag im Schatten der Hutkrempe, sie trug eine Sonnenbrille.

»Vielen Dank für das leckere Essen«, sagte ich und lächelte sie an.

»Gern geschehen.«

Der Horizont war von einem Dunststreifen verdeckt, Himmel und Meer verschmolzen ineinander. Die Hitze lag wie eine schwere Decke über der Natur.

»Opa hat früher lange Spaziergänge gemacht«, sagte ich.

»Ja, das hat er wirklich geliebt.« Sie rieb sich die Nase.

»Ist er jeden Tag spazieren gegangen?«

»Ja, jeden Tag. Und dann hatte er ja auch noch den Garten.«

»Was hat ihn daran eigentlich interessiert? Also, warum hat ihn die Natur so fasziniert?« Ich legte meinen Unterarm auf die Rückenlehne der Bank.

»Er hat gerne fotografiert«, sagte sie.

Uns kam ein Mann in grünen Shorts und einem verwaschenen T-Shirt entgegen. Er bewegte sich wie ein Storch, hatte lange, dünne Arme und Beine und einen kleinen Bauchansatz. Wir nickten ihm zu, als er an uns vorbeikam.

»Ich frage mich, ob Lise diesen Ort hier kennt?«, sagte meine Mutter. »Was meinst du, wie weit ist es von hier zu ihrem Sommerhaus?«

Ich nahm einen Schluck Kaffee. Wir plauderten ein wenig. Die Distanz zwischen uns hatte sich verringert, seit wir hier angekommen waren. Mich berührte es, wie viel Mühe sie sich gemacht hatte. Das hatte sie schon immer, aber plötzlich konnte ich in den Gurkenschnitzen und dem Kaffee den Ausdruck ihrer überschwänglichen Liebe sehen, die sie in diesen kleinen Gesten zeigte. Das machte mich wehmütig und glücklich zugleich.

»Wir müssen unbedingt den Quendel-Ameisenbläuling finden«, sagte ich.

Ich zückte mein Handy. Auf Naturbasen hatte jemand gemeldet, dass er am Vortag einen gesehen habe, und die Koordinaten sehr genau angegeben.

Wir packten unsere Sachen zusammen, gingen die Böschung hinunter und folgten einem schmalen Pfad, der zwischen Unmengen von wildem Majoran, Thymian und anderen kleinen weißschirmigen, orangespitzigen und goldbauchigen Wildblumen hindurchführte. Es dauerte nicht lange, da sah ich ihn, den größten Bläuling des Nordens. Er hatte seine Flügel aufgeklappt, und ich konnte seine mattblaue Oberseite mit den schwarzen Flecken und Flügelrändern bewundern. Als er seine Flügel zusammenklappte, schimmerte das Flügelfeld an seinem Körper in der Sonne strahlend blau.

»Ist er das?«, fragte meine Mutter.

»Das ist er. Der ist so groß.«

Diese Art gab es früher an mindestens vierzig Orten in Dänemark, mittlerweile fand man ihn nur noch hier. Sein Anblick war atemberaubend. Ich erzählte meiner Mutter, was ich mir angelesen hatte, unter welchen dramatischen Umständen er auf die Welt kommt.

»Er benötigt ganz bestimmte Voraussetzungen«, sagte ich.

Das Exemplar, das vor uns saß, würde genauso wie seine Artgenossen als erwachsener Schmetterling höchstens drei bis fünf Tage leben. In dieser Zeit musste es ihm gelingen, sich zu paaren, und die Weibchen mussten ihre Eier ablegen können – ein Macaron-förmiges Ei nach dem anderen, die das weibliche Tier sorgfältig in den Blüten des wilden Thymians und Majorans versteckte. Nach ein paar Tagen würde aus dem Ei eine Raupe werden, die sofort anfing zu fressen und sich von Blüte zu Blüte fortbewegte. Dreimal würde sie sich häuten, bis sich das behaarte, thymianfarbene Wesen schließlich auf den Boden fallen ließ und sich einen dunklen Ort an der Wurzel der Pflanzen suchte, wo es sich vor Fressfeinden verstecken konnte. Dort würde die Raupe warten. Aber nicht länger als ein paar Stunden.

»Sonst verhungert sie«, erklärte ich. »Die Raupe ist darauf angewiesen, dass eine ganz bestimmte Ameisenart vorbeikommt, und zwar die Säbeldornige Knotenameise.«

Es ist kein Zufall, dass der Sturz der Raupe am späten Nachmittag geschieht. Denn das ist die Tageszeit, an der die Säbeldornige Knotenameise besonders aktiv ist. Die Raupe sondert bestimmte chemische Stoffe aus, um die Ameise anzulocken. Kaum ist die erste gekommen und hat ihre Inspektion begonnen, sondert die Raupe einen verführerisch duftenden Zuckertropfen ab, der weitere Ameisen anlockt, die den Tropfen gierig verschlingen. Von den vielen Ameisen, die auf ihr herumkrabbeln, nimmt die Raupe den Geruch an, macht sich hart wie eine Ameisenlarve, krümmt ihren Rücken wie eine wütende Katze, und die Ameisen glauben, sie sei eine von ihnen. Sie tragen den »Nachwuchs« in ihren Bau, nichts ahnend, dass sie sich einen Parasiten ins Haus geholt haben. Sie legen die Raupe zu ihren eigenen, kleineren Larven. Kurz darauf beginnt die Raupe des Quendel-Ameisenbläulings, die Ameisenlarven zu fressen. Sie wächst schnell, ihr Gewicht vervielfacht sich, und sie wird fett wie eine Made. Im Vergleich zu den Ameisenlarven sind die Raupen gigantisch groß, aber die Ameisen bemerken den Unterschied nicht, weil die Raupe nach wie vor die Zuckertropfen absondert. Das Einzige, was ihr passieren kann – und das wäre tatsächlich fatal –, wäre eine Verwechslung mit einer Königinnenlarve. Die Ameisen halten die Anzahl der Königinnenlarven in ihrem Ameisenbau niedrig und könnten entscheiden, sie zu töten. Die Raupe könnte auch das Pech haben, mit Artgenossen in einem Bau zu landen, und in diesem Fall würde die größere Raupe den kleineren Artgenossen fressen.

»Die fressen sich gegenseitig auf?«, fragte meine Mutter.

»Ja, wie Kannibalen.«

Wenn die Raupe das alles überlebt, hat sie im Laufe des Winters und Frühlings mindestens tausend Ameisenlarven gefressen und wird wie ein Fenriswolf raubtiergleich das neue Ameisenvolk ausgelöscht haben. Sie verpuppt sich, und eines frühen Sommermorgens – etwa ein Jahr, nachdem sie als Ei zur Welt gekommen ist, während die Ameisen in der kühlen Morgenluft noch träge sind – schlüpft sie und findet ihren Weg aus den Untiefen des Ameisenbaus und breitet ihre blauschwarzen Flügel aus. Dann fliegt sie los, ein göttlicher Anblick, um sich zu paaren, damit alles wieder von vorn anfängt.

Deshalb ist diese Art in ganz Europa vom Aussterben bedroht. Sie benötigt einen Ort, an dem ihre Wirtspflanze – wilder Majoran und Thymian – in großen Mengen wächst und an dem auch ihre Wirte, die Säbeldornige Knotenameise, in großen Populationen vorkommen. Die meisten Bläulinge auf der Welt sind in ähnlicher Weise von ihren Wirtsameisen, wie man sie nennt, abhängig. Das gilt für die australischen Bläulinge bis hin zu den mexikanischen. Nicht alle verhalten sich so parasitär und brutal wie der Quendel-Ameisenbläuling, aber sie benötigen alle ganz bestimmte Umstände, um ihr Überleben sichern zu können – eine ganz bestimmte Ameisenart, eine bestimmte Pflanzenart, die richtigen Bedingungen für die Ameise und für die Pflanze.

Ich erzählte meiner Mutter die Geschichte des Kronwicken-Bläulings, die mir Emil erzählt hatte. Diese seltene Art war wenige Jahre zuvor in Norwegen ausgestorben. Biologen und Schmetterlingsliebhaber hatten für den Erhalt des Insekts gekämpft, das auf Norwegisch Lakritzmehlbläuling heißt. Es kam nur an ganz bestimmten Stellen am Oslofjord vor. Man hatte alles Mögliche unternommen, um die Art zu retten. Der letzte bekannte Standort war geheim gehalten worden, man hatte ein befruchtetes Weibchen gefunden, das seine Eier in Gefangenschaft legte, damit man ihre erwachsenen Nachkommen ein Jahr später aussetzen konnte. Einige dieser Nachkommen paarten sich tatsächlich, aber schon ein Jahr später war es vorbei. 2017 wurde die Art in Norwegen offiziell als ausgestorben erklärt. Die Experten, die versucht hatten, die Art zu erhalten, schätzten die Wahrscheinlichkeit, weitere Exemplare zu finden, als extrem gering ein. Aber sie empfahlen, die Suche mindestens ein Jahr lang fortzusetzen. Das wäre die einzige Chance. Aber es wurde kein weiteres Exemplar gefunden. Man erwog, die Art aus Schweden einzuführen, aber die Umsetzung scheiterte daran, dass sie auch in Schweden ausgestorben war.

»Wir nehmen ihnen den Lebensraum«, sagte ich. »Der Stickstoff, den wir auf die Felder kippen, lässt vor allem kräftige Pflanzen wachsen. Das aber verdrängt die Wirtspflanzen der Schmetterlinge.«

Meine Mutter klappte ihr Handy auf und machte ein Foto.

Ich ließ meinen Blick über die Gräser und Blumen schweifen und spürte, wie mich das alles berührte. Die Landschaft, die Farben, die Gerüche. Eine tiefe, unendliche Wehmut überwältigte mich, vielleicht aber war es auch Freude und Glück, was ich da empfand. Beim Anblick des Schmetterlings musste ich an Untergang und Verderben denken, aber ich hatte auch das Gefühl unendlicher Freude. Das war sehr verwirrend. Aber ich wollte lieber alles empfinden als gar nichts.

»Wollen wir los?«, fragte ich meine Mutter und lächelte sie an.

Kurz darauf saßen wir wieder im Auto. Wir fuhren quer durch Møn und zurück über die Dammstraße. Das dauert etwa eine Stunde, dann bogen wir nach links ab und fuhren nach Falster, der südlichsten Insel Dänemarks.

Während die Häuser, Felder und Bäume an uns vorbeizogen, unterhielten wir uns über das Älterwerden und den Verfall des Körpers. Mein Vater hatte Probleme mit den Augen, ein grauer Schleier, unter Umständen war das operabel, vielleicht aber auch nicht. Es könnte der Tag kommen, an dem meine Mutter die Aufgabe seiner Augen übernehmen müsste – und er hatte immer so viel gelesen. Ich erinnerte mich daran, wie schockiert ich war, als mein Vater sich nicht an eine Reise erinnern konnte, die er als junger Mann in die Türkei unternommen hatte. Das hatte nichts damit zu tun, dass sein Gedächtnis ihn im Stich ließ, sondern einfach damit, dass die Reise schon so lange zurücklag. Vieles im Leben, sagte er, verschwinde nach und nach aus der Erinnerung, Ereignisse werden zu öden Gebieten. Erst Jahre später verstand ich, was er damit gemeint hatte, weil auch ich mich nicht mehr an einen Heiligabend oder einen Urlaub oder einen Menschen erinnern konnte, den ich mal ganz gut gekannt hatte. Einiges von dem Erlebten hatte ich in meinem Tagebuch festgehalten, aber vieles war einfach verschwunden. Wie eine Art umgekehrte Eroberung, ganze Kontinente des Lebens, die im Meer der Zeit davongetrieben waren und uneinnehmbar schienen, bis plötzlich ein Geschmack oder ein Geruch – wie ein Blitz – wieder Zugang zu diesem Kontinent ermöglichte. Die Tiere verschwanden im Winter, waren aber immer noch irgendwo da draußen, genauso wie die Erinnerungen. Aber wo?

Als wir über die Brücke fuhren, sprachen wir über die Kinder. Was für Persönlichkeiten sie waren und wie sie mit ihren Eigenheiten, Launen und Neigungen umgingen. Wie sie wohl als Erwachsene sein würden? Sie alle trugen etwas in sich, das vielleicht schon ein Hinweis auf die Zukunft war. Vielleicht würde das mit der Zeit zu ihren dominierenden Charakterzügen werden. Ich erzählte ihr von Nabokovs Beziehung zu Farben, und wir sprachen über meinen Garten und die Pflanzen darin, denn es ist ein Garten, der erst im Spätsommer blüht.

»Dafür hat er im Sommer alle Grüntöne, die es gibt«, sagte meine Mutter.

Wir streiften durch die Landschaft. Unsere Unterhaltung war ungezwungen, ganz natürlich, wir mussten nichts tun, nichts erreichen, außer Schmetterlinge zu sehen.

Ich hatte meiner Mutter von Nabokovs Beziehung zu Farben erzählt, weil mich die Tatsache umgeworfen hatte, dass man überhaupt so etwas wie eine Beziehung zu Farben haben kann. Ich hatte von Menschen gehört, die bestimmte Geräusche mit Geschmäckern verbanden, und wusste auch, dass man das Synästhesie nannte, wenn zwei Sinne miteinander verbunden sind. Jimi Hendrix verband offenbar bestimmte Töne mit bestimmten Farben. In Nabokovs Fall verband er die Laute aller Buchstaben mit einer spezifischen Farbe. In dem Moment, in dem er einen Buchstaben aussprach, sah er eine zugehörige Farbe. Er nannte es »farbiges Gehör«.

In seinen Memoiren *Erinnerung, sprich* beschreibt Nabokov die Farben seines inneren Alphabets. Das stimmlose G hatte die Farbe von vulkanisiertem Kautschuk, das N war hafermehlig, das U »Messing mit einem Schimmer von Oliv«. Das

B hatte die Farbe von gebranntem Siena, das M war rosa Flanell, das X und das K gehörten beide zu den blauen Buchstaben, hatten aber unterschiedliche Nuancen, das eine stahlfarben, das andere heidelbeerfarben. W war ein stumpfes Grün mit einem Hauch Violett, und so ging es Buchstabe für Buchstabe weiter.

Wenn ich die Augen zusammenkniff und versuchte, mir Nabokovs Farben vorzustellen, erkannte ich, dass er hinter der Realität, die wir anderen sehen, Zugang zu einer weitaus größeren Wirklichkeit hatte. Er sah das Physische und Konkrete, die Lupinen, die Motels, die Schmetterlinge und Autos, aber unmittelbar dahinter eröffnete sich eine andere Wirklichkeit, in der die Buchstaben farbenfroh leuchteten und das Rätselhafte und Mystische lagen.

Vielleicht war Nabokovs Fähigkeit, die Wirklichkeit hinter der Realität zu sehen, angeboren. Einige Menschen kommen mit einer größeren Sensibilität und einem größeren Vertrauen in ihre Sinne auf die Welt als andere. Diese Fähigkeit kann man zweifellos trainieren, und genau das hat Nabokov getan, als er über sein Mikroskop gebeugt saß und versuchte, das Aussehen und die Farben eines Bläulings exakt zu beschreiben. Er ist »recht charakteristisch, glatt, bräunlich mit einem olivgrünen Schimmer«, beschrieb er einen von ihnen, »mehr oder weniger am ganzen Körper mit aschblauen Schuppen bedeckt«. Für Nabokov war die Verbindung zwischen beiden Realitäten auch die Verbindung zwischen Kunst und Wissenschaft. »Ich entdeckte in der Natur die nutzlosen Freuden, die ich in der Kunst suchte«, schrieb er 1948 in einem Essay. »Beides war eine Form von Magie, beides war ein Spiel aus raffinierter Verzauberung und Täuschung.« Nabokov hatte nicht nur freien Zugang zu einer

Welt der Zauberei und zu einer Welt der Erkenntnis, die beiden Welten waren für ihn tatsächlich ein und dasselbe.

Aus diesem Grund faszinierte ihn besonders das Phänomen der Mimikry. Darunter versteht man die Entwicklung von Tieren, die mithilfe der Evolution das Aussehen von Pflanzen und Tieren imitieren, um auf diesem Wege Fressfeinde auf Abstand zu halten. Dabei ging es nicht um eine plumpe und einfache Tarnung, stellte Nabokov fest, sondern um eine raffinierte, kunstvolle, fast akrobatische Maskerade. Beim Durchblättern meiner Bücher, auf der Suche nach Beispielen von dem, was Nabokov beobachtet hatte, stieß ich auf eine faszinierende Abbildung nach der anderen. Es gibt südamerikanische Schmetterlinge, die mit zusammengeklappten Flügeln einem verwelkten Blatt zum Verwechseln ähnlich sehen. Und zwar komplett mit Stiel und pilzartigen Flecken auf den Flügeln. Andere Schmetterlingsarten haben riesige Augen auf ihren Flügeln, die wie die eines Raubtieres aussehen. Das war mir auch bei den dänischen Arten begegnet. Aber in Südamerika gibt es einen Schmetterling, der bei uns Bananenfalter heißt, aber in einigen Sprachen Eulenauge genannt wird, weil seine Augenflecken tatsächlich aussehen wie die Augen einer Eule. Sie sind bis ins kleinste Detail naturgetreu nachgebildet, sogar mit einem zarten Strich weißer Pigmente, der die Lichtreflexion in der Netzhaut der Eule simuliert. Es gibt Arten mit tigerähnlichen Streifen, viele imitieren Muster, Formen oder Farben anderer Arten, die für die Fressfeinde giftig sind. Der Hornissen-Glasflügler zum Beispiel, der in weiten Teilen Europas und im Nahen Osten vorkommt, hat sich zu einer originalgetreuen Kopie der Hornisse entwickelt. Die Raupe des Mittleren Weinschwärmers, der in Dänemark weit verbreitet ist, gibt sich als kleine Schlange aus, indem sie ihren

Kopf versteckt und ihren Vorderleib aufbläht. Dabei wiegt sie sich von Seite zu Seite, um den Kopf einer Schlange mit großen, bedrohlich aussehenden Augenflecken zu imitieren.

Die Mimikry der Schmetterlinge, so Nabokov, sei so wundersam und so detailliert, dass man sie nicht allein mit Darwins Lehre erklären könne, laut derer die Evolution die Arten optimiere, um ihr Überleben zu sichern. Er war der Ansicht, dass hier etwas Unergründliches im Spiel sei. »Wenn ein Schmetterling wie ein Blatt aussehen soll, werden aber nicht nur alle Details wunderschön nachgebildet, es werden auch Imitationen von wurmstichigen Löchern großzügig hinzugefügt«, schrieb er. Dieser Detailreichtum der Nachahmungen sei zu schön, zu wunderbar, – er zeichne sich durch eine »mimetische Subtilität, Opulenz und einen Luxus aus, die weit über die Wahrnehmungsfähigkeit eines Raubtiers hinausgehen« – um ihn lediglich als einen Schutzmechanismus zu benennen. Für Nabokov bestand kein Zweifel daran, dass diejenigen, die in den Farben und Formen der Natur nur Funktion sahen, alles Leben auf den einfachsten Nenner reduzierten und etwas Entscheidendes übersahen. Eine tiefe und existenzielle Wahrheit nämlich, die unmittelbar vor uns lag. Man müsse nur wach genug sein, sein Auge geschult haben und den Wunsch verspüren, es zu sehen. Die Wirklichkeit hinter der Realität. Die Zeit hinter der Zeit. In seinem Essay über die Schmetterlinge findet Nabokov Worte dafür.

»Der höchste Genuss der Zeitlosigkeit – in einer zufällig gewählten Landschaft – ist es, umgeben von seltenen Schmetterlingen zu stehen, umgeben von den Pflanzen, von denen sie sich ernähren. Das ist Ekstase und hinter dieser Ekstase verbirgt sich etwas anderes, das ich nicht erklären kann. Es ist ein nur kurzlebiges Vakuum, in das alles gesogen wird, was ich liebe. Ein Gefühl, mit der Sonne und den Steinen vereint zu sein, eine Welle der Dankbarkeit, wem die auch immer gelten mag.«

*

Als wir auf der Halbinsel Bøtø ankamen, die sich an der Ostküste im Süden von Falster erstreckt, zerrten wir die Fahrräder vom Anhänger. Das Licht war unbeschreiblich, fast mächtig. Als würde die Sonne an diesem Nachmittag von überallher kommen: vom Metall der geparkten Autos, von der flachen Graslandschaft, die vor uns lag, nachdem wir die Räder durch ein kleines Gatter geschoben hatten, von hohen Bäumen, die das Gelände umsäumten, von unserer Haut und den Haaren meiner Mutter. Alles glühte.

Hinter einem siebzehn Kilometer langen, riesigen Deich standen weiter nördlich mehrere Reihen von Sommerhäusern, aber hier, im Süden, konnte sich der alte Wald zwischen feuchten Sümpfen und Wasserlöchern frei ausbreiten. Die Gegend war unter Naturliebhabern für ihre vielen einzigartigen Arten bekannt, und es war einer der besten Orte im Land, um Schmetterlinge zu beobachten. Ich war auf der Suche nach zwei ganz bestimmten Arten – dem Spiegelfleck-Dickkopffalter und dem Braunen Feuerfalter.

Was hatten wir für ein Glück, dass wir das hier erleben durften. Meine Mutter trug einen Fahrradhelm. Wir fuhren die Feldwege entlang und versuchten, den Einträgen auf Naturbasen zu folgen, wurden aber schnell von dem abgelenkt, was uns unterwegs begegnete. Eine Brombeerhecke mit Admirälen und Tagpfauenaugen. Ein kleiner Schwarm von Dickkopffaltern, die auf Farnen saßen. Eine fette Libelle, die auf einem Grashalm wippte und einen Schmetterling fraß, ihre Augen waren türkis, ihr Schwanz königsblau und schwarz wie Lack, das feine Netz ihrer Flügel vollkommen transparent.

Ich wandte meine Aufmerksamkeit wieder den Angaben auf meinem Handy zu, die blauen Kreise auf der Karte zeigten die Stellen an, an denen die Schmetterlinge gesehen worden waren, nach denen wir suchten.

»Wir sollen östlich der Baumreihe sein«, sagte ich und sah in den Himmel. »Sind wir das?«

»Die Sonne steht da«, sagte meine Mutter und zeigte nach oben. »Also muss dort Westen sein.«

Wir entdeckten einen schmalen Pfad quer durchs Grüne, auf dem ganz offensichtlich schon andere vor uns gelaufen waren. Das Gras war heruntergetrampelt.

»Meine unsichtbaren Freunde sind hier gewesen«, sagte ich.

»Sind wir hier richtig?«, fragte meine Mutter.

»Vielleicht«, erwiderte ich. Eine Distel stach mir in die Hand.

Wir setzten unseren Weg fort. Die Sonne stand über hohen Fichten, die majestätisch den Rand des Sumpfes säumten. Anders gesagt, dieser Teil der Erde bewegte sich weg von der Sonne, die Fichten und der Sumpf folgten dieser Bewegung. Die Erde in diesem unendlichen Universum drehte sich gemächlich um ihre eigene Achse, während ich vor mich hin fluchte und mich gleichzeitig freute. Wir lachten, weil es so anstrengend war. Dabei war es eher ein Spiel, was wir da machten. Und es machte Spaß zu spielen, es nahm mich vollkommen in Beschlag.

Aber wie viel Zeit hatten wir noch, bevor die Sonne unterging?

Ich versuchte, die Karte in meinem Handy mit dem Gelände abzugleichen und das Gelände wiederum mit den Angaben aus Naturbasen abzugleichen. Wir fuhren bis ans Ende des Areals, stellten unsere Räder ab und stapften durch das Gras, drehten wieder um, fuhren zurück und wiederholten das Ganze von vorne. Mich erfüllte ein intensives, vibrierendes Gefühl der Wachsamkeit, alle Sinne waren aktiv, alles bewegte sich in eine Richtung, fließend und funkelnd.

Meine Mutter blieb stehen. Sie sagte, sie brauche eine Pause. Ich sah sie an. Ich solle bloß nicht aufgeben, sagte sie, sie müsse sich nur kurz mal hinlegen.

Ich sah mich um. Die Sonne tauchte alles in ihr glühendes Licht, die Gräser, den Sumpf, den rötlichen Kies des Feldweges.

»Ist alles in Ordnung?«, fragte ich sie.

»Ja, klar«, sagte sie. »Los, geh schon.« Sie legte sich auf eine Böschung, die parallel zum Weg verlief, faltete ihre Jacke zu einem Kissen und stopfte es sich unter den Kopf.

Auf der anderen Seite des Weges erstreckte sich eine Fläche mit sanften Hügeln. Meine Füße versanken förmlich im Gras. Nachdem ich ein Stück gelaufen war, drehte ich mich um und sah sie dort liegen. Die Liebe, die ich für sie empfand, war warm, weich und dankbar.

Ich kämpfte mich durchs Gestrüpp, durch den Stoff meiner Turnschuhe sickerte Feuchtigkeit, ich verirrte mich zwischen schilfartigen Pflanzen, die mir bis zur Hüfte reichten. Ich wollte unbedingt den Spiegelfleck-Dickkopffalter sehen, es war einer der letzten Tage im Jahr, an denen das möglich sein würde. In Dänemark kam er nur hier vor.

Im Gras zu meinen Füßen sah ich ein Großes Ochsenauge. Man entdeckte es überall, wenn man es erst einmal bewusst gesehen hatte. Hätte mir jemand vor Beginn meiner Schmetterlingsjagd ein Bild von diesem Schmetterling gezeigt, hätte ich geschworen, davon noch nie ein Exemplar gesehen zu haben. Jetzt sah ich ihn überall, wie er eher weiter unten herumflatterte und nur selten seine braunen und ockerfarbenen Flügel ausbreitete. Ich blieb stehen und machte ein Foto. Die Brombeerhecke, auf die ich danach zuging, war schon verblüht, die Beeren waren grün und hart und hatten sich zur Sonne ausgerichtet. Ein Rostfarbiger Dickkopffalter saß auf einem Farn und wärmte sich in der Sonne. Ich machte auch von ihm ein Foto.

Ich ging weiter, hier war die Landschaft jetzt flach, ich folgte einem Drahtzaun, vorbei an ein paar Büschen und weiter auf eine kleine Gruppe von Birken zu. Mein Blick wanderte von Blatt zu Blatt, von Halm zu Halm. Ich sah auf die Uhr, als meine Mutter anrief. Es waren schon zwanzig Minuten vergangen, die mir wie fünf vorgekommen waren.

»Ich gebe ihm noch eine letzte Chance!«, sagte ich.

»Na logisch!«, antwortete sie. »Gut so.«

Zehn Minuten später – vielleicht waren es auch zwanzig oder vierzig – kam mir eine Frau entgegen, sie hatte die Sonne im Rücken. Sie hatte eine Kamera um den Hals hängen, trug eine bunt gemusterte Bluse und hatte graue, gelockte Haare. Ich unterdrückte alles, was in mir aufstieg, denn ich wollte sie weder erschrecken noch verärgern.

»Hallo«, sagte ich. »Suchst du auch den Spiegelfleck-Dickkopffalter?«

»Ja«, sagte sie. »Warst du erfolgreich?«

»Nein«, sagte ich und lächelte. »Ich latsche hier schon die ganze Zeit herum.«

»Mein Mann hat zwei gesehen, die sich gepaart haben«, sagte sie und zeigte auf ein Dickicht. »Und zwei haben wir hier gesehen.«

»Hier?«, sagte ich und jubelte schon innerlich. »Gerade eben?«

»Nein, das war vor ein paar Stunden«, sagte sie. »Vielleicht drei?« Sie zeigte mir die Stelle. »Aber da mitten im Gebüsch ...«

Da sah ich ihren Mann, auch mit einer Kamera um den Hals. Wir gingen auf ihn zu, und ich stellte unverfängliche, alltägliche Fragen, während ich mich vor Vorfreude kaum halten konnte. »Kannst du noch mal zeigen, wo du die beiden gesehen hast, die sich gepaart haben?«, rief sie ihm zu.

Sie sprach einen singenden, jütländischen Dialekt.

»Ich brauche echt Hilfe«, schob ich hinterher. Meine Stimme klang seltsam laut und hallend.

Wir gaben uns die Hand, und ich wiederholte, dass ich Hilfe bräuchte, weil ich unbedingt alle dänischen Schmetterlingsarten innerhalb eines Jahres sehen wollte. »Bisher ist es ganz gut gelaufen«, sagte ich und redete ungefragt weiter. »Bis jetzt.«

Im Gegensatz zu meinen lebhaften Gesten und meinem unerschöpflichen Wortschwall wirkten die beiden eher zurückhaltend und ruhig. Der Mann erzählte, er habe seit seiner Kindheit Schmetterlinge beobachtet. Es stellte sich heraus, dass die beiden tatsächlich aus Jütland kamen, aus Mors, wo mein Vater geboren war. Sie waren auch, wie meine Mutter und ich, in Høvblege gewesen und hatten dort zwei Tage lang die Hänge nach dem Quendel-Ameisenbläuling abgesucht. Ich verschwieg, dass ich ihn schon nach einer Stunde gefunden hatte – allerdings mithilfe der Angaben in

Naturbasen. Es fühlte sich wie Betrug an, aber vielleicht hatte ich nur mich selbst betrogen?

»Ich muss mal kurz nachdenken«, sagte der Mann und sah sich um. Dann führte er mich zwischen hohen Büschen und niedrigen Bäumen hindurch. Er kniete sich langsam hin und streckte seinen Zeigefinger aus.

Mitten im Gebüsch, auf einer kleinen Lichtung, saßen zwei Spiegelfleck-Dickkopffalter auf einem Grashalm und paarten sich, die Köpfe voneinander abgewandt. Die Unterseite der Flügel war so gelb wie Bananen und mit einem schönen, ganz besonderen Muster versehen, das aus einer Reihe weißer Ovale bestand, die von dunklen Ringen umgeben waren. Ich kniete mich ebenfalls hin, lehnte mich vor und hatte das tiefe Bedürfnis, das Wesentliche einzufangen und diese beiden Tiere nicht nur als Vertreter ihrer Art zu sehen. Sondern als das, was sie waren: einzigartig und außergewöhnlich. Eines der Tiere hatte einen seiner Flügel gedreht, sodass die kaffeebraune Oberseite zur Unterseite wurde. Die Spitzen ihrer Fühler waren orangegelb. Sie stützten sich auf ihren dünnen Beinen ab und hielten sich am Grashalm fest, um ihre Hinterleiber aufeinanderzuschieben und sich zu paaren. Sie waren am ganzen Körper behaart, wahrscheinlich weich wie Daunen.

Es sprudelte nur so aus mir heraus.

Nein, nein, nein.

Ja, ja, ja.

»Und dann auch noch in der Sonne«, sagte der Mann.

Danach war ich wie benommen und voller Energie. Das Paar erzählte mir, dass sie auch den Braunen Feuerfalter gesehen hätten, die zweite Art, die ich unbedingt finden wollte. Sie zeigten mir eine Stelle mit niedrigeren Gräsern auf einer

Fläche von fünf mal fünf Metern, die wir eine Weile kreisförmig abliefen. Erfolglos! Wir waren nur unweit von der Böschung, auf der meine Mutter lag.

»Mama! Erfolg!«, rief ich ihr zu.

Sie setzte sich auf und sah zu uns rüber. Dann rappelte sie sich mühsam auf und kam auf uns zu. Es sah aus, als wäre das eine Bein länger als das andere. Sie begrüßte das Paar, und ich erzählte, dass ich den Spiegelfleck-Dickkopffalter gesehen hatte. Wir unterhielten uns ein bisschen über Mors, dann bedankte ich mich viel zu überschwänglich, und wir verabschiedeten uns. Auf Mors benutzt man nicht so viele Worte, um sich auszudrücken. Die Menschen sind wortkarg und zurückhaltend. Die Religiösen sagen, man muss schweigen, um Gott sprechen zu hören. Vielleicht habe ich die Bewohner von Mors deshalb immer als Menschen wahrgenommen, die Zugang zu einer höheren Wahrheit haben, die uns anderen mit den Wortschwallen eher verwehrt bleibt.

Aber ich war überglücklich. Ich gab die Idee auf, den Braunen Feuerfalter in dem besagten Quadrat zu finden. Wir schwangen uns wieder auf unsere Räder und fuhren zu einer Lichtung, in der sich diese Art angeblich auch aufhalten sollte. Der Waldboden war mit Rinde und Holzspänen bedeckt, dazwischen wuchsen einzelne Grasbüschel. Im Osten standen windgepeitschte Bäume und Büsche, im Westen, auf der anderen Seite des Weges, wo wir unsere Räder abstellten, verschwand die Sonne hinter einer Mauer aus dichten Fichten.

Meine Mutter verschränkte ihre Hände auf dem Rücken und ging sehr langsam über die Lichtung. Ich tat es ihr nach. Eine ganze Weile liefen wir so, die Nase auf den Boden gerichtet, vor und zurück.

Die Wolken leuchteten.

Ich stocherte mit meiner Schuhspitze an einem Stück Rinde und sah zu meiner Mutter. Ihre Falten umrahmten ihre Augen wie Schnurrhaare. Die Haut an ihrem Hals war rötlich und weich. Ein Lichtstreif, einem Feuerstrahl gleich, drang durch die Bäume, die nur noch dunkle Silhouetten vor einem leuchtenden Hintergrund waren. Bald, zum Einbruch der Nacht, würden die Schmetterlinge Schutz suchen.

»Ich gebe auf«, sagte ich und lachte. »Ich werde heute keinen mehr finden.«

»Bist du dir sicher?«, sagte meine Mutter.

»Ja. Schluss, Ende.« Ich lachte.

Sie lachte auch.

Wir schoben die Räder bis zu dem gewaltigen Deich, kämpften uns auf seinen Kamm und entdeckten dort einen Weg, der auf der anderen Seite hinunter zum Strand führte. Zu beiden Seiten erstreckte sich ein breiter Sandstreifen, es schimmerte an den Stellen, wo er das Wasser berührte. Wir sahen Möwen, die sich in einiger Entfernung ausruhten, und ein paar Menschen im Wasser, weit weg, wie bunte, dünne Striche. Es roch nach Salz und Seetang. Das Meer war unendlich und mächtig. Aber es war ruhig, nur kleine Wellen, ab und zu eine Schaumkrone, das Wasser zog ruhige dunkle Linien auf der Oberfläche.

»Sieh mal«, sagte meine Mutter.

Sie zeigte zum Himmel, da sah ich es auch. Die Landschaft war wie zweigeteilt. Auf der einen Seite, im Norden, sah das Wasser aus wie flüssiges Eisen. Auch die Unterseite der Wolken war grau, unter dem Himmel hing eine schwere Dunkelheit, die sich in der Wasseroberfläche spiegelte. Auf der anderen Seite, im Süden, war der Himmel aufgerissen, zog sich in einem leuchtenden, breiten Streifen zu den großen, luftigen Wolkenformationen. Auf dieser Seite war der Himmel am Horizont rosa, blass und zart, und das Meer schimmerte in tiefen blauen und dunkelvioletten Tönen. Es war vollkommen, fast lähmend in seiner Schönheit und Größe.

Was ich da sah, war die Ewigkeit, ich kann es nur so beschreiben, obwohl ich jetzt, mit Abstand, nach den richtigen Worten suchen muss, weil es mich fast verlegen macht. Ich spürte die Präsenz, nicht nur von mir und uns beiden am Strand, sondern von der Natur, die uns umgab – den Muscheln, dem Wasser, den Wolken, den Bäumen. Das verdrängte alles andere und öffnete eine Schleuse zum Kosmischen und Mystischen. Das Gefühl in meiner Brust war Unterwerfung. Die Zeit bestand nicht aus Minuten und Stunden, sie war die ganze Fülle.

Ich weiß nicht mehr, ob ich geweint habe. Aber ich spürte – was die weisen Menschen schon seit Jahrtausenden wissen –, dass alles miteinander verbunden ist. Mein Körper und der Sand und das Wasser und die Steine, alles bestand aus dem Material toter Sterne, die älter waren als unser Sonnensystem. Mein Gehirn bestand aus diesem Material, meine Fingernägel, meine Zähne, meine Wimpern. Ich nahm den Sauerstoff aus der Luft durch meine Atmung in mir auf, und der Sauerstoff der Luft stammte von den Pflanzen, und deshalb war das Leben der Pflanzen mein Leben. Die Luftpartikel, die meine Lungen füllten, waren alt, uralt, mehrere Tausend Jahre alt, vielleicht waren sie schon in den äußersten Bereichen der Atmosphäre gewesen, an der Grenze zum Weltall, aber sie sind auch in den Lungen anderer Lebewesen gewesen. Ich atmete dieselben Partikel ein, die andere vor mir eingeatmet hatten, Könige und Bauern, Elche und Wildschweine und Eulen. Die Nahrung in meinem Magen stammte von Pflanzen und Tieren. Ihr Leben verwandelte sich, um ein Teil von mir zu werden, zu meinen Muskeln, zu meinem Blut. Eines Tages würde mein Körper zu Nährstoffen und Mineralien werden, zu Phosphor und Kalium, die Atome in meinem Körper würden wieder zu Erde, Luft und Wasser werden, und so gab es in der Natur keinen Tod, sondern nur Leben, eine ewige Metamorphose, eine Verwandlung, die das Leben von einem Körper zum anderen, von einem Lebewesen zum nächsten überträgt. Was wir Tod nennen, ist ein Punkt in der Bewegung der Natur. Landschaften verschwanden unter Eis und tauten auf und wurden zu neuen Höhenzügen, tektonische Platten verschoben sich, aus dem Meeresboden wurde eine Wiese, der Schmetterling kroch aus seinem Kokon, laufend entstand Neues, wir wurden neu geboren, aber es gab uns schon immer. Es gab keinen Grund, auf die Auferstehung zu warten und auf ein ewiges Leben zu hoffen, denn die Hoffnung wurde immer wieder mit neuem Leben eingelöst, das aus dem alten Leben hervorkam.

Ich schloss die Augen. Als ich sie wieder öffnete, war alles noch da. Das Meer. Der Himmel. Die Farben. Der Sand.

Wir zogen uns aus, legten unsere Kleidung in den Sand und gingen nackt baden. Mein Körper zog sich zusammen vor Kälte, aber dann gab er nach und wurde ganz weich, bereit, in die metallisch glänzende Oberfläche einzutauchen.

Meine Mutter schwamm neben mir. Wir sprachen kaum. Ich wusste, dass all das, was mich erfüllte, auch sie erfüllte.

Eine Möwe flog aus dem Wasser auf.

Zurück am Strand wickelten wir uns in unsere Handtücher. Meine Mutter trocknete sich unter den Achseln ab, verschränkte ihre Arme vor der Brust und sah aufs Wasser. Die kleinen Äderchen auf ihren Beinen sahen aus wie eine Landschaft aus kleinen, blauvioletten Flüssen. Ich nahm meine Unterhose aus dem Kleiderhaufen und zog sie mir bis über den Bauchnabel. Ich spürte, wie ich eine Gänsehaut bekam, als ich mir das T-Shirt über den Kopf zog.

Wir radelten zurück zum Auto, montierten die Fahrräder auf dem Anhänger und fuhren Richtung Norden, durch eine Sommerhaussiedlung, und hielten schließlich bei einem kleinen Restaurant an der Straße. Es war von einem grauen Lattenzaun mit bunten Lampen umgeben. Auf den Fliesen standen dicht gedrängt Tische und Korbstühle aus Plastik, wir setzten uns und bestellten etwas zu essen. Als es kurz darauf anfing zu schütten und ein grauer Sommerregen vom Himmel fiel, drängten wir uns unter einen riesigen schwarzen Sonnenschirm. Ein Kellner kam durch den Regen angerannt, in der Hand hielt er einen Krug mit Besteck und Servietten.

»Du hast mich heute früh gefragt, was deinen Großvater an der Natur so interessiert hat«, sagte meine Mutter.

Ich sah sie an.

»Ich habe vergessen zu antworten, weil wir dann über etwas anderes geredet haben«, sagte sie. »Aber ich glaube, es war das Licht. Er fotografierte immer Schatten und Licht und Bäume.«

»Wirklich?«

»Als er starb, kamen ja die Schmetterlinge«, sagte sie. »Ich dachte damals: Wird es noch ein anderes Zeichen geben? Und dann, eines Tages fiel das Sonnenlicht in Streifen vom Himmel. Weißt du, das kommt manchmal vor, wenn die Sonne durch die Wolken bricht. Und das war das Zeichen. Danke. Danke, du alter Mann.«

Ich lächelte. Das Licht war Gott. Was mein Großvater in der Natur gesucht hatte, war Gott. Nicht den Gott der Kirche, den Gott der Gebäude, den Gott der Theologie, sondern Gott als treibende Kraft hinter allem, was in unserem Kosmos geschieht. Er hatte verstanden, dass wir denselben Ursprung haben wie eine Schnecke und die Sterne. Wenn wir dem Göttlichen nahekommen – ob als vorübergehende Befreiung, als Erweiterung des Geistes oder als Verwurzelung mit der Erde –, kommen wir auch Stück für Stück der Antwort auf das größte Geheimnis des Lebens näher: Warum sind wir hier?

Mein Großvater ging in die Natur, um sich dieser Kraft zu nähern. Er kam in Kontakt mit ihr oder versuchte es zumindest, um die Grenze zwischen sich und der Natur zu beseitigen – dort draußen waren nicht seine eigenen Gedanken, sondern die Gedanken des Meeres, des Waldes und des Moores. Er begriff, dass wir die Erkenntnis über die tiefsten Zusammenhänge unseres Daseins nicht in erster Linie aus Büchern, Worten und Ideen gewinnen, sondern aus allem Lebendigen. Dem konnte er sich nicht mit dem Verstand nähern: Du und deine Gefühle sind ein Teil vom Ganzen. Wer sich dem öffnet, dem erscheint das Leben als ein vollkommenes, greifbares Wunder.

Ich lehnte mich an die Rückenlehne meines Korbstuhls und legte mir die Decke, die der Kellner gebracht hatte, über die Schultern. »Das war ein schöner Tag«, sagte ich.

Der Regen prasselte auf den Sonnenschirm. Die Wolken hingen schwer und dunkel am Himmel.

»Danke, dass ich mitkommen durfte«, sagte meine Mutter.

Ich nahm mir Besteck aus dem Krug und sah sie an. »Natürlich.«

# AUGUST

Meine letzte Schmetterlingsexpedition startete im südlichsten Teil von Dänemark, wieder auf der Halbinsel Bøtø. Dort gelang es mir, einen kleinen Schwarm von Braunen Feuerfaltern auf gelb glänzenden Blumen zu sehen. Jetzt hatte ich schon achtundfünfzig Schmetterlingsarten gesehen. Vom südlichsten Zipfel Dänemarks brach ich auf und hatte nach mehreren Hundert Kilometern den nördlichsten Punkt des Landes erreicht.

In Nordjütland wanderte ich durch leuchtende violette Felder des Schmalblättrigen Weidenröschens und Streifen weißer Schafgarbe, die in den feuchten Binnendünen wuchsen. Dann richtete ich mir einen Schlafplatz auf der Rückbank des Autos ein, das ich unten am Strand geparkt hatte, und zog mir lange Unterhosen an. Die Nacht wurde blau, und durch die Heckscheibe konnte ich die goldene Sichel des Mondes auf dem Wasser sehen. Mir war kalt, als ich am nächsten Morgen in meinem Schlafsack aufwachte.

Ich traf mich mit Jørgen Kabel, meinem nordjütländischen Schmetterlingskontakt. Er trug eine blaue Windjacke und eine Mütze und sah unruhig in den dunkel verhangenen Himmel, bevor er nur wenige Minuten später den Komma-Dickkopffalter fand. Danach fuhren wir durch strömenden Regen in ein Moorgebiet an der Westküste. Die Feuchtigkeit färbte den unteren Teil meiner hellen Hose grau, während wir über die Hügel stapften, bis Jørgen verkündete, dass er – Gott sei Dank – ein Exemplar gefunden habe. Ich rannte quer durch den Sumpf zu ihm und sah den Lungenenzian-Ameisenbläuling, der auf dem Knöchel seines Daumens saß.

Später saßen wir in seinem Auto und tranken Kaffee aus der Thermoskanne, während der Regen laut gegen die Windschutzscheibe prasselte. Wir blätterten durch meine Ausgabe *Schmetterlinge des Nordens*, Art für Art. Jørgen erzählte mir von den schwedischen Schmetterlingen, die er gesehen hatte. Ich liebe diese leisen, feinen Geschichten.

Er nannte mir eine Ausfahrt, die ich auf dem Nachhauseweg nehmen sollte, wenn ich noch den Nierenfleck-Zipfelfalter sehen wollte. Dann hätte ich trotzdem noch genügend Zeit, um am späten Nachmittag in Westseeland den Zweibrütigen Würfel-Dickkopffalter zu sehen. Ich dankte ihm aus tiefstem Herzen für seine Hilfe, ohne ihn hätte ich das nicht geschafft. Auch ohne die Hilfe all derjenigen, die mich so großzügig unterstützt hatten, wäre das nicht gegangen.

Zwei Stunden später brach über den Hochspannungsmasten die Sonne in einem blauen Streifen hervor. Ich musste an die einzige Philosophin denken, die sich mit Anfängen und nicht mit Enden beschäftigt hatte. Hannah Arendt betrachtete den exzessiven Konsum in der modernen Welt mit Ekel. Unsere Beziehung zum Planeten sei Ausdruck einer geistlosen Armut, schrieb sie. Überfluss und unendlicher Konsum seien der Reichtum der armen Menschen. Es ist nichts als eine Fata Morgana in der Wüste des Elends. Wir leiden, so meinte sie, unter einer rücksichtslosen Gleichgültigkeit. Im Gegenzug sind wir aber – jedes einzelne Exemplar der Spezies Mensch – mit einer einzigartigen Fähigkeit zum

Handeln geboren. Wir alle müssen sterben, schrieb sie, aber wir werden nicht geboren, um zu sterben. Wir werden geboren, um anzufangen. Sie wies darauf hin, dass Neuanfänge immer einen grundlegenden Bruch mit dem darstellen, was zuvor da gewesen ist. Die Gesetze der Wahrscheinlichkeit würden hier nicht greifen, denn Anfänge seien immer spontan, unerwartet, unwahrscheinlich. Und jeder von uns ist immer mit der Möglichkeit auf die Welt gekommen, neu anzufangen. Glaube und Hoffnung entspringen nicht dem Verständnis vom Ende, sondern der Erkenntnis, dass wir die Fähigkeit und den Willen haben, noch mal von vorne anzufangen, andere Entscheidungen zu treffen, Dinge zu ändern. Handeln, so Arendt, sei tatsächlich eine Fähigkeit des Menschen, Wunder zu vollbringen.

Ich folgte Jørgen Kabels Anweisungen und kam an einem farbenprächtigen Graben mit Unmengen von zerfransten Goldruten und Schmetterlingen vorbei. Hier saugte der ockerfarbene Nierenfleck-Zipfelfalter den Nektar der gelben Blüten und saß neben Schmetterlingen, die ich schon vor einer Weile von meiner Liste hatte streichen können. Der fast spargelgrüne Zitronenfalter, das rubinrote Tagpfauenauge und ein etwas mitgenommener Kaisermantel.

Ich hatte einundsechzig Schmetterlingsarten gesehen. Zwei würde ich in diesem Jahr nicht mehr sehen können – den Skabiosen-Scheckenfalter und den Rotklee-Bläuling. Aber die letzte Art auf meiner Liste würde ich noch schaffen können. Nummer zweiundsechzig.

Ich fuhr wieder Richtung Süden und bog auf Höhe Fredericia nach Osten ab. Kaum hatte ich die Brücke nach Fünen überquert, da wusste ich, dass ich den Zweibrütigen Würfel-Dickkopffalter in diesem Jahr nicht mehr sehen würde. Denn ich würde es gar nicht erst versuchen. Ich wusste, wo er flog. Er flog jetzt, in dieser Jahreszeit, in diesen Tagen. Er war der Einzige, der mir noch fehlte. Aber ich wollte ihn nicht sehen. Es sollte noch nicht vorbei sein, es hatte gerade erst angefangen.

Brauner Feuerfalter,
Dickicht auf Bøtø,
5. August

Komma-Dickkopffalter,
Skagen,
6. August

Lungenenzian-
Ameisenbläuling,
Tversted,
6. August

Nierenfleck-Zipfelfalter,
Autobahnabfahrt, Horsens
6. August

# LITERATUR UND ANDERE QUELLEN


Acworth, Bernard. Butterfly Miracles and Mysteries. Eyre & Spottiswoode, 1947.

Alexander, Eben. Blick in die Ewigkeit: Die faszinierende Nahtoderfahrung eines Neurochirurgen, Heyne Verlag 2016.

Alexander, Victoria N. »Nabokov, Teleology, and Insect Mimicry«. Nabokov Studies 7, 2002/2003.

Apuleius. Metamorphosen oder Der goldne Esel, Die Andere Bibliothek, Band 400, 2018.

Arendt, Hannah. Vita activa oder Vom tätigen Leben, Piper TB, 2020.

Bach, Hardy. Sommerfugletilstanden – Et essay om den poetiske tænkning i Inger Christensens Sommerfugledalen. Multivers, 2014.

Baden-Powell, Robert. Meine Abenteuer als Spion, Spurbuchverlag 2014.

Barkham, Patrick. The Butterfly Isles – A Summer in Search of Our Emperors and Admirals. Granta Publications, 2010.

Barnes, Jonathan. Aristoteles: Eine Einführung (Reclams Universal-Bibliothek).

Bjerregård, Emil Blicher et al. »Rapid and Continuing Regional Decline of Butterflies in Eastern Denmark 1993–2019«. Biological Conservation, vol. 284, august 2023.

Bruun, Hans Henrik, Ejrnæs, Rasmus og Eskildsen, Anne. Öffentlicher Vortrag: Fortidens og fremtidens vilde natur. Aarhus Universitet, 12. November 2024.

Boyd, Brian. Vladimir Nabokov: Die amerikanischen Jahre 1940–1977, Rowohlt Verlag 2005.

Carson, Rachel. Der stumme Frühling. Der Öko-Klassiker mit einem Vorwort v. Jill Lepore Beck Paperback, 2019.
Coccia, Emanuele. Die Wurzeln der Welt: Eine Philosophie der Pflanzen, dtv Verlagsgesellschaft, 2020.
Coccia, Emanuele. Metamorphosen: Das Leben hat viele Formen. Eine Philosophie der Verwandlung, Hanser (Kindle), 2021.
Cobb, Matthew. Generation – The Seventeenth-Century Scientists Who Unraveled the Secrets of Sex, Life, and Growth. Bloomsbury, 2006.
Condorcet, Nicolas de. Entwurf einer historischen Darstellung der Fortschritte des menschlichen Geistes, Suhrkamp TB, 1976.
Christensen, Inger. Das Schmetterlingstal. Ein Requiem: Sommerfugledalen. Et requiem. Dänisch und deutsch, Suhrkamp Verlag, 2020.
Dasen, Véronique. »Metamorphoses of Tithonus in Roman Glyptic«. Gemmae – An International Journal on Glyptic Studies, 1, 2019.
Didion, Joan. Slouching towards Bethlehem. Ullstein Verlag, 2022.
Due, Otto Steen. Ovids forvandlinger på danske vers. Centrum, 1990.
Dunker, Anders. »Verdens undergang eller fremtidens begyndelse«. At tænke på planeten. Forlaget Virkelig, 2022.
Durantaye, Leland de la. »Vladimir Nabokov and Sigmund Freud, or a Particular Problem«. American Imago, vol. 62, no. 1, The Johns Hopkins University Press, 2005.
Eltringham. H. Butterfly Lore. Oxford University Press, 1923.
Elven, Hallvard, Bengtson, Roald og Røsok, Øystein. Statusvurdering for lakrismjeltblåvinge Plebejus argyrognomon i Norge pr. 2016 og veien videre. Rapport fra Fylkesmannen i Oslo og Akershus, 2017.
Engberg-Pedersen, Troels. Paulus om identitet – Hvordan er apostlen relevant for os i dag? Gyldendal, 2020.
Eskildsen, Anne Erland og Holbeck, Heidi Buur. Genfortryllet – Vejen til mere biodiversitet på din landejendom. Aarhus Universitetsforlag, 2023.
Eskildsen, Anne. Long-Term Effects of Global Change on the Distribution, Species Richness and Life History of Butterflies. Ph. d.-afhandling. Aarhus Universitet, Institut for Biologi, 2015.
Ejrnæs, Rasmus et al. Danmarks biodiversitet 2020. Nationalt Center for Miljø og Energi, 2021.

Ejrnæs, Rasmus og Kanstrup, Niels. Potentialer for vildere natur på Forsvarets arealer. Nationalt Center for Miljø og Energi, 2021.
Feilberg, Ludvig. Samlede skrifter – Bind I. Gyldendals Boghandel, Nordisk Forlag, 1949.
Fountaine, Margaret. Ich sammle nicht nur Schmetterlinge: Reisen und Abenteuer einer Viktorianischen Lady. Zsolnay Verlag, 1983.
Frankopan, Peter. Zwischen Erde und Himmel: Klima – eine Menschheitsgeschichte. Rowohlt Verlag, 2023.
Freud, Sigmund. Zwei Krankengeschichten: »Rattenmann« / »Wolfsmann« (Sigmund Freud, Werke im TB). Fischer TB, 1996.
Freud, Sigmund. Das Unbehagen in der Kultur: Und andere kulturtheoretische Schriften (Fischer Klassik). S. Fischer, 2009.
Gardiner, Muriel (Hrsg.), Der Wolfsmann vom Wolfsmann. Sigmund Freuds berühmtester Fall: Erinnerungen, Berichte, Diagnosen. S. Fischer TB, 1982.
Gjaldbæk L. »Sommerfuglenotitser fra Tim- og Vester-Hornumegnen«. Flora og Fauna, 4. og 5. hæfte, 1941.
Goedaert, Johannes. Metamorphosis Naturalis. Jaques Fierens, 1662.
Gould, Stephen Jay. »No Science without Fancy, No Art without Facts: The Lepidoptery of Vladimir Nabokov«. I Have Landed – Splashes and Reflections in Natural History. Vintage, 2003.
Goulson, Dave. Stumme Erde: Warum wir die Insekten retten müssen | Das Opus magnum über die Bedeutung von Insekten. Ullstein TB, 2023.
Haaning, Aksel. Naturens lys – Vestens naturfilosofi i højmiddelalder og renæssance 1250–1650. C. A. Reitzels Forlag, 2001.
Haaning, Aksel. Den kristne mystik. Forlaget Virkelig, 2024.
Hallmann, C. A. et al. »More than 75 Percent Decline over 27 Years in Total Flying Insect Biomass in Protected Areas«. PLoS ONE 12(10): e0185809, 2017.
Henriksen, Kai L. Danske insektnavne. Zoologisk Museum, 1944.
Hegel, G. W. F. Vorlesungen über die Philosophie der Geschichte. Wissenschaft Nr. 612: Georg Wilhelm Friedrich Hegel Werke Band 12. Suhrkamp TB, 1986.
Hesse, Hermann. Schmetterlinge: Betrachtungen, Erzählungen, Gedichte (Insel-Bücherei). Insel Verlag, 2001.

Higgins, Richard. Thoreau and the Language of Trees. University of California Press, 2017.

Hoffmeyer, Skat og Knudsen, Sigfred. De danske storsommerfugle – I deres udbredelse i Nordsø-Østersøområdet med særligt henblik på Jylland. Universitetsforlaget i Aarhus, C. A. Reitzels Forlag, 1938.

Ignatieff, Michael. Über den Trost: in dunklen Zeiten | Wie wir Hoffnung finden. Ullstein Verlag, 2021.

Illies, Florian. Liebe in Zeiten des Hasses. Chronik eines Gefühls 1929–1939. S. Fischer Verlag, 2021.

Jarvis, Brooke. »The Insect Apocalypse Is Here«. New York Times, 27. November 2018.

Jensen, Erik Aalbæk. Efterladte papirer (dagbøger), æske 5–22. Handschriftensammlung der Königlichen Bibliothek, Kopenhagen.

Jensen, Ole. Unter dem Zwang des Wachstums. Chr. Kaiser Verlag, 1977.

Jensen, Ole. På kant med klodens klima – om behovet for et ændret natursyn. Anis, 2011.

Jensen, Ole. »Agtelsens natursyn«. Tidsskriftet Fønix, 25. August 2019.

Jorink, Eric. »›Outside God, There Is Nothing‹: Swammerdam, Spinoza, and the Janus-Face of the Early Dutch Enlightenment«. Brill's Studies in Intellectual History, vol. 120. Brill, 2003.

Jørgensen, Dolly. »Endling, the Power of the Last in an Extinction-Prone World«. Environmental Philosophy, vol. 14, no. 1, Spring 2017.

Kant, Immanuel. Idee zu einer allgemeinen Geschichte in weltbürgerlicher Absicht. LIWI Verlag, 2019.

Kendall, Richard et al. Van Gogh and Nature. Yale University Press, 2015.

Knudsen, Sigfred. »Massevandring af stor kålsommerfugl (Pieris brassicae)«. Flora og Fauna, 1. og 2. hæfte, 1947.

Korsgaard, Lea. »Omsorg. Påpasselighed. Måske ligefrem ømhed. Fornuft alene kan ikke gøre verden grønnere, siger denne teolog«. Zetland, 13. Dezember 2018.

Korsgaard, Ove. »Stjernestunder«. På toppen af Danmark. Riis, Johannes, Sørensen, Jens Smærup og Kjældgaard, Lasse Horne (red.). Gutkind, 2024.

Konvicka, Martin et al. »Restoring a Butterfly Hot Spot by Large Ungulates Refaunation – The Case of the Milovice Military Training Range, Czech Republic«. BMC Ecology and Evolution 21(1), Dezember 2021.

Kübler-Ross, Elisabeth. Das Rad des Lebens: Autobiographie. Knaur Verlag, 2002.

Langer, Torben W. Sommerfugleliv – Erindringer fra 40 års strejftog i sommerfuglenes liv. Munksgaards Forlag, 1963.

Langer, Torben W. Sjove ting om sommerfugle. Munksgaards Forlag, 1958.

Lepidopterologisk Forening, 2021. Faktablade for 36 danske dagsommerfugle. www.lepidoptera.dk/faktablade

Leunissen, Mariska. Explanation and Teleology in Aristotle's Science of Nature. Cambridge University Press, 2010.

Lyng, Jens From. »Da Lisas datter blev dræbt, fyrede hun Gud«. Kristeligt Dagblad, 19. Oktober 2021.

Løgstrup, K. E. Ophav og omgivelse – Metafysik III – Betragtninger over historie og natur. Klim, 2013.

McElwee, Pamela et al. The Thematic Assessment Report on Interlinkages among Biodiversity, Water, Food and Health – Summary for Policymakers. IPBES, Dezember 2024.

Marx, Karl und Engels, Friedrich. Das kommunistische Manifest. Anaconda Verlag, 2024.

Milman, Oliver. The Insect Crisis – The Fall of the Tiny Empires That Run the World. W. W. Norton & Company, 2022.

Mayoni, Sebastian Dall. »Hvis man mangler en sommerfugleekspert, ringer man til 23-årige Emil«. Uniavisen, 4. Januar 2021.

Nabokov, Vladimir. »The childhood of a lepidopterist.« The New Yorker, 5. Juni 1948.

Nabokov, Vladimir. Erinnerung, sprich: Wiedersehen mit einer Autobiographie (Nabokov: Gesammelte Werke, Band 22). Rowohlt Verlag, 1999.

Nabokov, Vladimir. Lolita (Nabokov: Gesammelte Werke, Band 8). Rowohlt Verlag, 1999.

Nabokov, Vladimir. On a Book Entitled »Lolita«. Encounter, April 1959.

Nabokov, Vladimir. »The Female of Lycaeides Argyrognomon Sublivens«. The Lepidopterists' News, 1951.

Nasser, Latif und Cusick, Rachael. Of Bombs and Butterflies. Podcast, hrsg. von Radiolab, Oktober 2021.

Nazari, Vazrick und Evans, Linda. »Butterflies of Ancient Egypt«. Journal of the Lepidopterists' Society, vol. 69, no. 4, 2015.

Nørrelund, Michael. Cilles sidste dag. Podcast, hrsg. von der Folkekirken/Aalborg Stift, Oktober 2021.

Obama, Barack. Transcript of Barack Obama's Victory Speech. NPR, 5. November 2008. https://www.npr.org/2008/11/05/96624326/transcript-of-barack-obamas-victory-speech

Platon. Phaidros (Philosophische Bibliothek), F. Meiner Verlag, 2019.

Pyle, Robert Michael and Boyd, Brian (ed.). »Nabokov's Butterflies«. The American Scholar, vol. 69, no. 1, winter 2000.

Ravn, Per. »Butterfly Conservation«. Ravn-Nature, 15. September 2021. https://ravn-nature.dk/index.php/blog/189-butterfly-conservation.

Raworth, Kate. Die Donut-Ökonomie: Endlich ein Wirtschaftsmodell, das den Planeten nicht zerstört. Carl Hanser Verlag GmbH & Co. KG, 2018.

Reynolds, Stuart. »Cooking Up the Perfect Insect: Aristotle's Transformational Idea about the Complete Metamorphosis of Insects«. Philosophical Transactions of the Royal Society B, 26. August 2019. http://dx.doi.org/10.1098/rstb.2019.0074

Ronnberg, Ami und Martin, Kathleen (red.). The Book of Symbols – Reflections of Archetypal Images. Taschen, 2010.

Rothery, Ben. Fantastiske sommerfugle. Mammut, 2023.

Rousseau, Jean-Jacques. Diskurs über die Ungleichheit, utb GmbH, 2019.

Schiff, Stacy. Véra: Ein Leben mit Vladimir Nabokov, Rowohlt TB, 2001.

Stoltze, Michael. Danske dagsommerfugle – Naturens poesi på vinger. Lindhardt og Ringhof, 2024.

Stoltze, Michael. Danske dagsommerfugle. Gyldendal, 1996.

Stoltze, Michael, Klippenberg, Mona und Trolle, Susan. Sommerfuglehave – Hvordan vores haver kan blive gode levesteder for farverige sommerfugle. Gyldendal, 2020.

Söderström, Bo. Nordens sommerfugle – En felthåndbog. Gyldendal, 2022.

Sønderup, H. P. S. »Nye sommerfugle«. Flora og Fauna, 1. hæfte, 1927.

Tainter, Joseph. Collapse of Complex Societies. Cambridge University Press, 1990.

Wesenberg-Lund, Carl Jørgen. Faunaens kår i de danske nutidsskove. Danmarks Naturfredningsforenings årsskrift, 1938/39.

Wesenberg-Lund, Carl Jørgen. »Den forstlige behandling af vores skoves dyreverden«. Dansk Skovforenings Tidsskrift, 1925.

van Gogh, Vincent. Brief an Emile Bernard. Arles, 26. Juni 1888. https://vangoghletters.org/vg/letters/let632/letter.html

Williams, Wendy. The Language of Butterflies – How Thieves, Hoarders, Scientists, and Other Obsessives Unlocked the Secrets of the World's Favorite Insect. Simon & Schuster Paperbacks, 2021.

Wulf, Andrea. Alexander von Humboldt und die Erfindung der Natur, Penguin Verlag, 2018.

WWF. Living Planet Report 2024 – A System in Peril. WWF, 2024.

Zimmer, Carl. »Nabokov Theory on Butterfly Evolution Is Vindicated«. New York Times, 27. Januar 2011.

Zimmer, Dieter E. A Guide to Nabokov's Butterflies and Moths. Webversion, 2012. http://www.d-e-zimmer.de/eGuide/PageOne.htm

Øhrstrøm, Peter. Den virkelige lokale tid. https://www.researchgate.net/publication/265534898_Den_virkelige_lokale_tid, 2015.

# DANK

Mein Dank geht an alle, die in diesem Buch vorkommen, meine Familienmitglieder und meine neuen Bekannten. Mehrere Personen haben das Manuskript während des Prozesses gelesen und wertvolle Kommentare gemacht, darunter Klara Korsgaard, Rasmus Meyer, Emil Blicher Bjerregård, Michael Stoltze, Mona Klippenberg, Jørgen Kabel, Lise Korsgaard und Ove Korsgaard. Anne Eskildsen hat mir mit ihrem Wissen und ihrer Inspiration geholfen und ebenfalls wertvolle Anmerkungen gemacht. Das Gleiche gilt für eine Reihe von Mitlesern, die ihre Zeit großzügig geopfert haben, um ihre Meinung zu äußern – Freunde, Kollegen und eine Handvoll Mitarbeiter von Zetland: Anders Haahr Rasmussen, Anne Sofie Lindberg, Astrid Marie Møllenbach Rasmussen, Ditte Hedegaard, Frederik Østergaard, Iben Lind, Leif Bonderup, Kirsten Kruchov Sønderby, Lea Dall Zilmer, Mads Olrik, Marianne Kreutzmann, Nicolai Eriksen, Peter Sander, Pil Trenckner, Signe Cardow, Stine Lindborg, Søren Høj und Thomas Aagaard.